普通高等教育"十一五"国家级规划教材

化工机械制造技术

第二版

朱方鸣　主编
王志斌　主审

化学工业出版社

·北京·

本书除绪论外分为三篇，共十四章。第一篇机器零件制造工艺主要介绍机械加工的基础知识和化工机器零件的制造工艺、要点及要求；第二篇化工设备制造工艺主要介绍从原材料准备、设备零部件制造到设备的组装、焊接、质量检验及质量管理的全过程；第三篇无损检测技术主要介绍常规无损检测的原理、方法以及无损检测新技术。每章后附有复习思考题，并有与教材配套的教学课件及录像素材。

全书内容结合高职的特点，紧密联系生产实际，有相对完整和先进的理论知识，又有丰富的工程实践应用成果，能满足培养应用型高技能人才的要求。

本书配有教学课件和部分录像素材，有助于教师教学和学生的自主学习，发邮件至 cipedu@163.com 获取。

本书可作为高职高专化工装备技术专业、化工设备维修技术专业的专业教材，也可作为成人高校、电大、高级技工学校、中等职业学校相应专业的教材，还可供工程技术人员参考。

图书在版编目（CIP）数据

化工机械制造技术/朱方鸣主编. —2 版. —北京：化学
工业出版社，2010.2（2023.2重印）
普通高等教育"十一五"国家级规划教材
ISBN 978-7-122-07355-6

Ⅰ. 化… Ⅱ. 朱… Ⅲ. 化工机械-机械制造-高等学校-
教材 Ⅳ.TQ050.6

中国版本图书馆 CIP 数据核字（2009）第 232275 号

责任编辑：高 钰　　　　　　　　　　文字编辑：李 娜
责任校对：顾淑云　王金生　　　　　　装帧设计：刘丽华

出版发行：化学工业出版社（北京市东城区青年湖南街 13 号　邮政编码 100011）
印　　装：北京天字星印刷厂
787mm×1092mm　1/16　印张 16½　字数 408 千字　2023 年 2 月北京第 2 版第 7 次印刷

购书咨询：010-64518888　　　　　　　售后服务：010-64518899
网　　址：http://www.cip.com.cn
凡购买本书，如有缺损质量问题，本社销售中心负责调换。

定　　价：49.00 元

第二版前言

本书是普通高等教育"十一五"国家级规划教材。

化工机械制造技术是化工装备技术专业和化工设备维修技术专业课程体系中一门重要的专业课，根据培养应用型高技能人才的要求，教材内容的选择紧密联系生产实际，注重化工机械制造基础知识、基本原理和方法的介绍，突出应用技能的培养，既有丰富的工程实践应用成果，又关注本学科前沿技术和发展方向，收入了化工机械制造的新技术、新工艺。教材内容的编排便于组织模块化、项目化教学，章前的教学要求、教学建议，章后的复习思考题，大量的实景图片，以及与教材配套的教学课件和部分录像素材，有助于教师教学和学生的自主学习，如有需要，请发电子邮件至 cipedu@163.com 获取。

本教材由朱方鸣任主编，并编写绪论、第三章和第九章～第十四章，庞春虎编写第四章、第七章、第八章，何林青编写第一章、第二章、第五章，王悦编写第六章。本书经全国化工高职高专教材编审委员会审定，由王志斌主审，朱爱霞参审。

全国化工高职高专教学指导委员会主任王绍良、副主任颜惠庚以及全体参审人员对本书的编写提出了许多宝贵意见，书中部分图片的采集得到了北京东方仿真控制技术有限公司的友情支持，在此一并表示衷心的感谢。

受编者水平所限，书中不足之处，敬请同行和读者予以批评指正。

编者

2010 年 1 月

第一版前言

本教材根据全国化工高职高专教材编审委员会审定的《化工机械制造技术》编写提纲编写而成，适合高等职业教育过程装备与控制专业（3年制，60~70学时）使用。

本教材根据高等职业教育的特点，紧密联系生产实际，既有相对完整和先进的理论知识，又有丰富的工程实践应用成果，同时关注本学科前沿知识和发展方向，收入了化工机械制造的新技术、新工艺。本着"够用、实用"的原则，注重化工机械制造基础知识、基本原理和方法的介绍，突出操作应用技能的培养，内容编排既考虑模块化，便于组织教学，又遵循制造过程的实际顺序，有利于学生现场实际工作能力的培养，并引导学生追求新知识、新技术，培养创新精神。

本教材由朱方鸣任主编，并编写绪论、第三章和第九章~第十四章，庞春虎编写第四章、第七章、第八章，何林青编写第一章、第二章、第五章，王悦编写第六章。本书经全国化工高职高专教材编审委员会审定，由王志斌主审，朱爱霞参审。

全国化工高等职业技术教育教学指导委员会主任王绍良、副主任颜惠庚以及全体参审人员对本书的编写提出了许多宝贵意见，特此致谢。

受编者水平所限，书中不足之处，敬请同行和读者予以批评指正。

编者

2004 年 8 月

目　录

绪　　论

化工机械主要指化工、石油、能源、制药等工业使用的机器设备，目前已纳入过程装备的范畴。化工机械对满足生产的安全、稳定、长周期、满负荷运行需要起着举足轻重的作用。随着化工、石油、能源、制药等工业的迅速发展，化工机械的制造、检验等技术也得到相应发展。

一、机器制造技术的进展

为了满足化工机器高压、高速的发展要求，对机器零件的制造精度要求越来越高，因而制造加工方法不断改进，有些早已超越了传统制造技术。例如，出现了精密铸造、精密锻造等少、无切削加工技术，减少了材料消耗，提高了零件质量；精密与超精密加工（如激光加工）技术使得零件的加工精度可达纳米级；少、无余量精密成型技术实现了生产的高效率和清洁化；表面处理新技术通过改性、涂层、渗透等方法使材料的表面性能得到极大改善；快速原型制造技术是 20 世纪 80 年代后期由 CAD 模型直接驱动的快速制造任意复杂形状三维实体的技术，传统机械加工方法多采用从毛坯表面去除多余材料而形成零件，而快速原型制造可将三维实体分解成若干一定层厚的三维实体薄片，用二维成型加工方法加工，加工后将薄片按一定顺序和位置堆积得到所需三维实体原型，该方法实现了从图纸到产品的一步完成，减少了生产工序，缩短了周转时间，极大提高了生产效率，对新产品的研制开发十分有益。

二、压力容器制造技术的进展

目前，压力容器制造技术的进展主要表现在以下四个方面：

① 压力容器向大型化发展，容器的直径、厚度和质量等参数增大，容器的工作条件（如温度、压力、介质）越来越恶劣、复杂，而且这一大型化的趋势仍在继续；

② 压力容器用钢逐渐完善，专业用钢特点越来越明显；

③ 焊接新材料、新技术的不断出现和使用，使焊接质量日趋稳定并提高；

④ 无损检测技术的可靠性逐步提高，有力地保证了装备制造及运行的安全。

（一）压力容器向大型化发展

压力容器的大型化可以节约能源、节约材料、降低投资、降低生产成本、提高生产效率。近年来压力容器大型化的趋势仍在继续，如板焊结构形式的煤气化塔厚度为 200mm，内径为 9100mm，单台质量已达 2500t。而锻焊式、层板包扎式及热套式的压力容器厚度和单台质量还要大。

目前我国已基本掌握了厚度为 150~200mm 大型容器的制造、焊接和检测技术，厚度在 200mm 以上的压力容器制造、焊接和检测技术也已成熟。年产 30 万吨合成氨全套设备及年产 52 万吨尿素装置的四大关键设备均已国产化。

为了适应压力容器向大型化的发展，其制造装备，如容器制造厂的高大厂房、吊车、水压机、卷板机、各种类型的焊接变位机械和热处理设备等，也都迅速发展。目前，单台吊车的起吊质量已达 1200t，在划线工艺方面，出现了电子照相和数控自动划线方法。在切割和坡口加工方面，采用了扩散型割嘴的高速氧气切割，使切割速度提高了 3 倍，精密切割误差不大于 0.2～0.05mm。目前还出现了数控自动化切割机。水压机在 6000t 以上，卷板机在 4000t 以上。冷弯最大厚度达 380mm，宽 6m，冲压封头的水压机吨位达 4000t 以上，热冲压封头的直径达 4.5m，壁厚达 300mm。重型旋压机可加工直径为 7m、厚 165mm 的椭圆形封头。

（二）压力容器用钢的发展

温度、压力、介质的越来越恶劣以及压力容器的大型化发展，对钢材的要求日益严格，因而促使材料技术不断发展。压力容器的整个制造工艺流程中提出的所有技术要求都是以材料为基础的。当前压力容器用钢的发展有如下主要特点。

① 钢材的强度要求越来越高，同时还要改善钢材的抗裂性和韧性指标。一方面通过降低碳的含量，加入微量合金元素以保证钢材具有足够的强度；另一方面不断提高炼钢技术以降低钢水杂质含量来保证钢材的抗裂性和韧性。如日本的炼钢技术目前已能使磷降到 0.01％以下，硫可降到 0.002％以下。

② 对于高温抗氢用钢，尽量减轻钢的回火脆性和氢脆倾向。

③ 降低大型钢锭中的夹杂物及偏析等缺陷以保证内部性能均匀，提高钢锭的利用率。随着容器大型化，钢锭质量明显增大，钢板厚度也在增加。

④ 出现了大线能量下焊接性良好的钢板。

⑤ 复合钢板的使用越来越普遍。

（三）容器制造方法的发展

容器的制造方法除了传统的锻造式、卷焊式、包扎式、热套式等方法外，1981 年 9 月在原联邦德国埃森国际焊接博览会上蒂森公司首次向世界推出容器的焊接成型技术，采用多丝埋弧焊法制造压力容器筒体。这种压力容器筒体有以下特点。

① 焊肉性能完全可根据需要来决定，焊后只需做消除应力热处理，不像锻件和电渣焊成型需做长时间热处理。

② 堆焊层之间以及焊肉与芯筒之间基本上没有热影响区。过渡层处显微组织和硬度基本上不变。

③ 不需大型制造装备即可制造厚度很大的筒体。

④ 成型过程中及时检查，清除缺陷使筒体的安全性大大增加。

这一新技术的出现，还使压力容器材料在铸、锻、轧三种传统形式之外增加了第四种——焊接材料。

（四）焊接新材料、新技术的产生和应用

为适应大型和厚壁容器的发展而采用强度级别较高的钢材，必须降低焊缝中的氢含量，提高焊接接头的断裂韧性。超低氢焊条的研制和使用为制造厂家所关注。日本神钢公司研制的 UL 系列超低氢焊条，使用时止裂温度可降低 25～50℃。同时该焊条吸湿性很小，管理也很简便。

自动焊接技术和焊接机器人的使用使大型容器的焊接实现了自动化，提高了焊接质量和效率，降低了劳动强度；热丝等离子弧堆焊工艺，大宽度带极堆焊工艺，熔敷率高、稀释率低，已在压力容器制造上得到广泛应用。在焊接方面，由于气体保护焊有优质、低耗、高效和可进行全位置焊等特点，近几年来发展很快。国外在厚壁容器焊接中，窄间隙气体保护焊

和粗丝二氧化碳气体保护焊已取代了传统的埋弧自动焊。埋弧自动焊的最新进展是采用多丝、热丝、带极和大电流，以提高其焊接效率，并发展了铁粉埋弧焊，使堆敷效率大为提高。堆焊衬里是石油化工设备制造的一项新工艺，可用多丝埋弧堆焊、热丝等离子弧堆焊以及带极堆焊等。电渣焊的主要进展是窄间隙电渣焊，它可以减少电能和焊接材料的消耗，输入热量少，焊接速度高，减轻了晶粒粗化现象。等离子弧焊在很多领域内有取代钨极氩弧焊的趋势，大电流等离子弧焊已广泛用于钛、镍、不锈钢及普低钢的焊接。脉冲等离子弧焊、等离子弧熔化极气体保护焊工艺发展也很快。爆炸焊接已用于各工业部门，它在设备制造中，主要用于管子与管板的爆炸连接和异种金属的爆炸复合。爆炸复合板已广泛用于设备零件的制造。

在自动化焊接设备方面，出现了具有跟踪焊缝系统的自动焊机，并用数控控制焊接参数，用工业电视监视焊接过程等。此外，还发展了数控管子与管板全位置自动焊机、球形容器自动焊机等各种专用焊接设备。

为了适应大型容器的退火及某些低合金高强钢容器的调质处理，除了出现大型的砖砌加热炉之外，还发展了轻型加热炉，其结构轻便、造价低、升温快、节约燃料。淬火工艺有喷淋式淬火和入浸式淬火。此外，还有内部燃烧和局部加热退火，前者多用于球形容器而后者多用于大型筒体环焊缝及现场组焊焊缝的退火。局部加热方法有工频电加热、电阻加热和红外线加热，以红外线加热应用最多。

（五）无损检测技术的可靠性逐步提高

无损检测技术在对化工机械的材料和整个制造过程以及在役装备检验方面起着重要作用，为了满足化工机械制造质量的要求，无损检测新技术的应用越来越广泛，可靠性越来越高，有效地保证了装备的安全。

在射线检测方面，高能 X 射线检测能量大、灵敏度高、探测厚度大、速度快，目前美国、日本的直线加速器能量可达 15MeV，据称检测厚度 356mm 的时间为 3min。安装于日本的 26MeV 的感应加速器，检测厚度 50～400mm 的时间为 14min。

在超声波检测方面，数字式超声波探伤仪可直接读出缺陷位置及大小，微机控制的自动超声检测系统可以绘制并显示缺陷形状和位置，测定缺陷尺寸。超声检测探头定位精度可达 1mm，从而使缺陷尺寸测量精度达到 2mm，且测试通道可达 256 个。

在表面检测方面，采用光镜、光纤图像仪、电视摄像镜进行检验观察，并可输出图形、信号，通过计算分析使检测更方便准确。

此外，声发射技术、红外检测技术、激光全息照相技术、微波检测技术等也都得到一定程度的应用。

声发射用于动态检测。如在役压力容器疲劳裂纹及应力腐蚀裂纹的扩展、变化的监测，可不停产操作。声发射也用于水压试验检漏及材料检验等。

另外，在缺陷评定方面也取得了迅速发展，使得压力容器的安全性和制造质量、服役寿命得到了较好的保证。

总之，化工机械制造技术发展迅速，市场巨大。目前，我国的化工机械制造技术水平也已处于世界前列，化工机械制造业必将在向"制造强国"的发展中发挥着重要作用。

第一篇
机器零件制造工艺

概　述

　　生产中使用的各种类型的压缩机、泵、离心机、风机等常称为机器。机器虽然种类不同，但都是由若干零件按一定的装配要求组合而成，如机身、机壳、轴、轴承、连杆、曲轴、活塞、叶轮等。机器零件则是由金属、合金或非金属毛坯按照图纸要求经过不同方法加工而成。从原材料的运输和储存、毛坯的制造、零件的机械加工，直到装配成一台完整机器的整个过程即为机器的生产过程，其中最主要的阶段为毛坯的制造、零件的机械加工和机器的装配三部分。

　　化工机器的制造除了具有一般机器零件加工精度要求高的特点外，为了满足化工生产过程提出的高温、高压、高速、低温、强腐蚀等特殊要求，而带来了材料品种、性能及制造工艺等方面的复杂性。此外，由于用途和工作条件不同使得机器结构特点和技术要求有差异，以及生产规模、生产条件的不同，使得机器和零件的制造工艺可能或必须采用不同方案。

　　本篇主要介绍机械加工质量、机械加工工艺规程方面的基本知识及典型化工机器零件加工工艺。通过本篇学习，使学生掌握必要的机械加工基本知识，熟悉制订工艺规程的原则、步骤和方法，并能初步拟定简单零件的机械加工工艺规程，看懂复杂零件的机械加工工艺规程。

第一章 机械加工质量

零件的机械加工质量是由加工精度和表面质量两方面决定的。为了研究加工精度，可通过统计分析的方法分析加工误差产生的原因。本章主要讨论机械加工精度和表面质量的基本概念，通过对影响机械加工精度和表面质量的因素分析，掌握控制加工误差、提高机械加工精度和表面质量的方法。

教学要求

① 掌握机械加工精度的概念、获得规定加工精度的方法，能分析影响加工精度的因素；
② 熟悉加工误差的统计分析方法；
③ 掌握机械加工表面质量的概念，能分析影响表面粗糙度的因素。

教学建议

① 讲解时尽量列举工程实例；
② 有条件时尽可能结合现场实习或参观教学。

第一节 机械加工精度

一、机械加工精度的概念

机械加工精度是指零件加工后实际的几何参数（尺寸、几何形状、相互位置）与理想几何参数的符合程度。二者之间的相差程度称为加工误差。加工精度与加工误差是同一问题的两种不同说法，加工精度越高则加工误差越小，反之，加工精度越低则加工误差越大。

二、获得规定加工精度的方法

（一）获得尺寸精度的方法

1. 试切法

试切法是指在加工过程中通过反复试切工件、测量已加工表面的尺寸后调整刀具位置、再试切，直至达到尺寸精度要求的一种加工方法。此种方法能达到较高的尺寸精度，但与操作工人的技术水平有关，且生产率低，常用于单件小批量生产。

2. 调整法

调整法是指预先按照尺寸要求调整好刀具与工件的相对位置及进给行程等，经试加工测量合格后，再连续成批加工工件，从而保证在加工时自动获得尺寸的一种加工方法。此种加工方法生产率有较大提高，可用于半自动及自动机床的加工，其加工精度主要取决于调整精度，常用于成批或大量生产。

3. 定尺寸刀具法

定尺寸刀具法是指在加工过程中直接靠刀具的尺寸来保证工件尺寸的一种加工方法。例如钻孔、铰孔等，用成型刀具加工工件也属定尺寸刀具法。此法生产效率较高，尺寸精度比较稳定，其加工精度主要取决于刀具的制造精度。

4. 自动控制法

自动控制法是指将测量装置、进给装置和控制系统组成一个自动加工系统，使得加工过程中的尺寸测量、刀具调整、切削加工等自动进行，直至达到规定的加工尺寸后自动停止加工的一种加工方法。例如，利用数控机床加工工件。此种方法加工效率高，尺寸精度稳定，但设备投资较大，适用于精度要求高、形状复杂零件的单件、小批和中批生产以及定型产品的大批生产。

（二）获得表面形状精度的方法

1. 轨迹法

轨迹法即利用非成型刀具与工件的相对运动轨迹而获得工件形状的一种加工方法。如图
1-1 所示，工件回转时，车刀由纵、横向滚珠丝杠驱动做曲线运动来车削成型表面。此法加工的形状精度主要取决于轨迹运动的精度。

2. 成型法

成型法即利用成型刀具加工成型表面的一种加工方法。图 1-2（a）为用成型车刀车曲面，图 1-2（b）为用成型铣刀铣曲面，图 1-2（c）为用成型车刀车螺纹。利用模数铣刀铣齿轮亦属成型法加工。此法加工的形状精度主要取决于成型刀具切削刃的形状精度和安装精度。

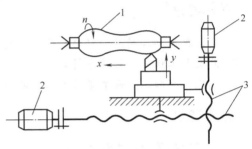

图 1-1　轨迹法

1—工件；2—电机；3—滚珠丝杠

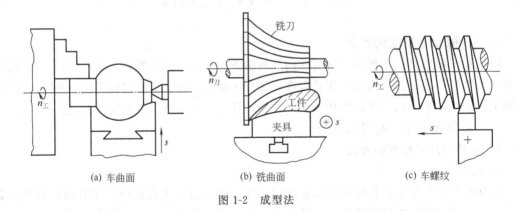

(a) 车曲面　　　　(b) 铣曲面　　　　(c) 车螺纹

图 1-2　成型法

3. 展成法

齿轮的齿形加工中，如滚齿、插齿，均属此种加工方法。其加工过程为刀具与工件做啮合运动，工件的齿形是由一系列刀齿包络线所形成。此法加工的形状精度主要取决于展成运动的精度和切削刃的形状精度。图 1-3 所示为展成法加工轮齿。

（三）获得相互位置精度的方法

获得相互位置精度的方法主要有两种：一种是在一次装夹中获得；另一种是在多次装夹中获得。此外按照装夹方式又可分为：直接装夹法、划线装夹法、夹具装夹法。

工件各加工表面相互位置精度主要取决于机床、夹具及工件的定位精度。

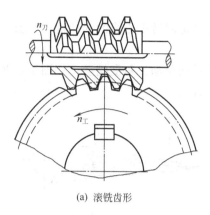

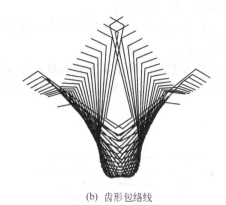

(a) 滚铣齿形   (b) 齿形包络线

图 1-3 展成法

三、影响机械加工精度的因素及提高机械加工精度的措施

在机械加工过程中，机床、夹具、刀具、工件组成了一个工艺系统，工件的加工精度受到多种因素影响，有工艺系统本身误差的影响，如刀具的制造误差、工件的装夹误差等导致的加工误差，也有金属切削过程中产生的误差影响，如受力变形、受热变形等导致的加工误差。通常，按照误差的性质将误差分为：理论误差、工艺系统的几何误差、工艺系统受力变形引起的误差、工艺系统热变形引起的误差、工件残余应力引起的误差等。

（一）理论误差

理论误差也称为加工原理误差，它是由于采用了近似的成型运动、近似的传动方式或近似的刀具切削刃形状加工工件而产生的误差。如在车床上车削蜗杆、在铣床上利用模数铣刀加工渐开线齿轮、利用齿轮滚刀滚切齿轮等。

虽然采用近似的成型运动、近似的传动方式或近似的刀具切削刃形状加工工件会造成理论误差，但此种加工方法却简化了刀具或机床的结构，降低了生产成本，提高了生产率。因此，只要加工误差在规定的加工精度范围之内，即可采用此种加工方法。

（二）工艺系统的几何误差

1. 机床的几何误差

加工中刀具相对工件的成型运动一般由机床完成。机床的制造误差、安装误差及使用中的磨损均会直接反映到加工误差中。因此，机床的几何误差对加工精度有较大的影响。

机床的几何误差包括主轴回转误差、导轨误差、传动链误差等。

（1）主轴回转误差

① 主轴回转误差的概念及表现形式：机床的主轴是安装刀具或工件的基准，并把动力和运动传递给刀具或工件。因此，主轴的回转精度是机床的主要系统特性之一，它将直接影响工件的圆度和内外圆对端面的垂直度，尤其是在精加工时，如利用坐标镗床、精密磨床等加工工件时，均要求主轴有较高的回转精度。

机床的主轴在做回转运动时，主轴的各个截面必然有回转中心。理想的回转中心在空间上相对刀具或工件的位置是固定不变的，在主轴的任一截面上，主轴回转时若只有一点速度为零，则这一点即为理想回转中心。理论上，主轴实际的回转中心应与主轴的理想回转中心重合，且在回转的过程中该实际回转中心在空中的位置应是保持不变的。但由于主轴及轴承在制造及安装过程中存在误差，主轴的实际中心是实时变动的。主轴各截面上的实际回转中心的连线称为实际回转轴线。

主轴回转误差即主轴的实际回转中心线相对理想回转中心线的变动量，变动量越小，主轴回转精度越高，反之越低。

主轴回转误差的三种基本形式为轴向窜动、径向跳动、角度摆动，如图 1-4 所示。实际上，这三种基本形式总是同时存在的，见图 1-4（d）。

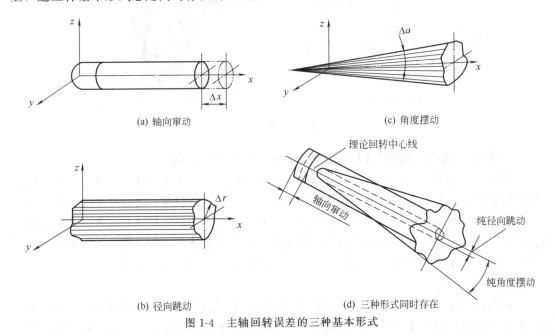

(a) 轴向窜动   (c) 角度摆动

(b) 径向跳动   (d) 三种形式同时存在

图 1-4 主轴回转误差的三种基本形式

② 主轴回转误差对加工精度的影响：在分析主轴回转误差对加工精度的影响时，首先应注意到主轴回转误差在不同方向的影响是不同的。将通过刀刃垂直于工件表面的方向称为误差敏感方向，即在此方向上工艺系统的原始误差对工件的加工精度影响最大。所以分析主轴回转误差对加工精度的影响时，应着重分析误差敏感方向的影响。

其次，不同类型的机床，其主轴回转误差对加工精度影响的表现形式各不相同。它们大致可分为两类：一类是工件回转类机床；另一类是刀具回转类机床。

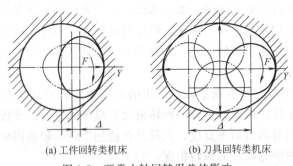

(a) 工件回转类机床   (b) 刀具回转类机床

图 1-5 两类主轴回转误差的影响

对于工件回转类机床（如车床、外圆磨床）采用滑动轴承支承的主轴，因切削力的方向不变，主轴回转时作用在支承上的作用力方向也不变，因而轴承孔与主轴颈接触点的位置基本上是固定的，即主轴轴颈在回转时总是与轴承孔的某一段接触。此时，主轴的支承轴颈的圆度误差影响较大，而轴承孔圆度误差影响较小，如图 1-5（a）所示。例如，若主轴前后支承轴颈有圆度误差（如椭圆），被加工工件也将具有圆度误差（如椭圆）。

对于刀具回转类机床（如镗床），切削力方向是随旋转方向而改变的，主轴轴颈与轴承孔的接触位置也是改变的，此时，主轴支承轴颈的圆度误差影响较小，而轴承孔的圆度误差影响较大，如图1-5（b）所示为轴颈回转不同位置时与轴承接触的情况。例如，若镗床轴承孔有圆度误差（如棱圆），被加工工件也将具有圆度误差（如棱圆）。

上述两类机床，当采用滚动轴承支承的主轴时，对于工件回转类机床，轴承内环外滚道的几何形状误差起主要作用；对于刀具回转类机床，则轴承外环内滚道的几何形状误差起主要作用。

主轴的纯轴向窜动对工件的内、外圆加工没有影响，但会影响加工端面。车削端面时，轴向窜动使得工件端面时而接近刀具、时而远离刀具，切削量时大时小，车出的端面不平。又如，车削螺纹时，轴向窜动使得刀具相对于工件的位置发生变动，从而造成螺距误差。

③ 影响主轴回转误差的主要因素：影响主轴回转误差的主要因素有主轴误差、轴承误差、轴承间隙与轴承配合零件的误差及主轴部件受力和受热变形等。

主轴误差主要包括主轴支承轴颈的圆度误差、同轴度误差（使主轴轴线发生偏斜）和主轴轴颈轴向承载面与轴线的垂直度误差（影响主轴轴向窜动量）。

此外，由于主轴一般通过轴承安装在箱体的主轴孔中，所以轴承的制造、安装误差是造成主轴回转误差的主要原因。当采用滑动轴承时，主要影响因素有轴承孔和轴颈表面的几何形状误差、配合表面的质量、配合间隙等。当采用滚动轴承时，主要影响因素有轴承内外环滚道的圆度、坡度、滚动体尺寸误差，前后轴承的内环孔偏心、滚道端面跳动及装配质量等。

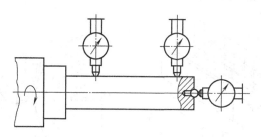

图1-6　"打表法"检测主轴回转误差

④ 主轴回转误差的检测。目前，生产中常用"打表法"检测主轴回转误差，如图1-6所示。检测时将精密心棒插入主轴锥孔内，在心棒外圆和端面等处用千分表测量，用手轻转主轴，观察表针的跳动情况，表针的最大与最小之差即为主轴回转误差。此方法简单易行，但它不能反映主轴工作转速下的回转精度，也不能区分误差性质。如在测量的径向跳动中，既包含主轴回转轴线的圆跳动，又包含主轴锥孔相对回转轴线的同轴度误差所引起的径向跳动。因此，在研究、设计机床时，常采用"动态检测法"进行检测（如传感器检测法）。

⑤ 提高主轴回转精度的措施：提高主轴回转精度的主要措施有采用精密轴承并预加载荷、改进滑动轴承结构、采用短三瓦调位轴承、采用液体或气体静压轴承、提高箱体支承孔精度等。

此外，采用固定顶尖定位加工、采用无心磨削加工等方法也是提高回转精度的有效措施。

（2）机床导轨误差　机床导轨的作用是支承并引导运动部件，使之沿直线或圆周轨迹准确地运动。因此，机床导轨作为机床中确定其他部件的位置基准和运动基准，其制造和装配精度将直接影响工件的加工精度。这里以外圆磨床为例介绍机床导轨误差。一般导轨误差的主要表现形式如下。

① 导轨在水平面内的直线度误差。当外圆磨床磨削工件外圆时，其导轨在水平面内存在直线度误差 Δ，致使工件在砂轮的法线方向产生了位移 Δ，从而造成工件半径上的误差 $\Delta R = \Delta$（如图 1-7 所示）。当磨削长外圆时，即造成了圆柱度误差。

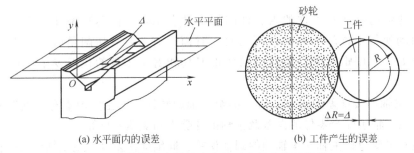

(a) 水平面内的误差　　　　　　(b) 工件产生的误差

图 1-7　外圆磨床导轨在水平面内的直线度误差

② 导轨在垂直面内的直线度误差。当外圆磨床磨削工件外圆时，其导轨在垂直面内存在直线度误差 Δ，致使工件在砂轮的切线方向产生了位移，造成半径上的误差 $\Delta R = \Delta^2/2R$（如图 1-8 所示），但其值甚小，因此外圆磨床在垂直面内的直线度误差对加工精度的影响较小。但在平面磨削、铣削时，导轨在垂直面内的直线度误差将会引起工件的法向位移，造成尺寸和形状误差（误差敏感方向）。

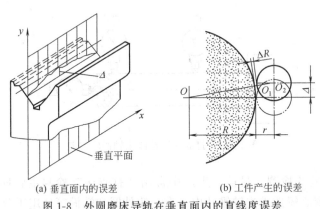

(a) 垂直面内的误差　　　　　　(b) 工件产生的误差

图 1-8　外圆磨床导轨在垂直面内的直线度误差

③ 导轨面间的平行度误差。对于车床和镗床而言，主要指床身前、后导轨不在同一水平面内，从而使刀架发生倾斜。在加工过程中，由于导轨的不平行，造成刀架的前后摆动，使得刀具的运动轨迹形成了一条空间曲线，从而使工件产生形状误差（如图 1-9 所示），由几何关系可知 $\Delta y = H\delta/B$。造成导轨面间的平行度误差的主要原因是制造精度和磨损，如在车床上，由于前导轨的负荷较大，因而磨损较快。

④ 导轨与主轴之间的位置误差。当在车床上加工零件时，若纵向导轨与主轴轴线在水平面内不平行，车外圆时会使工件产生锥度误差；在垂直平面内不平行，会使工件成马鞍形。此外，若是横向导轨与主轴轴线不垂直，车端面时会使工件端面变成中凹或中凸的圆锥面。

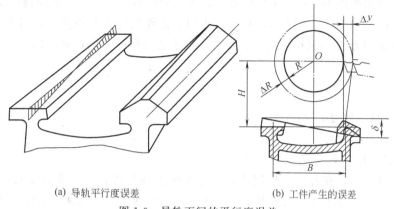

　　(a) 导轨平行度误差　　　　　　　(b) 工件产生的误差

图 1-9　导轨面间的平行度误差

　　（3）传动链误差　在加工齿轮、蜗轮、蜗杆等零件的传动表面时，一般是通过机床的范成运动完成的。这种范成运动是由机床传动系统中有关传动链来实现的，故传动链的误差将直接影响工件的加工精度。

　　传动链误差主要是由各传动元件（如齿轮、蜗轮、蜗杆等）制造误差、装配误差和磨损而破坏正确的运动关系所引起的。此外，各元件在传动链中的位置不同，其影响程度也不尽相同，各个传动齿轮的转角误差将通过传动比反映到末端工件。若采用升速传动，传动链误差将会扩大；若采用降速传动，传动链误差将会减小。例如，在螺纹加工中，直接固定在机床丝杠上的齿轮对工件螺距的误差影响最大，其他中间传动齿轮的影响较小。

　　2. 工艺系统的其他几何误差

　　（1）刀具误差　刀具种类的不同，刀具误差对加工精度的影响也不同。

　　一般刀具（如车刀、刨刀、单刃镗刀）的制造误差对加工精度没有直接影响。但当工件被加工表面较大、较长时，刀具的磨损会引起工件的形状误差，如细长轴的车削。

　　定尺寸刀具（如键槽铣刀、钻头、铰刀）的制造误差将直接影响工件的加工精度。此外，刀具的磨损与刀具的工作条件也将影响工件的加工精度。

　　成型刀具（如成型铣刀、成型车刀）本身的形状精度、磨损与刀具安装误差均将直接造成工件的形状误差。

　　（2）夹具误差　加工过程中工件与机床、刀具的位置关系一般是通过夹具来确定的。因此，夹具上的定位元件、导向元件、分度机构及夹具体等的制造误差和磨损都会影响工件的加工精度。

　　（3）调整误差　在机械加工的每一道工序，总要进行各种调整。例如在机床上安装夹具、按要求调整刀具至加工尺寸等。这些调整都会不可避免地带来一些原始误差，这种误差称为调整误差。调整误差的来源因不同的加工方式而有所不同。在试切过程中有测量误差、微量进给机构的位移误差、切削层太薄所引起的误差等。在调整过程中有行程挡块、靠模、凸轮、样件或样板本身的制造、安装误差和对刀误差等。

　　（三）工艺系统受力变形引起的误差

　　工艺系统受力变形是指在切削加工过程中，由机床、夹具、刀具、工件组成的工艺系统在切削力、惯性力、传动力、重力、夹紧力等作用下引起弹性或塑性变形。这些变形破坏了切削刃和工件之间已调整好的正确的位置关系，从而造成了工件的加工误差。如车削细长轴时，工件在切削力的作用下产生了弯曲变形，加工后致使工件产生鼓形的圆柱度误差。

物体在力的作用下会产生变形，在外力作用下构件抵抗变形的能力称刚度，用 k 表示，它是物体上的作用力 F 与其引起的在作用力方向上的变形量 y 的比值，即

$$k = \frac{F}{y} \tag{1-1}$$

式中　k——物体的刚度，N/mm；

　　　F——作用力，N；

　　　y——沿作用力 F 方向上的变形，mm。

切削加工过程中，在各外力作用下，工艺系统各部分将在各个受力方向产生相应的变形。工艺系统受力变形主要是研究其误差敏感方向（即通过刀尖的加工表面的法线方向的位移）。因此，工艺系统的刚度 k_{xt} 定义为：工件和刀具的法向切削分力 F_y 与在总切削力作用下工艺系统在该方向上的相对位移 y_{xt} 的比值，即 $k_{xt} = F_y / y_{xt}$。

由于工艺系统是由机床、夹具、刀具和工件等组成，故工艺系统总变形量应是其各组成部分变形量的总和，即

$$y_{xt} = y_{jc} + y_{dj} + y_{jj} + y_{gj} \tag{1-2}$$

式中　y_{jc}——机床变形量，mm；

　　　y_{dj}——刀架变形量，mm；

　　　y_{jj}——夹具变形量，mm；

　　　y_{gj}——工件变形量，mm。

按刚度的定义，机床的刚度 k_{jc}、刀架的刚度 k_{dj}、夹具的刚度 k_{jj} 和工件的刚度 k_{gj} 分别为

$$k_{jc} = \frac{F_y}{y_{jc}}; \ \ k_{dj} = \frac{F_y}{y_{dj}}; \ \ k_{jj} = \frac{F_y}{y_{jj}}; \ \ k_{gj} = \frac{F_y}{y_{gj}} \tag{1-3}$$

所以，工艺系统刚度的一般公式为

$$k_{xt} = \frac{1}{\dfrac{1}{k_{jc}} + \dfrac{1}{k_{dj}} + \dfrac{1}{k_{jj}} + \dfrac{1}{k_{gj}}} \tag{1-4}$$

公式（1-4）只是刚度的一般表达式，具体计算时还应具体分析。

1. 工艺系统受力变形引起的误差

（1）切削力作用点位置变化引起的误差　切削加工中，工艺系统刚度随切削力作用点的位置不同而变化，从而引起工件的形状误差。以车床用两顶尖加工光轴为例，若车削短而粗的光轴，工件的刚度很大，工件、刀具的受力变形较小，可忽略不计。此时，工艺系统的变形主要取决于机床头架、尾架（包括顶尖）和刀架的变形。如图 1-10(a) 所示，当车刀处于 x 位置时，在切削分力 F_y 的作用下，头架顶尖由 A 移到 A'，尾架由 B 移到 B'，刀架由 C 移到 C'，它们的位移量分别为 y_{tj}、y_{wj}、y_{dj}，而工件的轴心线由 AB 移到 $A'B'$。根据相关公式，此时切削点处工艺系统的总变形量为

$$y_{xt} = y_{dj} + y_x = F_y \left[\frac{1}{k_{dj}} + \frac{1}{k_{tj}} \left(\frac{l-x}{l} \right)^2 + \frac{1}{k_{wj}} \left(\frac{x}{l} \right)^2 \right] \tag{1-5}$$

根据公式（1-5）所示，工艺系统刚度随受力点位置的变化而变化，最终工件加工后为

两头大、中间小的鞍形。

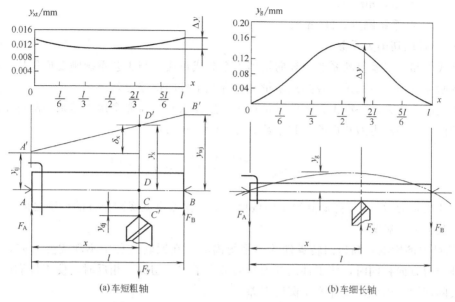

(a) 车短粗轴　　　　　　　　　　　(b) 车细长轴

图 1-10　工艺系统的位移随受力点变化而变化

加工细长轴时，工件刚度很低，切削时工件的变形将大大超过机床、夹具和刀具的变形。这时，工艺系统的变形量取决于工件变形量的大小，如图 1-10（b）所示。当车刀走到 x 位置时，在切削力作用下工件的轴心线产生弯曲。由材料力学可知，切削点处工件的变形量 y_{gj}，可按下式计算。此变形量也为工艺系统的变形量，即

$$y_{xt}=y_{gj}=\frac{F_y}{3EI}\frac{(l-x)^2x^2}{l} \tag{1-6}$$

根据公式（1-6）计算，最终工件加工后为两头小、中间大的腰鼓形。

（2）误差复映　在车削短圆柱表面时，工艺系统刚度可近似看为常量，此时，若毛坯（图 1-11 中 A）有圆度误差，加工时切削深度在 a_{p1} 和 a_{p2} 之间变化，从而引起切削分力随切削深度变化而变化，因此工艺系统将产生相应的变形，对应 a_{p1} 的变形为 y_1；a_{p2} 的变形为 y_2。从而使加工后的工件（图 1-11 中 B）仍然是一个椭圆形，这种现象称为误差复映。

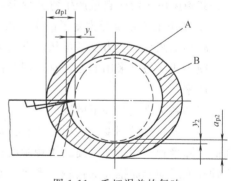

图 1-11　毛坯误差的复映

生产中，常用误差复映系数 ε 定量反映毛坯误差经加工后减少的程度。

$$\varepsilon=\frac{\Delta w}{\Delta m}=\frac{\lambda C_{FZ}f^{0.75}}{k_{xt}}=\frac{A}{k_{xt}} \tag{1-7}$$

式中　ε——误差复映系数；

　　　Δw——工件加工后的误差；

　　　Δm——毛坯误差；

　　　λ——系数，切削分力 P_y 与 P_z 之比，一般取 0.4；

C_{FZ}——与工件和刀具几何角度有关的系数，可从手册中查阅；

f——进给量，mm/r；

k_{xt}——工艺系统刚度，N/mm；

A——径向切削力系数。

由上式可知，误差复映系数与径向切削力系数成正比，与工艺系统刚度成反比。故增加工艺系统刚度或增大主偏角、减少进给量都可降低工件的误差复映。

当毛坯误差较大，一次走刀不能满足加工精度要求时，需要多次走刀来消除 Δm 反映到工件上的误差，多次走刀总误差复映系数 ε_g 的计算公式为

$$\varepsilon_g = \varepsilon_1\varepsilon_2\cdots\varepsilon_n = \left(\frac{\lambda C_{FZ}}{k_{xt}}\right)(f_1f_2\cdots f_n)^{0.75} \tag{1-8}$$

经过几次走刀后，ε 将降低到很小的数值，加工误差也就降到允许的范围之内。

（3）其他力的影响

① 惯性力的影响：高速回转零件的不平衡离心力在回转过程中不断改变方向，当离心力与切削分力方向相同时，使工件离开刀具而减小了实际切深，相反时，使工件靠向刀具而增加了实际切深，因此使工件产生圆度误差。

② 传动力的影响：传动力与惯性力的共同特点是力的方向在旋转中不断变化，从而影响工件加工精度。如在车削工件时，若采用单爪拨盘带动工件旋转，传动力误差将使工件产生圆度误差。

③ 夹紧力影响：对于刚度较差的零件，在加工时由于夹紧力安排不当使零件产生变形，造成加工误差。如在车床上用三爪卡盘夹紧薄壁套筒零件来加工其内孔，加工完成松开夹爪后，套筒弹性恢复使已加工的内孔变得不圆。

④ 重力的影响：在大型机床上，机床部件在加工中位置的移动，改变了部件自重对床身、横梁、立柱的作用点位置，从而使机床发生变形，原有几何精度丧失，产生加工误差。如卧式镗床由于滑枕自重产生弯曲变形，使镗杆轴线倾斜，镗出的孔产生误差。

2. 减小工艺系统受力变形的主要措施

减小工艺系统受力变形可从两方面考虑：一是减小切削力；二是提高系统刚度。

减小切削力可采用的方法有合理选择切削用量及刀具几何参数等，但这种方法有时会影响生产率。

提高系统刚度有如下措施。

（1）提高接触刚度 常用方法有：降低零件连接面的粗糙度和提高几何形状精度使结合面的实际接触面积增加，提高接触刚度；对机床导轨及装配基面进行刮研；增大顶尖锥面与主轴孔或尾架套筒锥孔的接触；多次修研精密零件上的中心孔等。

此外，对机床或夹具上有关的固定连接件，装配时可采用预紧措施，以消除配合间隙、增大接触面积，从而提高接触刚度。

（2）提高刀具刚度 常采用的方法有：改善刀具的材料、结构；热处理；合理装夹刀具；增加辅助支承装置（如镗床上的支承导向套可提高镗杆在加工时的刚度）等。

（3）合理装夹工件，提高工件刚度 常用方法有：夹紧工件时应夹工件刚性好的方向和部位；使夹紧力着力点对准或靠近定位支承，从而使工件受"拉压"而不受弯矩作用；采用辅助支承；尽量使夹紧力对称、分散，避免局部压力过大；采用弹性垫，

减少工件的变形，便于将工件的弯曲部分磨掉（如图 1-12 所示）；增加配重消除离心力和惯性力的影响等。

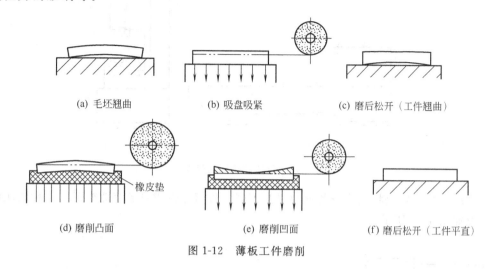

(a) 毛坯翘曲　　　　　　(b) 吸盘吸紧　　　　　　(c) 磨后松开（工件翘曲）

(d) 磨削凸面　　　　　　(e) 磨削凹面　　　　　　(f) 磨后松开（工件平直）

橡皮垫

图 1-12　薄板工件磨削

（四）工艺系统热变形引起的误差

工艺系统热变形是由于机械加工过程中各种热源的存在而引起的，工艺系统的热源大致可分为两大类：内部热源（切削热和摩擦热）和外部热源（环境温度和辐射热）。

（1）切削热　切削热是切削加工过程中主要热源之一，它是由切削金属的弹性、塑性变形及刀具与工件、切屑间的摩擦而产生，由工件、刀具、夹具、机床、切屑、切削液及周围介质传出。车削时切削热大部分传到切屑中，小部分传给工件及刀具；而磨削时通常有80%以上的热量传给工件。

（2）摩擦热　由机床和液压系统中运动部件的摩擦产生，如导轨之间、齿轮之间、丝杠与螺母、轴承、电动机等。摩擦热是机床热变形的主要热源。

（3）环境温度　在机械加工过程中，周围环境温度的变化会使工艺系统的温度产生变化，从而影响工件的加工精度，特别是在加工大型精密零件时，其影响更为明显。

（4）辐射热　阳光、灯光、取暖设备、人体都会发生热辐射，使工艺系统产生热变形，从而影响工件加工精度。

工艺系统的热变形会改变刀具与工件之间的相对位置而产生加工误差。工艺系统受各种热源的影响，其温度逐渐升高的同时，也通过各种传热方式向周围散发热量。当单位时间内传入和散发的热量相等、工艺系统达到了热平衡后，热变形量不再变化，引起的加工误差也比较稳定，因此，精密及大型工件应在工艺系统达到了热平衡后再进行加工。

1. 机床热变形引起的误差

机床受各种热源的影响，各部分温升将发生变化，由于热源分布的不均匀和机床结构的复杂性，机床各部分将发生不同程度的热变形，破坏了机床原有的几何精度，从而降低了机床的加工精度。

对于车床、铣床，其主要热源是主轴箱的发热，如图 1-13 所示，它将使箱体和床身（或立柱）发生变形，从而造成主轴的位移和倾斜。

磨床一般都是液压传动并有高速磨头，因此，这类机床的主要热源是磨头轴承和液压系统的发热。轴承的发热将使磨头轴线产生热位移，当前后轴承的温升不同时其轴线还会出现

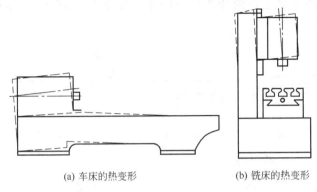

(a) 车床的热变形   (b) 铣床的热变形

图 1-13 车床和铣床的热变形

倾斜。液压系统的发热将使床身各处的温升不同，进而导致床身的弯曲变形。几种磨床的热变形情况如图 1-14 所示。

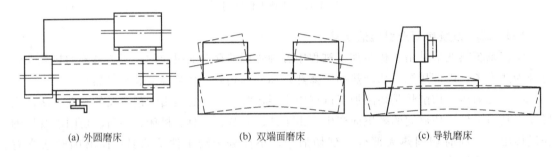

(a) 外圆磨床   (b) 双端面磨床   (c) 导轨磨床

图 1-14 几种磨床的热变形

对于数控机床、加工中心等精密机床，除机械系统的发热造成机床精度降低外，电气系统的发热也会造成数控系统不稳定等问题。因此，这类设备常在恒温室中使用。

2. 刀具热变形引起的误差

刀具的热变形主要是由切削热引起的，虽然切削热大部分由切屑所带走，约只有 5% 的切削热传入刀具，由于刀具的体积小、热容量小，故刀具的温升很快。但其易冷却、易达到热平衡，所以对加工精度的影响不大。不过在加工大型工件、细长轴时，刀具的热伸长影响也不应忽视。

3. 工件热变形引起的误差

在加工过程中产生的切削热传给工件后，会引起工件的变形而造成加工误差，对于大型零件和精密加工的零件，外部热源对工件的影响也应引起足够的重视。

在生产中，由于加工方法、工件的形状和尺寸及工件的材料的不同对工件热变形引起的误差影响也不同。

如磨削板类零件，由于加工时工件单面受热翘曲产生中凸现象，造成中间切削深度大，两边切削深度小，待工件加工完至冷却后，工件将产生中凹的平面度误差，如图 1-15 所示。

又如当加工细长轴时，工件的热伸长将使两顶尖间产生轴向力，细长轴在轴向力和切削力联合作用下，会出现弯曲变形并可能导致切削不稳定。此时可采用弹性或液压尾顶尖。

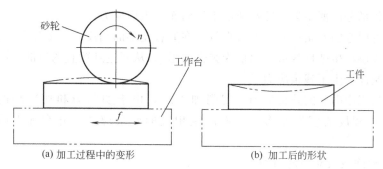

(a) 加工过程中的变形　　　　　　　(b) 加工后的形状

图 1-15　磨削板类零件的热变形

再如当磨削精密轴类零件时，工件受热膨胀，产生热变形，尺寸和形状会出现误差，在开始磨削时，工件受热不多，切削一段后，工件受热膨胀，故多磨去一些，而当磨至尾端时，工件的温度更高，热膨胀更大，因此磨去更多，故当工件冷却后，则形成圆柱度和尺寸误差。

4. 减小工艺系统热变形的措施

（1）减少热源的产生　采用合理的切削用量及刀具几何参数等以减少切削热和摩擦热。

由于内部热源是产生机床变形的主要热源，因此凡可从主机分离出去的热源（如电机、变速箱等）应尽可能放在机床外部；对不能与主机分离的热源（如主轴轴承）应从结构、润滑等方面改善其摩擦特性，如采用静压轴承、改用低黏度润滑油等；如热源不能从机床中分离出去，可在发热部件与机床大件间用绝热材料隔开。

（2）加强散热　采用冷却性能好的切削液，使切削区温度降低。

此外，消除机床内部热源的影响，可采用增加散热面积或使用强制式的风冷、水冷、循环润滑等方法。

（3）控制温度变化　环境温度的变化将会引起机床精度的变化，建立恒温的加工环境对保证精密工件加工的精度至关重要。恒温精度一般控制在 $\pm1℃$，精密级为 $\pm0.5℃$，超精密级为 $\pm0.01℃$。恒温室平均温度一般取 20℃。

在精加工之前，先让机床空转一段时间，待机床达到或接近热平衡状态后再进行加工，也是控制温度变化的一项有利措施。

（4）采用热变形自动补偿法　即加工时依靠补偿装置等措施给以相反方向的变形来自动抵消热变形。

如在数控机床加工中，将需要补偿的变形量预先编入数控程序使加工时能自动修正刀具和工件的相对位置，以达到自动补偿热变形的能力。

又如可根据季节温度及时调整机床地脚螺钉的压力，以补偿温差的影响，即：夏天床身易中凸，可将床身中部的地脚螺钉收紧些，冬天则反之。

（五）工件残余应力引起的误差

残余应力（又称内应力）是指在没有外部载荷的情况下，仍残存在工件内部的应力。具有残余应力的零件往往处于一种很不稳定的相对平衡状态，当这种平衡状态受某种因素的影响被打破时，其内应力重新分布使零件产生相应变形，使原有的加工精度丧失。

1. 残余应力产生的主要原因

（1）毛坯在制造中产生的残余应力　在毛坯的热加工中，如铸造、锻造及焊接等工艺中，由于毛坯各部分厚薄不匀，冷却速度不均匀而产生内应力。

（2）冷矫直引起的残余应力 冷矫直就是在原有变形的相反方向上加力，使工件向相反方向弯曲而使表层产生塑性变形（里层为弹性变形），从而达到矫直的目的。矫正力去除后，由于内外层牵制而产生了残余应力。

（3）切削加工中引起的残余应力 切削加工时，由于切削力和切削热的作用，使工件表面产生不同程度的塑性变形，从而产生相应的残余应力，并在加工后使工件发生变形。

2. 减小或消除残余应力的措施

（1）合理设计零件结构 尽量使壁厚均匀、使焊缝均匀分布，以减少残余应力的产生。

（2）对工件进行热处理和时效处理 对铸造、锻造及焊接件进行退火或回火等热处理可消除残余应力。对精度要求高的零件粗加工后进行时效处理可消除残余应力。自然时效所需时间长，为了缩短生产周期，常采用人工时效。

（3）合理安排工艺过程 在安排加工工艺时，应把粗、精加工分开在不同的工序中进行。在大型工件的加工中，粗、精加工往往在一道工序中完成，这时应在粗加工后松开工件，让工件自由变形，然后改用较小的夹紧力夹紧工件再进行精加工。

四、机械加工的经济精度

不同加工方法可获得不同精度；同一种加工方法在不同的工作条件下所达到的精度也不同。经济精度是指在正常的加工条件下（即采用符合质量标准的设备、工艺装备，使用标准技术等级的工人，不延长加工时间等）所能保证的加工精度。

经济粗糙度的概念类同于经济精度。

各种加工方法所能达到的经济精度和表面粗糙度，以及各种典型表面的加工方法已制成表格，在机械加工手册中均可以查阅到。表 1-1～表 1-3 分别摘录了外圆、孔和平面等典型表面的加工方法及其所能达到的经济精度和经济粗糙度供选择加工方法时参考。

表 1-1　外圆柱面加工方法

序号	加工方法	经济精度 （公差等级表示）	经济粗糙度 Ra $/\mu m$	适用范围
1	粗车	IT11～13	12.5～50	适用于淬火钢以外的各种金属
2	粗车—半精车	IT8～10	3.2～6.3	
3	粗车—半精车—精车	IT7～8	0.8～1.6	
4	粗车—半精车—精车—滚压（或抛光）	IT7～8	0.025～0.2	
5	粗车—半精车—磨削	IT7～8	0.4～0.8	主要用于淬火钢，也可用于未淬火钢，但不宜加工有色金属
6	粗车—半精车—粗磨—精磨	IT6～7	0.1～0.4	
7	粗车—半精车—粗磨—精磨—超精加工（或轮式超精磨）	IT5	0.012～0.1 （或 $Rz0.1$）	
8	粗车—半精车—精车—精细车（金刚车）	IT6～7	0.025～0.4	主要用于要求较高的有色金属加工
9	粗车—半精车—粗磨—精磨—超精磨（或镜面磨）	IT5 以上	0.006～0.025 （或 $Rz0.05$）	极高精度的外圆加工
10	粗车—半精车—粗磨—精磨—研磨	IT5 以上	0.006～0.1 （或 $Rz0.05$）	

表 1-2 孔加工方法

序号	加工方法	经济精度 (公差等级表示)	经济粗糙度 Ra /μm	适用范围
1	钻	IT11～13	12.5	加工未淬火钢及铸铁的实心毛坯,也可用于加工有色金属。孔径小于15～20mm
2	钻—铰	IT8～10	1.6～6.3	
3	钻—粗铰—精铰	IT7～8	0.8～1.6	
4	钻—扩	IT10～11	6.3～12.5	加工未淬火钢及铸铁的实心毛坯,也可用于加工有色金属。孔径大于15～20mm
5	钻—扩—铰	IT8～9	1.6～3.2	
6	钻—扩—粗铰—精铰	IT7	0.8～1.6	
7	钻—扩—机铰—手铰	IT6～7	0.2～0.4	
8	钻—扩—拉	IT7～9	0.1～1.6	大批量生产(精度由拉刀的精度而定)
9	粗镗(或扩孔)	IT11～13	6.3～12.5	除淬火钢外各种材料,毛坯有铸出孔或锻出孔
10	粗镗(粗扩)—半精镗(精扩)	IT9～10	1.6～3.2	
11	粗镗(粗扩)—半精镗(精扩)—精镗(铰)	IT7～8	0.8～1.6	
12	粗镗(粗扩)—半精镗(精扩)—精镗—浮动镗刀精镗	IT6～7	0.4～0.8	
13	粗镗(扩)—半精镗—磨孔	IT7～8	0.2～0.8	主要用于淬火钢,也可用于未淬火钢,但不宜用于有色金属
14	粗镗(扩)—半精镗—粗磨—精磨	IT7～8	0.1～0.2	
15	粗镗—半精镗—精镗—精细镗(金刚镗)	IT6～7	0.05～0.4	主要用于精度要求高的有色金属加工
16	钻—(扩)—粗铰—精铰—珩磨;钻—(扩)—拉—珩磨;粗镗—半精镗—精镗—珩磨	IT6～7	0.025～0.2	精度要求很高的孔
17	以研磨代替上述方法中的珩磨	IT5～6	0.006～0.1	

表 1-3 平面加工方法

序号	加工方法	经济精度 (公差等级表示)	经济粗糙度 Ra /μm	适用范围
1	粗车	IT11～13	12.5～50	端面
2	粗车—半精车	IT8～10	3.2～6.3	
3	粗车—半精车—精车	IT7～8	0.8～1.6	
4	粗车—半精车—磨削	IT6～8	0.2～0.8	
5	粗刨(或粗铣)	IT11～13	6.3～25	一般不淬硬平面(端铣表面粗糙度 Ra 值较小)
6	粗刨(或粗铣)—精刨(或精铣)	IT8～10	1.6～6.3	
7	粗刨(或粗铣)—精刨(或精铣)—刮研	IT6～7	0.1～0.8	精度要求较高的不淬硬平面,批量较大时宜采用宽刃精刨方案
8	以宽刃精刨代替上述刮研	IT7	0.2～0.8	
9	粗刨(或粗铣)—精刨(或精铣)—磨削	IT7	0.2～0.8	精度要求高的淬硬平面或不淬硬平面
10	粗刨(或粗铣)—精刨(或精铣)—精磨	IT6～7	0.025～0.4	
11	粗铣—拉	IT7～9	0.2～0.8	大量生产,较小的平面(精度视拉刀精度而定)
12	粗铣—粗铣—磨削—研磨	IT5 以上	0.006～0.1 (或 Rz0.05)	高精度平面

第二节　加工误差的统计分析

由于影响工件加工精度的因素错综复杂，对工件加工误差的产生就很难用单因素法进行分析，因此应利用统计分析的方法找出产生误差的原因。

一、误差的性质

根据一批工件加工误差出现的规律，可分为系统误差和随机误差。

1. 系统误差

系统误差又可分为常值系统误差和变值系统误差。

（1）常值系统误差　顺次加工一批工件，其大小和方向保持不变的误差称为常值系统误差。如加工原理误差，铰刀的直径误差等。此外，机床、夹具和量具的磨损速度很慢，在一定时间内也可看作常值系统误差。

（2）变值系统误差　顺次加工一批工件，其大小和方向按一定规律变化的误差称为变值系统误差。如机床、刀具在热平衡前的热变形误差，刀具的磨损都是随着加工顺序而有规律的变化，这些都属于变值系统误差。

2. 随机误差

顺次加工一批工件，其大小和方向呈无规律变化的误差称为随机误差。如内应力重新分布引起的工件变形，毛坯余量不均匀或硬度不一致而产生的毛坯误差复映等。

对于系统性误差，由于其变化是有规律的，因此可以查明变化规律后予以解决；对于随机误差其看似无规律可言，但可以应用统计分析法找出加工误差的总规律，然后在工艺上采取措施加以解决。

二、加工误差的统计分析法

统计分析法是以现场观察为基础，将数据收集、整理后，应用统计分析的方法来研究加工精度问题。其主要有分布图分析法和点图分析法两种。

1. 分布图分析法

（1）实际分布图——直方图　在加工过程中，对某个工序的加工尺寸采用抽取有限样本（工件）数据进行分析处理，用直方图的形式表示出来，以便于分析加工质量及其稳定程度的方法，称为直方图分析法。

在抽取的工件中，由于存在各种误差，会出现加工尺寸的变化（称为尺寸分散），同一尺寸（实际为很小一段尺寸间隔）的工件数目称为频数。频数与这批工件的总数之比称为频率。频率与组距（尺寸间隔）之比称为频率密度。

直方图是由一个纵坐标、一个横坐标和若干个矩形组成的图形。以工件的尺寸（很小一段尺寸间隔）为横坐标，以频数为纵坐标的直方图称为频数直方图；若以频率为纵坐标的直方图则称为频率直方图。

以频数为纵坐标作直方图时，如果工件数目不同，组距不同，作出的图形高低就不同，为了便于比较，常用频率密度为纵坐标作图。

直方图矩形面积＝频率密度×组距（尺寸间隔）＝频率

由于各组频率之和等于100%，故直方图上全部矩形面积之和等于1。

下面以一实例说明直方图的作法。

例　检查一批磨削后的轴径尺寸。图纸规定尺寸为 $\phi 30^{+0.06}_{+0.01}$ mm。抽查工件数为100个，测量结果见表1-4。

表 1-4　轴径数据表（小数位数值）　　　　　　　　　　　μm

37	28	49	36	43	32	33	27	44	46	52	20	38	18	48	36	22	40	32	46
20	35	38	53	43	45	22	42	36	28	51	49	34	22	46	52	33	46	42	41
32	28	47	46	38	32	34	20	40	36	45	32	52	20	38	50	16	54	36	42
34	30	38	30	47	26	38	38	42	30	36	38	40	35	28	46	28	40	30	38
32	39	40	38	45	40	30	36	38	18	44	42	45	36	25	38	50	46	40	42

直方图具体作法如下。

① 收集数据：本例收集数据为 100 个（一般应大于 50 个）。

② 计算极差：本例由表中查得，最大值 $x_{max}=54\mu m$，最小值 $x_{min}=16\mu m$。

极差 $R=x_{max}-x_{min}=54-16=38$（$\mu m$）

③ 适当分组：本例分为 9 组。实践证明，若组数取得太多，每组内的数据较少，作出的直方图过于分散；若组数取得太少，则数据集中于少数组内，容易掩盖数据间的差异。组数 K 的选择可参考表 1-5 组数选用。

表 1-5　组数选用

数据数量 n	分组数 K	数据数量 n	分组数 K
<50	5~7	100~250	7~12
50~100	6~10	>250	10~20

④ 确定组距：组距用字母 h 表示，即

$$h=\frac{R}{K-1}$$

一般取测量单位的整数倍以便于分组，同时为便于组界的划分，在不违背分组原则的基础上，组距尽量取奇数。

本例：$h=\dfrac{R}{K-1}=\dfrac{38}{9-1}=4.75\approx5$（$\mu m$）

⑤ 确定各组组界：组界的确定应由第一组起。

本例：

第一组下界限值＝最小值－组距/2＝16－5/2＝13.5（μm）

第一组上界限值＝第一组下界限值＋h＝13.5＋5＝18.5（μm）

第二组下界限值＝第一组上界限值＝18.5（μm）

第二组上界限值＝第二组下界限值＋h＝18.5＋5＝23.5（μm）

其余各组上、下界限值依此类推，本例各组界限值计算结果见表1-6。

⑥ 计算平均值 $\overline{x}$

$$\overline{x}=\frac{1}{n}\sum_{i=1}^{n}x_i=37.29\mu m$$

式中　n——样本数；

　　　x_i——各工件的尺寸。

⑦ 编制频数分布表：按上述分组范围，统计各组的数据频数，填入表内，计算各组的

频率并填入表内，见表1-6。

表1-6　频数分布

组号	组界/μm	频数	频率/%	频率密度/μm^{-1}
1	13.5～18.5	3	3	0.6
2	18.5～23.5	7	7	1.4
3	23.5～28.5	8	8	1.6
4	28.5～33.5	13	13	2.6
5	33.5～38.5	26	26	5.2
6	8.5～43.5	16	16	3.2
7	43.5～48.5	16	16	3.2
8	48.5～53.5	10	10	2
9	53.5～58.5	1	1	0.2

⑧ 根据频数分布表中的统计数据作出直方图，如图1-16所示。

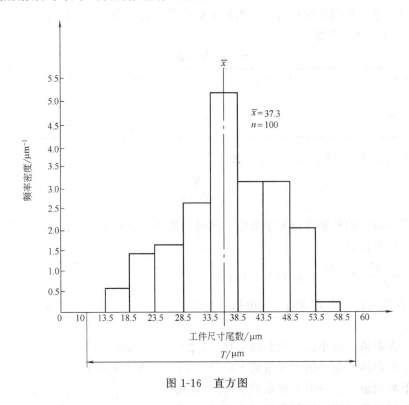

图1-16　直方图

由图1-16可知，该批工件的尺寸大部分居中，偏大、偏小者较少。

要进一步分析该工序的加工精度问题，就必须找出频率密度与加工尺寸间的关系，因此，必须研究理论分布曲线，会使问题大大简化。

（2）理论分布图

① 正态分布曲线。在绘制一批工件的尺寸分布图时，如果所取的工件数量增加，而尺寸间隔取得很小时，作出的直方图形状就非常接近光滑曲线，实践证明，如果加工一批工件是在正常的加工状态下进行的，没有特殊或意外的因素影响，如加工中刀具突然崩刃等，则这个分布曲线将接近正态分布曲线，如图1-17所示。

正态分布曲线的函数表达式为

$$\phi(x)=\frac{1}{\sigma\sqrt{2\pi}}e^{-\frac{1}{2}\left(\frac{x-\bar{x}}{\sigma}\right)^2} \tag{1-9}$$

$$\sigma=\sqrt{\frac{1}{n}\sum_{i=1}^{n}(x_i-\bar{x})^2} \tag{1-10}$$

式中　$\phi(x)$——工件尺寸为 x 时所出现的概率密度；

x——工件的尺寸；

$\bar{x}$——一批工件尺寸的算术平均值，它表示加工尺寸的分布中心；

σ——一批工件的标准差；

n——一批工件的数量。

正态分布曲线的特点是：

a. 曲线对称于 $x=\bar{x}$ 线，靠近 $\bar{x}$ 的工件尺寸出现概率较大，远离 $\bar{x}$ 的工件尺寸出现概率较小；

b. 曲线两端与 x 轴相交于无穷远；

c. 对 $\bar{x}$ 的正偏差和负偏差，其概率相等；

d. 分布曲线与 x 轴所围成的面积包括了全部零件数（即 100%），故其面积等于 1，其中在对称轴的 $\pm3\sigma$ 范围内所包含的面积为 99.73%，即 99.73% 的工件尺寸落在 $\pm3\sigma$ 范围内，仅有 0.27% 的工件在范

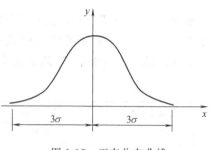

图 1-17　正态分布曲线

围之外，可以忽略不计。因此，一般取正态分布曲线的分布范围为 $\pm3\sigma$，即 6σ 表示这批零件加工尺寸的分布范围。

② 分布曲线的应用。

a. 判断加工误差的性质。从分布曲线的形状、位置，可以分析各种误差的影响。

常值系统误差不会影响分布曲线的形状，只会影响它的位置，因此当分布曲线中心 $\bar{x}$ 偏离公差带中心时，说明加工中存在常值系统误差。

变值系统误差或随机误差将会影响分布曲线的形状，这时就不是正态分布曲线。图 1-18 所示为三种非正态分布曲线，从这些分布曲线的形状可以初步分析其形成原因。

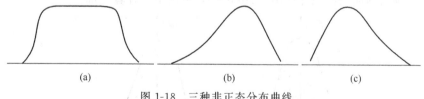

图 1-18　三种非正态分布曲线

图（a）表示在加工过程中，当刀具或砂轮磨损具有显著影响时所得一批工件的尺寸分布图。可以看出，中间的水平线是由于系统性误差的影响，而两侧是由于随机性误差的影响。

图（b）表示用试切法加工时，由于主观上不愿产生不可修复的废品，加工外圆时"宁大勿小"，其尺寸也就出现不对称的向右偏态分布。

同理，图（c）表示在加工孔时总是"宁小勿大"，因而使尺寸产生向左偏态分布。

b. 验证工艺能力。正态分布曲线的形状决定于标准偏差 σ，σ 越大，表示分布曲线越平坦，尺寸分布范围比较大，尺寸比较分散，加工精度较低；σ 越小，分布曲线越陡而窄，表

示尺寸分布比较集中，加工精度较高。例如用车床及外圆磨床加工同一批零件，由于磨削精度比普通车削高，因此磨削后一批零件的 σ_2 值将小于车削后一批零件的 σ_1 值（见图 1-19），所以，可以用 σ 值的大小来比较各种加工方法和加工设备的精度。

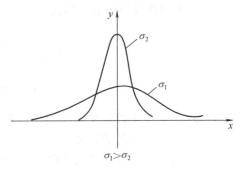

图 1-19　不同 σ 值的分布曲线

所谓工艺能力是指本工艺能够稳定地加工合格品的能力。用 T 表示设计者按使用要求规定的加工精度（工件尺寸公差），6σ 表示实际加工所能达到的精度（尺寸分布范围），两者的比值可反映工艺能力的大小，称工艺能力系数，用 C_p 表示，即

$$C_p = T/6\sigma \tag{1-11}$$

如果 $C_p > 1$ 或 $T > 6\sigma$，表示全部零件加工合格；若 $T \gg 6\sigma$，表示工艺能力过高，会造成浪费；$T = 6\sigma$，表示工艺能力勉强；$T < 6\sigma$，表示工艺能力不足，加工精度不能满足要求，会有废品产生。根据 C_p 值的大小可将工艺分为五个等级（见表 1-7）。

表 1-7　工艺等级

工艺能力系数	工艺等级	说　明
$C_p > 1.67$	特级	工艺能力过高,可以允许有异常波动,不一定经济
$1.67 \geqslant C_p > 1.33$	一级	工艺能力足够,可以允许有一定的异常波动
$1.33 \geqslant C_p > 1.00$	二级	工艺能力勉强,必须密切注意
$1.00 \geqslant C_p > 0.67$	三级	工艺能力不足,可能出现少量不合格品
$0.67 \geqslant C_p$	四级	工艺能力差,必须加以改进才能生产

c. 计算合格品率和不合格品率。正态分布曲线与 x 轴之间所包含的面积代表一批工件的总数，如果尺寸分布范围 6σ 大于零件的公差 T 时，将出现废品。如图 1-20(a) 中阴影部分的零件都是合格品，阴影外的零件则为不合格品。以加工轴为例，阴影部分左边的零件尺寸过小，为不可修复的废品；阴影部分右边的零件尺寸过大，但可以修复，为可以修复的废品。

对于 x 范围内的曲线面积 [如图 1-20(b)]，可由下式计算，即

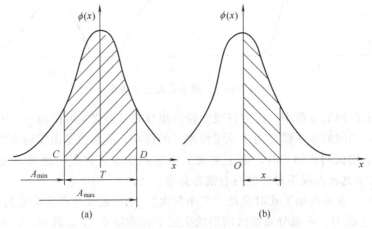

图 1-20　利用正态分布曲线计算合格品和不合格品率

$$A = \frac{1}{\sigma\sqrt{2\pi}} \int_0^x e^{-\frac{x^2}{2\sigma^2}} dx \qquad (1-12)$$

为方便起见，设 $z = x/\sigma$，所以

$$\phi(z) = \frac{1}{\sqrt{2\pi}} \int_0^z e^{-\frac{z^2}{2}} dz \qquad (1-13)$$

正态分布的总面积为

$$2\phi(\infty) = \frac{2}{\sqrt{2\pi}} \int_0^\infty e^{-\frac{z^2}{2}} dz = 1 \qquad (1-14)$$

例 在车床上加工一批轴，要求尺寸为 $\phi 20_{-0.1}^{\ 0}$mm，根据测量结果，此工序的尺寸属于正态分布，其 $\sigma = 0.025$，$\bar{x} = 19.98$mm，试求其废品率。

解 要求最小尺寸 $A_{min} = 20 - 0.1 = 19.9$（mm）

工件最小尺寸 $d_{min} = \bar{x} - 3\sigma = 19.98 - 3 \times 0.025 = 19.905mm> A_{min}$

所以不会产生不可修复的废品。

要求最大尺寸 $A_{max} = 20$mm

工件最大尺寸 $d_{max} = \bar{x} + 3\sigma = 19.98 + 3 \times 0.025 = 20.055mm> A_{max}$

所以会产生可修复的废品。

废品率 $Q = 0.5 - \phi(z)$

$$z = \frac{|x - \bar{x}|}{\sigma} = \frac{|20 - 19.98|}{0.025} = 0.8$$

表 1-8 $\phi(z) = \dfrac{1}{\sqrt{2\pi}} \displaystyle\int_0^z e^{-\frac{z^2}{2}} dz$ 的数值

z	$\phi(z)$	z	$\phi(z)$	z	$\phi(z)$	z	$\phi(z)$	z	$\phi(z)$
0.00	0.0000	0.23	0.0910	0.46	0.1772	0.88	0.3106	1.85	0.4678
0.01	0.0040	0.24	0.0948	0.47	0.1808	0.90	0.3159	1.90	0.4713
0.02	0.0080	0.25	0.0987	0.48	0.1844	0.92	0.3212	1.95	0.4744
0.03	0.0120	0.26	0.1023	0.49	0.1879	0.94	0.3264	2.00	0.4772
0.04	0.0160	0.27	0.1064	0.50	0.1915	0.96	0.3315	2.10	0.4821
0.05	0.0199	0.28	0.1103	0.52	0.1985	0.98	0.3365	2.20	0.4861
0.06	0.0239	0.29	0.1141	0.54	0.2054	1.00	0.3413	2.30	0.4893
0.07	0.0279	0.30	0.1179	0.56	0.2123	1.05	0.3531	2.40	0.4918
0.08	0.0319	0.31	0.1217	0.58	0.2190	1.10	0.3643	2.50	0.4938
0.09	0.0359	0.32	0.1255	0.60	0.2257	1.15	0.3749	2.60	0.4953
0.10	0.0398	0.33	0.1293	0.62	0.2324	1.20	0.3849	2.70	0.4965
0.11	0.0438	0.34	0.1331	0.64	0.2389	1.25	0.3944	2.80	0.4974
0.12	0.0478	0.35	0.1368	0.66	0.2454	1.30	0.4032	2.90	0.4981
0.13	0.0517	0.36	0.1406	0.68	0.2517	1.35	0.4115	3.00	0.49865
0.14	0.0557	0.37	0.1443	0.70	0.2580	1.40	0.4192	3.20	0.49931
0.15	0.0596	0.38	0.1480	0.72	0.2642	1.45	0.4265	3.40	0.49966
0.16	0.0636	0.39	0.1517	0.74	0.2763	1.50	0.4332	3.60	0.499841
0.17	0.0675	0.40	0.1554	0.76	0.2764	1.55	0.4394	3.80	0.499928
0.18	0.0714	0.41	0.1591	0.78	0.2823	1.60	0.4452	4.00	0.499968
0.19	0.0753	0.42	0.1628	0.80	0.2881	1.65	0.4505	4.50	0.499997
0.20	0.0793	0.43	0.1664	0.82	0.2939	1.70	0.4554	5.00	0.49999997
0.21	0.0832	0.44	0.1770	0.84	0.2995	1.75	0.4599		
0.22	0.0871	0.45	0.1736	0.86	0.3051	1.80	0.4641		

查表 1-8，$z=0.8$ 时，$\phi(z)=0.2881$

$Q=0.5-\phi(z)=0.5-0.2881=0.2119\approx21.2\%$

故废品率为 21.2%。

2. 点图分析法

点图分析法是用于发现按一定规律变化的变值系统误差的一种方法。

(1) 个值点图　如果按照加工顺序逐个地测量一批工件的尺寸，以工件序号为横坐标，工件尺寸为纵坐标，就可绘制出图 1-21 所示的个值点图。个值点图能够反映出每个工件的尺寸（或误差）变化与加工时间的关系。

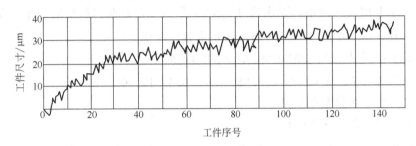

图 1-21　个值点图

(2) $\overline{x}-R$ 点图　绘制 $\overline{x}-R$ 点图是以小样本顺序随机抽样为基础的。生产中按照加工顺序，每隔一定时间检测一组（$m=4\sim5$ 个）工件，以各组的顺序号为横坐标，各组尺寸的平均值 $\overline{x}$ 为纵坐标作图，即得 $\overline{x}$ 图；以各组的顺序号为横坐标，各组尺寸的最大最小值之差 R 为纵坐标作图，即得 R 图，如图 1-22 所示。

$\overline{x}$ 曲线反映了系统性误差的大小及变化趋势，曲线位置的高低表示常值系统性误差的大小，曲线的变化趋势反映了变值系统性误差的影响；R 曲线则代表了瞬时尺寸分布范围，反映了随机误差的大小及变化趋势。在分析误差时两图常配合使用。

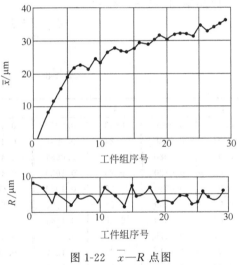

图 1-22　$\overline{x}-R$ 点图

第三节　机械加工表面质量

一、表面质量的基本概念

机械加工表面质量是零件加工技术要求的一个重要组成部分。它将直接影响零件的使用寿命及可靠性，从而影响产品的质量。

机械加工表面质量包括以下两个方面。

1. 表面几何形状特征

表面几何形状特征又包括表面粗糙度和表面波度两方面内容。

表面粗糙度是指表面微观不平度，即微观几何误差，它主要由机械加工中切削刀具的运动轨迹所形成。

表面波度是介于表面粗糙度和形状误差之间的一种中间几何误差，它主要由机械加工中切削刀具的振动和偏移所形成。

2. 表面物理力学性能

在加工过程中由于力因素和热因素的综合作用，使加工表面层金属的物理力学性能发生一定的变化，主要体现在以下几个方面。

（1）加工过程中，因塑性变形使表层金属的硬度和强度高于母体的冷作硬化。

（2）加工过程中，因切削或磨削的高温而使表层金属发生金相组织变化。

（3）加工过程中，因力和热的作用产生的残余应力。

二、表面质量对零件使用性能的影响

1. 对零件耐磨性的影响

零件的耐磨性除了与摩擦副材料及润滑条件有关以外，零件的表面质量也起着决定性的作用。

切削后的工件都有一定的粗糙度，当两个零件接触时，实际接触面积比理论接触面积要小得多，如一般粗加工实际接触面积只有 15%～20%，精加工的实际接触面积有 30%～50%，当零件上受到作用力时，实际上只有接触表层中的凸峰顶部接触，故而产生很大的压强，产生弹性变形、塑性变形及剪切变形，造成零件表面的磨损。表面粗糙度越大，磨损越快。但如果表面粗糙度过低，则因表面太光滑，难以在两表面之间储存润滑油，使润滑条件恶化，也会导致磨损加剧。为此，必须根据零件的实际工作条件，选择合适的表面粗糙度要求。

表层的冷作硬化因减少了摩擦副接触表面的弹性和塑性变形，因而一般都能使耐磨性提高。但也不是冷作硬化越高，耐磨性就越好，过度冷硬会使金属组织过于疏松，甚至出现微观裂纹和剥落，反而降低耐磨性。

当表面有残余应力时，一般来说，压应力使得结构紧密，耐磨性高。

2. 对零件耐腐蚀性的影响

表面粗糙度对零件的耐腐蚀性有很大影响，表面粗糙度越大，腐蚀介质越容易积聚于工件表面，从而腐蚀表层。

零件表面的残余应力对耐蚀性也有很大影响。当表层有残余压应力时，有助于表面微小裂纹的封闭或缩小，使腐蚀介质不易进入，有利于提高零件的耐腐蚀性；而残余拉应力则相反，易降低零件的耐腐蚀性，加速应力腐蚀。

3. 对零件疲劳强度的影响

在交变载荷作用下，粗糙的零件表面和划痕等缺陷容易引起应力集中，发展成疲劳裂纹，造成零件疲劳损坏。

实践证明，表面粗糙度越小，表面缺陷越少，工件的耐疲劳性越好。如当 Ra 的数值由 $0.63\mu m$ 降低到 $0.04\mu m$ 时，疲劳强度可提高 25%。

此外，表面粗糙度对疲劳强度的影响与零件的材料有关，越是优质钢材，晶粒越细小，组织越细密，表面粗糙度对疲劳强度的影响也越大。

加工表面层的残余应力对疲劳强度的影响也很大。若表面层的残余应力为压应力，则能部分抵消交变载荷施加的拉应力，延缓疲劳裂纹的产生或扩大，从而可以提高零件的疲劳强

度。若表面层的残余应力为拉应力，与交变载荷联合作用则容易导致裂纹的产生和扩大，从而大大降低零件的疲劳强度。

加工表面层的冷作硬化能阻碍已有裂纹的扩大和新的疲劳裂纹的产生，减轻表面缺陷和表面粗糙度的影响程度，故可提高零件的疲劳强度。但加工硬化过大，反而易产生裂纹，故加工硬化应控制在一定范围内。

4. 对零件配合性质的影响

在间隙配合中，如果配合表面粗糙度大，零件的初期磨损量大，随着零件的磨损，使配合间隙变大，导致配合性质改变，从而降低了配合精度。

在过盈配合中，例如将轴压入孔的过程中，轴和孔表面粗糙度的部分凸峰被挤平，使实际的过盈量减少，从而降低了连接强度，影响了过盈配合的可靠性。

因此，为了保证零件配合性质的要求，必须保证一定的表面粗糙度。

三、影响加工表面粗糙度的因素及改善措施

1. 刀具几何形状的影响

（1）增大前角，可使切削力、塑性变形减小，也不易产生积屑瘤。但前角过大会减弱刀尖强度。

（2）增大后角，可减少已加工表面与刀具后刀面的摩擦，有利于降低表面粗糙度数值。

（3）增大刃倾角能使刀具实际前角增大，切削刃变得锋利，从而降低表面粗糙度数值。

（4）减小刀具的主偏角和副偏角及增大刀尖圆弧半径，可减少切削残留面积，使其表面粗糙度数值减小。

2. 积屑瘤的影响

在某一切削速度范围内，加工钢料、有色金属等塑性材料时，在切削刃附近的前刀面上会出现一块高硬度的金属，它包围着切削刃，且覆盖着刀具部分前刀面。这块硬度很高的金属称为积屑瘤。出现积屑瘤后，其形状不规则，时大时小，时生时灭，使前角发生变化，以致切削厚度也忽大忽小，因而使已加工表面出现毛刺。积屑瘤脱落后的碎片也会粘在已加工表面上，从而增大表面粗糙度数值。

3. 工件材料的影响

一般来说，韧性越大的塑性材料加工后表面越粗糙。同种材料晶粒越细小，切削加工后的表面粗糙度数值就越小。为了减小加工后的表面粗糙度，常采用热处理工艺以改善工件材料的性能，如低碳钢工件切削加工前常进行正火处理，以得到均匀细密的晶粒和较高的硬度。

4. 加工条件的影响

（1）切削用量的影响　切削速度 v_c 主要是通过积屑瘤的影响来起作用的。一般切削速度在 $20 \sim 60 \mathrm{m/min}$ 的中速段最易产生积屑瘤，因此在加工时应选择较高或较低的切削速度。

进给量 f 决定了残留面积高度，适当地减少进给量可降低表面粗糙度值。但当进给量太小时，一方面会影响生产率，另一方面也会因刀具对工件已加工表面的反复挤压而使表面粗糙度值增大。因此，适当的减少进给量可使表面粗糙度值降低，但当进给量小于 $0.15 \mathrm{mm/r}$ 后再进一步减小进给量，作用就不明显了。

一般而言，切削深度 a_p 对加工表面粗糙度的影响是不明显的。但当 a_p 小到一定数值以下时，由于刀刃不可能刃磨的绝对尖锐，而是具有一定的刀口半径，此时正常切削就不能维持，常出现挤压、打滑和周期性地切入加工表面，从而使表面粗糙度值增大。为降低加工表

面粗糙度，应根据刀具刃磨的锋利情况选取相应的切削深度值。

（2）冷却润滑液的影响 冷却润滑液可以减小刀具和切屑之间的摩擦，改善刀具与已加工面之间的摩擦等，并且能带走切削热，降低切削温度以及减少积屑瘤的产生从而降低表面粗糙度。

5. 振动的影响

机械加工中的振动是指刀具对工件产生周期性的位移，从而使加工表面形成波纹似的痕迹。

振动可分为强迫振动和自激振动两大类。

强迫振动是指由外界周期性干扰力的作用而引起的不衰减振动。其振源可来自机床内部，称为内振源；也可来自机床外部，称为外振源。内振源的产生主要原因有：回转件的不平衡，如砂轮；传动件的制造缺陷，如齿轮制造精度不高；断续切削等。外振源产生的主要原因是由其他机床或设备传来的振动。减弱强迫振动的主要措施有：减小或排除振源、隔振、避开共振区、提高系统抗振性等。

自激振动是指在没有外界干扰力的作用下而引起的不衰减振动。如切屑与刀具表面间的摩擦力引起的振动；积屑瘤产生及脱落引起的振动等。减弱自激振动的主要措施有：合理选择切削用量、合理选择刀具几何参数、提高系统工艺刚度及采用减振装置等。

6. 减小表面粗糙度的措施

根据以上分析，减小表面粗糙度值的主要措施有：合理选择切削用量、合理选择刀具几何参数、对工件进行热处理、使用有效的冷却润滑液、消除振动等。

复习思考题

1-1 什么是机械加工精度？影响机械加工精度的因素有哪些？

1-2 举例说明获得规定加工精度的方法。

1-3 为什么对车床床身导轨在水平面内的直线度要求高于垂直面内的直线度要求？

1-4 试分析工件回转类机床和刀具回转类机床的主轴回转精度对加工精度的影响。

1-5 在车床上用两顶尖装夹工件车削细长轴时，出现如图所示误差，试分析其原因，并且指出分别可采用什么措施来减少或消除此误差？

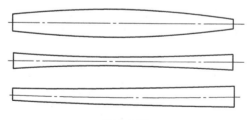

题 1-5 图

1-6 在车床上采用调整法加工一批短钢轴的外圆，毛坯尺寸为 $d=(50\pm1)$mm，进给量 $f=0.3$mm/r；已知 $\lambda=0.35$，$C_{FZ}=1871.8$N/mm²。

求：（1）若选走刀次数 $n=1$，工件径向公差要求为 0.008mm，此时工艺系统刚度应为多少？

（2）若已知工艺系统刚度为 20000N/mm，需要几次走刀才能达到 0.008mm 的径向几何形状精度？

1-7 工艺系统热源来自哪里？举例说明热变形引起的加工误差。

1-8 工件产生残余应力的原因有哪些？

1-9 试述机械加工的经济精度的概念及意义。

1-10 有一批小轴，其直径尺寸要求为 $\phi 18_{-0.035}^{0}$ mm，加工后尺寸按正态分布，测量计算得一批工件直径的算术平均值 $\bar{x} = 17.975$mm，标准差 $\sigma = 0.01$mm，试计算其废品率及合格率？

1-11 机械加工表面质量包括哪些具体内容？

1-12 表面质量对零件的使用性能有什么影响？

1-13 试述影响加工表面粗糙度的因素及改善措施。

第二章　机械加工工艺规程的制订

将工艺过程的各项内容写成文件即工艺规程。机械加工工艺规程是以文件形式出现的加工工艺过程，它是组织生产和指导生产的依据。工艺规程的合理与否直接影响到零件加工质量、效益和成本。本章介绍制订机械加工工艺规程的基本原理和主要问题。

教学要求

① 了解机械加工工艺过程的组成，熟悉制订工艺规程的原则和步骤；
② 能分析和编制简单零件的工艺规程。

教学建议

① 工艺过程的制订是一项多因素综合考虑的工作，可通过实例分析，引导学生如何综合平衡寻求合理、可行、经济的方案，训练这一方面的能力；
② 重点是掌握工艺规程制订时的几个主要阶段的工作内容和要求。

第一节　机械加工工艺过程

一、生产过程和工艺过程

机械产品的生产过程是指由原材料到该机械产品出厂的全部劳动过程。包括生产前的准备、材料及半成品的运输和保管、毛坯的制造过程，零件的机械加工、部件和产品的装配、产品的检验、试车、油漆和包装等。需要说明的是上述"原材料"和"产品"是一个相对的概念。一个工厂的原材料可能是另一个工厂的产品。如化工设备制造厂，其大量使用的钢板是一种原材料，而对于轧钢厂而言，钢板就是它的产品。

在生产过程中，凡是直接改变生产对象的形状、尺寸、相对位置和性质等，使其成为成品或半成品的过程称为工艺过程，如机械加工、热处理和装配等过程，均属于工艺过程。机械加工工艺过程是指利用机械加工的方法改变毛坯的形状、尺寸、相对位置和表面质量等，使之成为合格零件的那部分工艺过程。

二、机械加工工艺过程的组成

机械加工工艺过程是由一系列的机械加工工序按一定顺序排列而成的。每道工序又可分为工位、工步和走刀等。

1. 工序

工序是指一个工人或一组工人，在一个工作地，对同一个或同时对几个工件所连续完成的那一部分工艺过程。划分工序的要点是工人、工作地点、加工对象固定并连续完成，即所谓"三定一连续"。只要其中的一个要点发生变化，则将成为另一工序。如图 2-1 所示的阶梯轴，当大量生产时，其工艺过程见表 2-1；当单件生产时，其工艺过程见表 2-2。

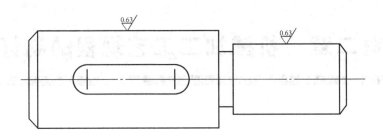

图 2-1　阶梯轴零件图

表 2-1　阶梯轴大量生产的工艺过程

工序号	工序名称	设备	工序号	工序名称	设备
1	铣端面,钻中心孔	铣床	4	去毛刺	钳工台
2	车外圆,车槽、倒角	车床	5	磨外圆	磨床
3	铣键槽	铣床			

表 2-2　阶梯轴单件生产的工艺过程

工序号	工序名称	设备
1	车端面,钻中心孔,车外圆,车槽、倒角	车床
2	铣键槽,去毛刺	铣床
3	磨外圆	磨床

　　工序不仅是制订工艺过程的基本单元,而且也是制订时间定额、配备工人、安排作业计划和质量检验的基本单元。

　　2. 工位

　　加工中,为了减少工件的安装次数,在大批量生产时,常采用各种回转工作台、回转夹具或移位夹具,使工件在一次安装中先后处于几个不同位置进行加工。

　　为了完成一定的工序内容,工件在一次安装下相对于机床或刀具每占据的一个加工位置称为工位。如图 2-2 所示加工的实例为用回转工作台在一次安装中顺序完成装卸工件、钻孔、扩孔和铰孔四个工位。

　　3. 工步

　　工步是指加工表面(或装配时的连续表面)和加工(或装配)工具不变的情况下,所完成的那一部分工序内容。

　　一道工序可以包括几个工步,也可以只包括一个工步。例如,在表 2-2 的工序 2 中,包括铣键槽和去毛刺两个工步;而表 2-1 的工序 3 只有铣键槽一个工步。

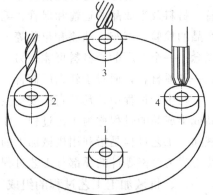

图 2-2　多工位加工
1—装卸工件;2—钻孔;
3—扩孔;4—铰孔

　　构成工步的任一因素改变后,一般即为另一工步。但有时为了提高生产率,常用几把刀具同时加工几个不同表面,此类工步称为复合工步,如图 2-3 所示。在工艺文件上,复合工步应视为一个工步。此外,对于那些在一次安装中连续进行的若干相同工步,例如图 2-4 所示零件上四个 $\phi15$ mm 孔的钻削,可简写成一个工步,

即钻 $4 \times \phi 15mm$ 孔。

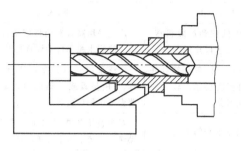

图 2-3　复合工步

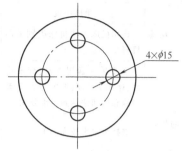

图 2-4　钻四个相同孔的工步

4. 走刀

在一个工步内，若被加工表面要切除的金属层很厚，需要分几次切削，则每进行一次切削就是一次走刀。

目前，实际生产中考虑到工人技术水平的差异，机械加工工艺通常只划分到工序，不必严格规定到工位、工步和走刀，以便能充分发挥工人的积极性。

三、生产类型及工艺特点

根据产品的生产纲领（即年产量）、产品的大小及结构的复杂程度所确定的生产类型对工艺过程的繁简和工艺特征有着重要的影响。

1. 生产类型

（1）单件生产　产品种类较多，而同一产品数量较少，工作地点的加工对象经常改变，如大型化工设备的制造、新产品的试制。

（2）成批生产　一年中分批轮流制造相同的产品，生产呈周期性的重复，如机床的制造。同一产品（或零件）每批投入生产的数量称为生产批量。成批生产又可分为小批生产、中批生产和大批生产。

（3）大量生产　产品的产量大，品种少，大多数工作地长期重复地进行某一零件的某一工序的加工，如汽车的制造。

2. 各类生产类型的工艺特征

各类生产类型的工艺特征见表 2-3。

表 2-3　各类生产类型的工艺特征

工艺特征	生　产　类　型		
	单件小批	中　批	大批、大量
零件的互换性	用修配法，钳工修配，缺乏互换性	大部分具有互换性。装配精度要求高时，灵活应用分组装配法和调整法，同时还保留某些修配法	具有广泛的互换性。少数装配精度较高处，采用分组装配法和调整法
毛坯的制造方法与加工余量	木模手工造型或自由锻造。毛坯精度低，加工余量大	部分采用金属模铸造或模锻。毛坯精度和加工余量中等	广泛采用金属模机器造型、模锻或其他高效方法。毛坯精度高，加工余量小

续表

工艺特征	生产类型		
	单件小批	中批	大批、大量
机床设备及其布置形式	通用机床。按机床类别采用机群式布置	部分通用机床和高效机床。按工件类别分工段排列设备	广泛采用高效专用机床及自动机床。按流水线和自动线排列设备
工艺装备	大多采用通用夹具、标准附件、通用刀具和万能量具。靠划线和试切法达到精度要求	广泛采用夹具,部分靠找正装夹,达到精度要求。较多采用专用刀具和量具	广泛采用专用高效夹具、复合刀具、专用量具或自动检验装置。靠调整法达到精度要求
对工人的技术要求	需技术水平较高的工人	需一定技术水平的工人	对调整工的技术水平要求高,对操作工的技术水平要求较低
工艺文件	有工艺过程卡,关键工序要工序卡	有工艺过程卡,关键零件要有工序卡	有工艺过程卡和工序卡,关键工序要有调整卡和检验卡

第二节　工件的安装和基准

一、定位、夹紧、安装的概念

工件的尺寸、形状和表面间的位置精度是由刀具和工件的相对位置来保证的。在机械加工前,使工件在机床或夹具中占据某一正确位置的过程称为定位。为了使工件在加工过程中保持其正确位置,工件定位以后必须将它夹牢压紧,这个过程称为夹紧。工件从定位到夹紧这一全过程称为安装。同一工序中,工件可能安装一次(如表 2-2 中的工序 2),也可能安装几次(如表 2-2 中的工序 1)。工件每安装一次既要消耗工时又要增加安装误差,因此应尽量减少安装次数。最好在一次安装中加工尽可能多的表面。

二、基准及其分类

基准就是零件上用以确定其他点、线、面位置所依据的那些点、线、面。基准按其作用不同,分为设计基准与工艺基准两大类。

1. 设计基准

设计基准是指在零件图上用以确定其他点、线、面的基准。例如图 2-5(a) 所示零件,对于尺寸 20mm,A、B 面互为设计基准。如图 2-5 (b) 所示,$\phi50$mm 的设计基准是$\phi50$mm 的轴线;同理 $\phi30$mm 的设计基准是 $\phi30$mm 的轴线;此外,$\phi50$mm 的轴线是 $\phi30$mm轴线同轴度的设计基准。如图 2-5 (c) 所示,槽底面 C 的设计基准是圆柱面的下素线 D。

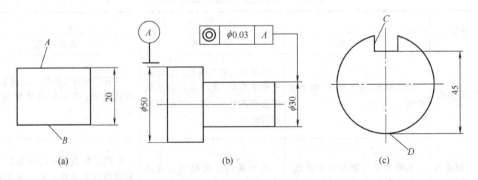

图 2-5　设计基准分析示例

作为设计基准的点、线、面可以是表面的几何中心、对称线、对称平面等，它们在工件上不一定具体可见。

2. 工艺基准

工艺基准是在加工工艺过程中所采用的基准。工艺基准按用途又可分为工序基准、定位基准、测量基准和装配基准。

（1）工序基准　在工序图上用以标注被加工表面位置的点、线、面称为工序基准。工序图上标注的被加工尺寸称工序尺寸。

（2）定位基准　在加工时用于工件定位的基准，称为定位基准。在制订工件的机械加工工艺规程时，定位基准选择得正确与否将直接影响工件的加工精度、夹具结构的复杂程度及加工顺序等。如图 2-6(a) 零件，加工 ϕE 孔时，为保证孔对 A 面的垂直度，要用 A 面作定位基准，为保证 L_1、L_2 的距离尺寸，要用 B、C 面作定位基准。如图 2-6(b) 零件的内孔套在芯轴上加工 $\phi 40h6$ 外圆时，内孔即为定位基准。

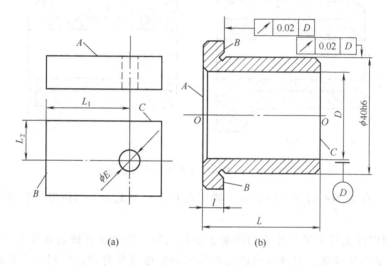

图 2-6　定位基准分析示例

定位基准又可分为粗基准和精基准。

① 粗基准：用作定位基准的表面，如果是没有加工过的毛坯面，则称为粗基准。

② 精基准：用作定位基准的表面，如果是已加工过的表面，则称为精基准。

若作为定位精基准的表面在装配时作为装配基准，则该精基准称基本精基准。有些零件在加工时，为了使定位可靠、操作方便，人为地制造一种定位基准，这种定位基准并不是零件上的工作表面，仅仅是在加工过程中起着定位作用，如中心孔、工艺凸台等。这种专为机械加工工艺而设计的定位基准称为辅助精基准。

（3）测量基准　零件检验时，用以测量已加工表面尺寸形状及位置的基准，称为测量基准。如图 2-6(b) 所示，以内孔套在检验芯轴上去检验 $\phi 40h6$ 外圆的径向圆跳动和端面 B 的端面圆跳动时，内孔即为测量基准。

（4）装配基准　装配时，用以确定零件或部件在产品中的相对位置所采用的基准，称为装配基准。如图 2-6(b) 所示钻套，$\phi 40h6$ 外圆及端面 B 为装配基准。

3. 定位基准的选择

在制订零件机械加工工艺规程时，总是首先考虑选择怎样的精基准把各个主要表面加工出来，然后再考虑选择怎样的粗基准把作为精基准的表面先加工出来。

（1）粗基准的选择　　粗基准的选择主要影响非加工表面与加工表面间的相互位置精度以及加工表面的余量分配。选择粗基准时，一般应注意以下几个问题。

① 如果必须保证工件上加工表面与非加工表面之间的位置精度要求，应以非加工表面作为粗基准。

如图 2-7 所示为一回转类零件，其铸造毛坯内孔 B 与外圆 A 存在偏心现象。现需加工此零件，且要求外圆与内孔同轴。若以非加工面 A 为粗基准加工 B 面［如图 2-7（a）所示］，则加工后 B 面与 A 面基本同轴，壁厚均匀，但内孔 B 加工余量不均匀；若以加工表面 B 找正［如图 2-7（b）所示］，作为粗基准，内孔 B 加工余量均匀，但则加工后表面 B 与 A 面不同轴且壁厚不均匀。

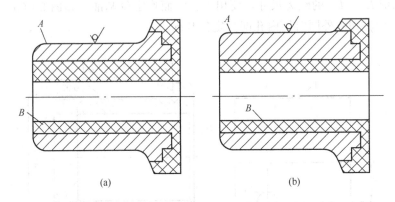

(a)　　　　　　　　　　　(b)

图 2-7　选不同加工表面作为粗基准

如果工件上有很多不需加工的表面，则应以其中与加工表面的位置精度要求较高的表面作为粗基准。

② 若必须保证工件上某重要表面的加工余量均匀，则应选择该表面作为粗基准。

例如加工某车床导轨，要求导轨面应有很高的精度且具有较好的耐磨性及均匀的金相组织，因此加工时需以重要表面导轨面作为粗基准［如图 2-8(a) 所示］，先加工床腿，再加工导轨面。此种加工方法在加工导轨时能够较好的满足加工余量均匀的要求，既能保留组织紧密耐磨的表层，又能使加工时的切削力和工艺系统弹性变形均匀，有利于提高加工质量。否

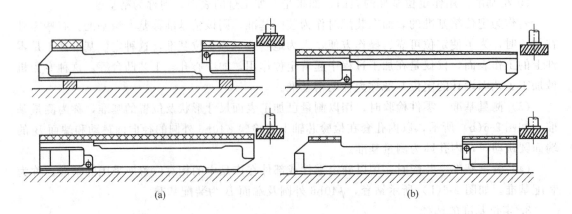

(a)　　　　　　　　　　　(b)

图 2-8　床身加工粗基准的选择

则，若选用床腿作粗基准必将造成导轨面加工余量不均匀［如图 2-8(b) 所示］。

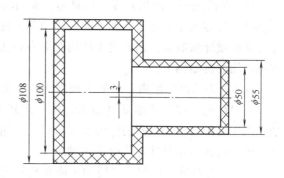

③ 为了保证加工表面都有足够的余量，应选择毛坯余量最小的表面作粗基准。如图 2-9 所示的阶梯轴毛坯，毛坯大小头具有同轴度误差，且大、小头的加工余量不等。加工时，若以加工余量小的小头为粗基准先车大头，则大头的加工余量足够；而以加工余量大的大头为粗基准先车小头，则小头可能会因加工余量不足而使工件报废。

图 2-9　阶梯轴粗基准的选择

④ 选作粗基准的表面应尽量平整光洁，不应有飞边、浇口、冒口等缺陷。

⑤ 粗基准一般只使用一次，不得重复使用。

定位基准的各项原则有矛盾时，应根据实际情况，具体分析、灵活运用。

（2）精基准的选择　精基准的选择应从保证零件的加工精度，特别是加工表面的相互位置精度来考虑，同时也要照顾到装夹方便，夹具结构简单。因此，选择精基准应遵循下列原则。

① "基准重合" 原则：即应尽可能选用设计基准作为定位精基准。这样可以避免由于基准不重合而引起的误差。

如图 2-10 所示，如果工件表面间的尺寸按图（a）标注，根据 "基准重合" 原则，加工表面 B 和表面 C 均应选择设计基准 A 为定位基准。当工件表面间的尺寸按图（b）标注时，根据 "基准重合" 原则，加工表面 B 应选择设计基准 A 为定位基准，而加工表面 C 则应选择设计基准 B 为定位基准。如果加工 C 面时，仍选取 A 面作为定位基准，此时为了保证加工尺寸 c 的精度，应使本工序的加工误差与加工尺寸 a 时的加工误差之和小于尺寸 c 的公差 T_c。由此可以看出，在 T_c 为一定值时，由于加工尺寸 a 时的加工误差的出现，必须缩小本工序的加工误差，即需提高本工序的加工精度。因此，在选择定位基准时，应尽可能遵守 "基准重合" 原则。

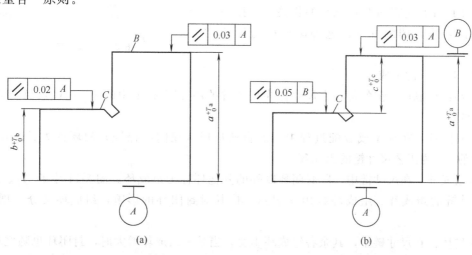

图 2-10　基准重合误差

②"基准统一"原则：即应尽量选择能同时加工出工件的多个表面的一组基准作为定位精基准。这样就便于保证各加工表面的相互位置精度，避免基准变换所产生的误差，并能简化夹具的设计和制造。如轴类零件用两端中心孔定位、箱体类零件以一面两孔定位都是基准统一原则的典型例子。

③"互为基准"原则：对加工面之间有较高位置精度要求或要求加工余量小而均匀时，可以两表面相互作为基准反复加工，从而达到精度要求。例如，加工离心式压缩机空心主轴，两主轴颈与内支承孔的同轴度要求较高，精加工时，可以两主轴颈为定位精基准精车内孔，再以内孔为精基准定位磨两主轴颈。

④"自为基准"原则：在精加工或光整加工时，要求加工余量小而均匀，这时可以被加工表面本身作为定位精基准进行加工，即"自为基准"原则。例如，磨削床身导轨面，保证导轨面的淬硬层要求磨削余量小而均匀，则可利用千分表以导轨面作为定位基准调整找正。以"自为基准"原则定位加工时，只能提高加工面本身的精度，不能提高加工面的位置精度。

第三节　工艺尺寸链

在机械设计、零件加工和装配工艺方面常用到尺寸链的计算问题。

一、尺寸链的基本概念及计算公式

1. 尺寸链的定义及组成

（1）尺寸链的定义　在机械加工和装配过程中，由相互连接的尺寸组成的封闭尺寸组合，称为尺寸链。表示工艺过程中零件各被加工尺寸之间关系的尺寸链称工艺尺寸链。如图 2-11（a）所示的零件，该零件先以 1 面定位加工 2 面，得到尺寸 A_1；然后仍以 1 面定位加工 3 面，得到尺寸 A_2，最后尺寸 A_0 自然形成；由此形成了一个由 A_1、A_2、A_0 三个尺寸组成的封闭工艺尺寸链。

图 2-11（b）是将图 2-11（a）的相关尺寸按一定顺序排列成封闭的外形，这种图形称为尺寸链图。

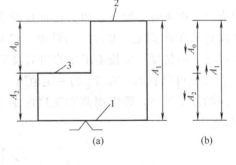

图 2-11　尺寸链

（2）尺寸链的组成

① 环：组成尺寸链的每一个尺寸称为尺寸链的环。图 2-11 中的 A_1、A_2 及 A_0 都是该尺寸链的环。

② 封闭环：在加工或装配过程中最后自然形成（或间接保证）的环称为封闭环。图 2-11 中的 A_0 为工艺尺寸链的封闭环。

③ 组成环：在尺寸链中，除封闭环以外的其他环称为组成环。图 2-11 中的 A_1、A_2 为工艺尺寸链的组成环。组成环数用 n 表示。按其对封闭环的影响，组成环又分为增环和减环。

④ 增环：在尺寸链中，其余各组成环不变，当某一组成环增大时，封闭环也随之增大，则此环为增环。图 2-11 中的 A_1 为增环。增环数用 m 表示。

⑤ 减环：在尺寸链中，其余各组成环不变，当某一组成环增大时，封闭环反而减小，则此环为减环。图 2-11 中的 A_2 为减环。

2. 尺寸链的特征

尺寸链主要有以下特征。

(1) 封闭性。尺寸链的各个尺寸按照一定顺序首尾相接，构成封闭外形。

(2) 关联性。尺寸链中任何一尺寸变化都将影响其他尺寸的变化。

(3) 在每一尺寸链中，均由一个封闭环和两个或两个以上的组成环组成。

3. 尺寸链的基本计算公式

尺寸链的计算方法有极值法和概率法两种，工艺尺寸链多用极值法，本节主要介绍极值法。

(1) 计算公式

① 封闭环的基本尺寸

$$A_0 = \sum_{i=1}^{m} \overrightarrow{A}_i - \sum_{i=m+1}^{n} \overleftarrow{A}_i \tag{2-1}$$

② 封闭环的极限尺寸

$$A_{0\max} = \sum_{i=1}^{m} \overrightarrow{A}_{i\max} - \sum_{i=m+1}^{n} \overleftarrow{A}_{i\min} \tag{2-2}$$

$$A_{0\min} = \sum_{i=1}^{m} \overrightarrow{A}_{i\min} - \sum_{i=m+1}^{n} \overleftarrow{A}_{i\max} \tag{2-3}$$

③ 封闭环的上、下偏差

$$ES_0 = \sum_{i=1}^{m} \overrightarrow{ES}_i - \sum_{i=m+1}^{n} \overleftarrow{EI}_i \tag{2-4}$$

$$EI_0 = \sum_{i=1}^{m} \overrightarrow{EI}_i - \sum_{i=m+1}^{n} \overleftarrow{ES}_i \tag{2-5}$$

④ 封闭环的公差

$$T_0 = \sum_{i=1}^{m} \overrightarrow{T}_i + \sum_{i=m+1}^{n} \overleftarrow{T}_i = \sum_{i=1}^{n} T_i \tag{2-6}$$

表 2-4 列出尺寸链计算时所用各符号的意义。

表 2-4　尺寸链计算时所用各符号的意义

环　名	符　号　名　称					
	基本尺寸	最大值	最小值	上偏差	下偏差	公差
封闭环	A_0	$A_{0\max}$	$A_{0\min}$	ES_0	EI_0	T_0
增环	$\overrightarrow{A}_i$	$\overrightarrow{A}_{i\max}$	$\overrightarrow{A}_{i\min}$	$\overrightarrow{ES}_i$	$\overrightarrow{EI}_i$	$\overrightarrow{T}_i$
减环	$\overleftarrow{A}_i$	$\overleftarrow{A}_{i\max}$	$\overleftarrow{A}_{i\min}$	$\overleftarrow{ES}_i$	$\overleftarrow{EI}_i$	$\overleftarrow{T}_i$
组成环						T_i

(2) 计算工艺尺寸链的步骤

① 绘制尺寸链图。

② 确定封闭环及判定增环、减环。

③ 根据公式计算工序尺寸。

④ 分析验算。

二、尺寸链在尺寸换算中的应用

在零件加工时，当测量基准与设计基准不重合，定位基准与设计基准不重合时，就需要进行尺寸换算以求得其工序尺寸及其公差。

1. 测量基准与设计基准不重合时的尺寸换算

加工零件时，有时会遇到一些表面在加工之后，按设计尺寸不便直接测量的情况，因此需要在零件上另选一个易于测量的表面作为测量基准，以间接保证设计尺寸的要求。此时即需要进行工艺尺寸换算。

例　图 2-12 所示零件，以 A 定位加工 C 面，已知 $A_1 = 10_{-0.1}^{\ 0}$ mm，$A_0 = 40_{-0.2}^{\ 0}$ mm，求 A_2 的尺寸。

解　(1) 根据题意画尺寸链简图。

(2) 确定 A_0 为封闭环，A_2 为增环，A_1 为减环。

(3) 求 A_2 的基本尺寸及上、下偏差。

由公式 (2-1) 得　　$A_0 = A_2 - A_1$

$$40 = A_2 - 10$$
$$A_2 = 50\text{mm}$$

由公式 (2-4) 得　　$ES_{A0} = ES_{A2} - EI_{A1}$

$$0 = ES_{A2} - (-0.1)$$
$$ES_{A2} = -0.1\text{mm}$$

由公式 (2-5) 得　　$EI_{A0} = EI_{A2} - ES_{A1}$

$$-0.2 = EI_{A2} - 0$$
$$EI_{A2} = -0.2\text{mm}$$

因此　　　　　　$A_2 = 50_{-0.2}^{-0.1}$ mm

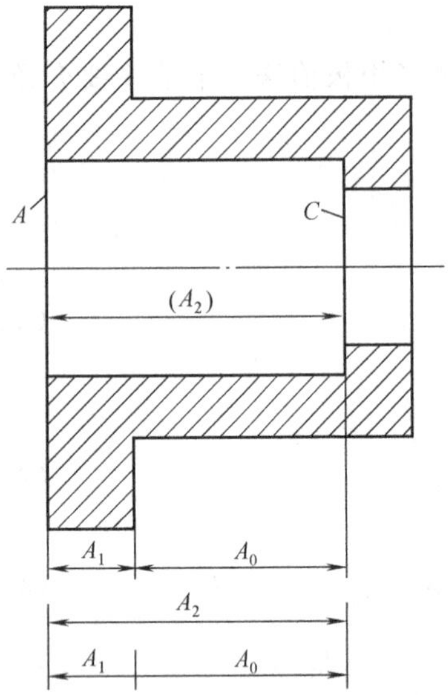

图 2-12　测量基准与设计基准不重合时的尺寸换算

2. 定位基准与设计基准不重合时的尺寸换算

加工零件时，有时为方便定位或加工，选用不是设计基准的几何要素作为定位基准。此时，定位基准与设计基准不重合，需要进行工艺尺寸换算。

例　图 2-13 所示零件，C 面的设计标准是 B 面，但以 A 面定位加工，已知 $A_1 = 60_{-0.1}^{\ 0}$ mm，$A_0 = 20_{\ 0}^{+0.2}$ mm，求 A_2 的尺寸。

解　(1) 根据题意画尺寸链简图。

(2) 确定 A_0 为封闭环，A_1 为增环，A_2 为减环。

(3) 求 A_2 的基本尺寸及上、下偏差。

由公式 (2-1) 得

$$A_0 = A_1 - A_2$$
$$20 = 60 - A_2$$
$$A_2 = 40\text{mm}$$

由公式 (2-4) 得

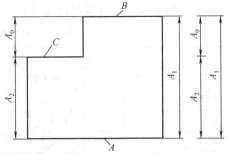

图 2-13　定位基准与设计基准不重合时的尺寸换算

$$ES_{A0} = ES_{A1} - EI_{A2}$$

$$0.2 = 0 - EI_{A2}$$

$$EI_{A2} = -0.2mm$$

由公式（2-5）得

$$EI_{A0} = EI_{A1} - ES_{A2}$$

$$0 = -0.1 - ES_{A2}$$

$$ES_{A2} = -0.1mm$$

因此

$$A_2 = 40_{-0.2}^{-0.1}mm$$

3. 标注尺寸的基准是尚需加工的表面，其工序尺寸的换算

例　如图 2-14 所示齿轮内孔 $D = \phi 85_0^{+0.04}mm$，键槽深度 $A_0 = 87.9_0^{+0.23}mm$，内孔和键槽的加工顺序为：

（1）精镗内孔至 $d = \phi 84.8_0^{+0.07}mm$ ；

（2）插键槽至尺寸 A_1（通过计算确定）；

（3）热处理；

（4）磨内孔至 $D = \phi 85_0^{+0.04}mm$，同时保证 $A_0 = 87.9_0^{+0.23}mm$。

由以上加工顺序可知，磨孔后不仅要保证 $D = \phi 85_0^{+0.04}mm$，而且同时要间接

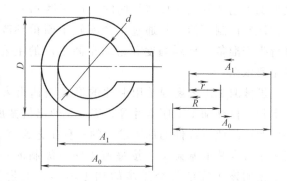

图 2-14　内孔和键槽的尺寸换算

保证 $A_0 = 87.9_0^{+0.23}mm$。为此必须计算以镗孔表面为测量基准的插键槽至尺寸 A_1。

解　（1）根据题意画尺寸链简图（此题应以半径尺寸画尺寸链简图，如以直径尺寸画尺寸链简图不能构成封闭图形）。

（2）确定 A_0 为封闭环。

这里介绍一种判别增、减环的简易方法。即按照尺寸首尾相接的原则，由任一尺寸开始沿一定方向画单向箭头，箭头方向与封闭环箭头方向相同的为减环，相反的为增环。如图中 R、A_1 为增环，r 为减环。

（3）求 A_1 的基本尺寸及上、下偏差。

由公式（2-1）得

$$A_0 = R + A_1 - r$$

$$87.9 = 42.5 + A_1 - 42.4$$

$$A_1 = 87.8mm$$

由公式（2-4）得

$$ES_{A0} = ES_R + ES_{A1} - EI_r$$

$$0.23 = 0.02 + ES_{A1} - 0$$

$$ES_{A1} = 0.21mm$$

由公式（2-5）得

$$EI_{A0} = EI_R + EI_{A1} - ES_r$$
$$0 = 0 + EI_{A1} - 0.035$$
$$EI_{A1} = 0.035\text{mm}$$

因此

$$A_1 = 87.8^{+0.21}_{+0.035}\text{mm}$$

第四节　机械加工工艺规程的制订

一、机械加工工艺规程

机械加工工艺规程是规定零件机械加工工艺过程和操作方法等的工艺文件，正确的机械加工工艺规程是在总结长期的生产实践和科学实验的基础上，依据科学理论和必要的工艺试验而制订的，并通过生产实践不断得到改进和完善。因此，机械加工工艺规程是进行生产准备、计划调度和组织车间生产的主要技术文件，也是新建、扩建工厂、车间的主要依据。

机械加工工艺规程是用卡片的形式表达出来的。常用的工艺卡片有机械加工工艺过程卡片、机械加工工序卡片等。表2-5列出机械加工工艺过程卡片，它是以工序为单位简要说明产品或零部件的加工过程的一种工艺文件。表2-6列出机械加工工序卡片，它是在工艺过程卡片的基础上，按每道工序所编制的一种工艺文件，它一般配有工艺简图，并详细说明该工序的每个工步的加工内容、工艺参数、操作要求以及所用设备和工艺装备等。

对于单件小批生产，通常只用比较简单的机械加工工艺过程卡；而大批大量生产，除了有较详细的工艺卡片外，还要编制机械加工工序卡片。在安排机械加工工序时应遵循先主后次、先面后孔、先基面后其他的原则，而且应划分为不同的加工阶段进行加工，以确保加工精度。

二、制订工艺规程的原则与要求

制订工艺规程的基本原则是：优质、高产、低成本。即在一定的生产条件下，以最少的劳动消耗和最低的费用，按计划规定的进度，可靠地加工出符合图样上所提出的各项技术要求的零件。

在制订工艺规程时，应注意以下几个问题。

1. 技术上的先进性

在制订工艺规程时，要了解国内外本行业的工艺技术进展，通过必要的工艺试验，积极采取适用的先进工艺和工艺装备。

2. 经济上的合理性

在一定的生产条件下，可能会出现能够保证零件技术要求的多种工艺方案，此时应通过成本核算或工艺对比，选择经济上最合理的方案，使产品生产成本最低。

3. 良好的工艺条件和避免环境污染

在制订工艺规程时，要注意保证工人操作时有良好而安全的劳动条件。因此，在工艺方案上要注意采取机械化或自动化措施，以减轻工人的体力劳动。同时要符合国家环境保护法的有关规定，避免环境污染。

表 2-5　机械加工工艺过程卡片

机械加工工艺过程卡片		产品型号		零(部)件图号			共( )页	第( )页	
		产品名称		零(部)件名称					
材料牌号		毛坯种类		毛坯外形尺寸		每毛坯可制件数	每台件数		备注
工序号	工序名称	工序内容		车间	工段	设备	工艺装备		工时
								准终	单件
						设计(日期)	审核(日期)	标准化(日期)	会签(日期)
标记	处数	更改文件号	签字	日期	标记	处数	更改文件号	签字	日期

表2-6　机械加工工序卡片

机械加工工序卡片	产品型号		零(部)件图号		共（ ）页	第（ ）页
	产品名称		零(部)件名称			
	车间	工序号	工序名称		材料牌号	
	毛坯种类	毛坯外形尺寸	每毛坯可制件数		每台件数	
	设备名称	设备型号	设备编号		同时加工件数	
	夹具编号		夹具名称		切削液	
	工位器具编号		工位器具名称		工序工时	准终　单件

工步号	工步内容	工艺装备	主轴转速/(r/min)	切削速度/(m/min)	进给量/(mm/r)	切削深度/mm	进给次数	工步工时	
								机动	辅助

	设计日期（日期）	审核（日期）	标准化（日期）	会签（日期）
标记 处数 更改文件号 签字 日期				
标记 处数 更改文件号 签字 日期				

三、制订工艺规程所需原始资料

制订工艺规程时，常需要下列原始资料。

（1）零件工作图及产品装配图。

（2）零件的生产纲领。

（3）现有的生产条件。如毛坯的制造能力，现有加工设备、工艺装备的规格型号，专用设备、工装的制造能力，工人的技术水平等。

（4）相关工艺手册、标准等。

（5）国内外先进工艺及生产技术发展的情况。

四、制订工艺规程的步骤

（1）分析被加工零件的结构工艺性。

（2）根据零件的生产纲领等确定生产类型。

（3）确定毛坯。

（4）拟定工艺路线。

（5）确定各工序所用的设备及工艺装备。

（6）确定各工序的加工余量、工序尺寸和公差。

（7）确定各工序的切削用量和时间定额。

（8）确定主要工序的技术要求和检验方法。

（9）填写工艺文件。

复习思考题

2-1　什么是生产过程、工艺过程？

2-2　为什么要制订机械加工工艺规程？试述制订机械加工工艺规程的原则和步骤。

2-3　什么是工序、工步、工位？

2-4　生产类型是如何分类的？其各自特点是什么？

2-5　什么是工件的定位、夹紧和安装？

2-6　什么是基准？基准分为哪几种？举例说明定位基准的选择原则。

2-7　如图所示零件简图，设孔 O_1 及各平面均已加工，试选择钻孔 O_2、O_3 时的定位基准。

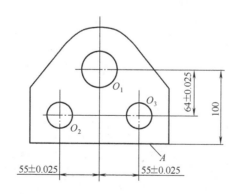

题 2-7 图

2-8　如图所示，以工件底面 1 为定位基准，镗孔 2，然后以同样的定位基准，镗孔 3。如果在加工时确定 A_1 的尺寸为 $60^{+0.2}_{0}$mm，A_2 为何值时才能保证尺寸 $25^{+0.4}_{+0.05}$mm 的精度。

2-9　如图所示，在车床上已加工好外圆、内孔及各表面，现需在铣床上以端面 A 定位铣出表面 C，保证尺寸 $20^{0}_{-0.2}$mm，试计算铣出此缺口时的工序尺寸。

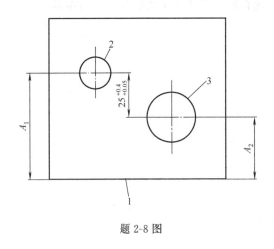

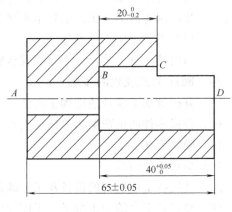

题 2-8 图　　　　　　　　　　　　题 2-9 图

第三章 典型化工机器零件加工工艺

一台机器由若干零部件组成，按其结构形式和加工要求的不同，机器零件可分为轴杆、盘套和筐箱等几大类。本章介绍几种典型化工机器零件的加工工艺。

教学要求

了解典型化工机器零件的加工工艺。

教学建议

借助多媒体进行辅助教学，教学中适当组织到工厂参观。

第一节 主轴的加工

一、主轴的功用、结构特点及技术要求

主轴是高速回转机械的重要零部件，如离心式压缩机的主轴是转子的主要支撑零件，各种离心机的主轴是组成转鼓的主要零件。主轴起着传递运动和动力，承受弯矩和扭矩的作用。图3-1为卧式活塞推料离心机主轴零件简图，主轴的外圆表面两段 $\phi150$ 的轴颈为安装轴承的主轴

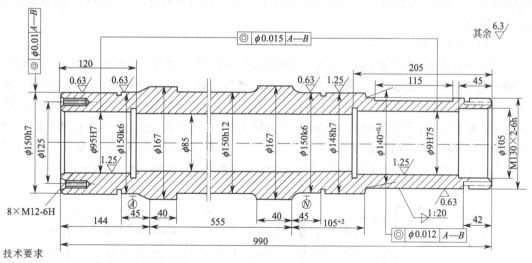

技术要求

1. 粗加工后进行定型热处理，消除应力。

2. 需经磁粉及超声波检测，不得有裂纹、疏松、夹杂物等影响强度的缺陷。

3. 圆锥部分的表面粗糙度用专用环规着色检查，在轴向沿母线全长的贴合面不得少于 75%；周向，整个圆周上的贴合面不得少于 85%；靠大端轴向全长的 $\dfrac{1}{4}$ 长度内贴合面在圆周上应均匀达到 90%。

4. 螺纹 $M130\times2$ 表面粗糙度 Ra 不大于 $1.25\mu m$；螺纹牙形不得有断缺。

图 3-1 卧式活塞推料离心机主轴零件简图

颈；右端的锥轴颈用于安装转鼓；主轴右端螺纹为固定转鼓用；主轴左端为与油缸配合的轴颈，并在端面用螺栓固定油缸；主轴两端内孔装有轴套，用以支承推杆。该轴的结构特点是空心长轴。主轴除了要传递运动和动力，并承受弯曲和扭转载荷外，还要保证安装在主轴上的转鼓、皮带轮（油缸）具有一定的回转精度。因此它本身加工质量的高低，将直接影响整台离心机的工作质量和使用寿命。主轴的主要技术要求有两支承轴颈的制造精度、同轴度、锥轴颈对两支承轴颈的同轴度、主轴两端安装支承推杆轴套的内孔以及该两孔对支承轴颈的同轴度等。此外，为了保证强度，主轴应经磁粉及超声波检测，材料中不允许有裂纹、疏松、夹杂物等缺陷。

离心机主轴的材料通常都选用优质碳素钢，其中以 45 钢用得最多。为了提高工件的物理力学性能，可采用锻造毛坯，但一般都选用热轧圆钢作为主轴的坯料。

二、主轴的加工工艺特点

离心机主轴从结构上看有实心细长阶梯轴和空心阶梯轴两大类型。其共同特点是加工精度要求高，零件本身刚性差。一方面支承轴颈和两端支承孔的尺寸精度、表面粗糙度以及这些主要表面间的相互位置精度要求都比较高，另一方面主轴的长径比较大，一般 $L/D>5$，甚至超过 20，零件的刚性差，加工时很容易产生变形，给保证加工精度带来了困难。

从机械加工来看，除了键槽、螺纹加工外，主要是回转体外圆和内孔表面加工。常用的加工方法为车外圆、钻深孔、镗内孔、磨外圆等。在机械加工工艺过程中应着重考虑和解决的问题有：合理地选择基准；有效地解决深孔加工；严格地将粗、精加工分开；妥善地减小加工中的变形等。

三、主轴的机械加工工艺

（一）定位基准的选择

1. 粗基准的选择

离心机主轴在生产批量不大时，采用自由锻造锻件或热轧圆钢毛坯，由于毛坯的精度及批量的限制，一般是在两端划好十字线，定中心，以外圆为粗基准按划线找正，从而保证余量的均匀分布。

2. 精基准的选择

为了保证各主要表面的相互位置精度，精基准选择要注意尽可能符合基准统一和基准重合原则。加工轴类零件时两方面要求往往不能完全协调一致。特别是对于空心的卧式活塞推料离心机主轴，加工过程中精基面总要变换几次。常用的有如下几组精基准：粗加工外圆时以轴端的顶尖孔作为辅助精基准；加工中心通孔时以粗加工后的轴颈作为精基准，一端卡盘夹持，一端中心架支承；精加工外圆时以装入孔中的专用锥堵或锥套芯轴（见图 3-2）的顶尖孔作精基准；而在精加工支承内孔时，以精加工后的支承轴颈作为精基准，使主轴的定位基准与装配基准一致，从而消除定位误差。

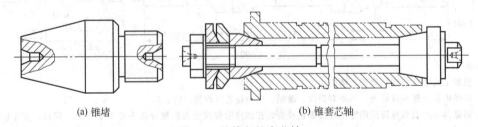

（a）锥堵　　　　　　　　　　　　（b）锥套芯轴

图 3-2　锥堵与锥套芯轴

（二）主要表面的加工

1. 外圆表面加工

外圆的粗加工、半精加工主要是车削，精加工主要是磨削，对精度要求较高的外圆面还可通过超精加工、高精度磨削、研磨、珩磨、滚压、抛光等方法进行光整加工。

2. 主轴深孔的加工

一般把长径比 $L/D>5$ 的孔称为深孔。深孔加工是较复杂的加工工艺之一。它的特点是：导向困难，孔易钻偏；深孔切屑不易排出；切削液不易输入切削区，散热较难。所以选择良好的加工方法，合理的钻头结构，保证深孔加工的质量，提高生产率，减轻劳动强度，成为主轴加工中的一个重要课题。深孔加工目前有用普通车床改装的深孔钻床，也有专门的深孔钻床。深孔加工主要有内排屑和外排屑两类，如图 3-3 所示。图 3-4 所示为卧式喷吸式内排屑深孔钻装置的结构简图。

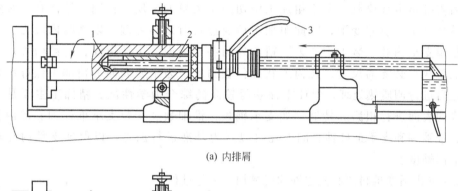

(a) 内排屑

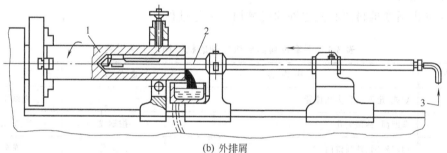

(b) 外排屑

图 3-3 深孔加工示意

1—工件；2—深孔钻；3—切削液

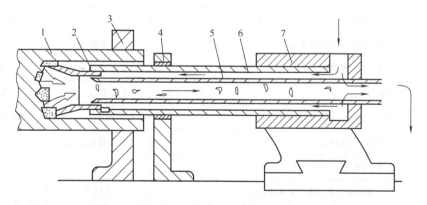

图 3-4 卧式喷吸式内排屑深孔钻装置的结构简图

1—工件；2—喷吸钻头；3—中心架；4—引导架；

5—内钻杆；6—外钻套；7—钻杆支承座

工件一端用三爪卡盘夹持，另一端用中心架支承。喷吸钻主要由喷吸钻头、外钻套、内钻杆、钻杆支承座、引导架及油箱、油路系统等组成。油泵将切削液通过油路系统送入装置，之后分成了两路，有约 2/3 流量的切削液通过内钻杆与外钻套之间的缝隙流向钻头，再通过钻头颈部均布的若干个小孔喷向切削区中心，起冷却润滑作用。另外约 1/3 流量的切削液通过内钻杆末端均布的四个月牙形喷口，高速向后喷到内钻杆中，利用其抽吸作用将钻头部位的切削液带着切屑由内钻杆孔中排出。

（三）加工工艺过程分析

加工主轴时合理划分加工阶段对于减小变形是很有意义的。通常把主轴加工划分为粗加工、半精加工和精加工三个阶段。粗加工包括端面、钻中心孔、粗车外圆、钻深孔，粗加工后安排超声波检测。由于粗加工中切除了大量的金属，特别是钻深孔，必然带来内应力重新分布而引起变形，因此粗加工后要进行时效热处理，以消除内应力。半精加工包括精镗支承内孔、装上中心塞、精车外圆各个表面，包括螺纹、铣键槽等，这个阶段的目的是获得必要的尺寸、几何形状和位置精度，为主要表面的精加工做好准备。半精加工之后进行调质热处理，保证零件获得较高的综合力学性能。精加工主要是对精度要求较高的表面进行粗磨和精磨，如支承轴颈、锥轴颈及安装支承推杆轴套的内孔。支承轴颈、锥轴颈和支承推杆轴套的内孔可以互为基准进行加工，以保证支承内孔对主轴颈较高的同轴度。

表 3-1 列出活塞推料离心机主轴的机械加工工艺过程。

表 3-1　活塞推料离心机主轴的机械加工工艺过程

工序号	工 序 内 容	定 位 基 准	设 备
1	划线,定两端顶尖孔位置		划线平台
2	车断面,钻顶尖孔	按划线	车床
3	粗车外圆、外圆锥面	顶尖孔	车床
4	超声波检测		探伤仪
5	钻中心通孔	两端轴颈	改装车床
6	时效处理		热处理设备
7	精镗支承内孔,装上中心塞	两端轴颈	车床
8	精车外圆、螺纹	中心塞顶尖孔	车床
9	铣键槽	中心塞顶尖孔	立式铣床
10	调质处理		热处理设备
11	磨外圆、外圆锥面	中心塞顶尖孔	万能外圆磨床
12	磁粉检测		磁粉探伤仪
13	压入支承套内孔,精镗支承套内孔	主轴颈	车床
14	钻螺孔		立式钻床
15	钳工攻丝,去毛刺		钳工台

第二节　曲轴的加工

一、曲轴的功用、结构特点及技术要求

曲轴是活塞式压缩机的重要零件之一，用于接受原动机以扭矩形式输入的动力，并将旋转运动转变为活塞的往复直线运动。

曲轴主要由主轴颈、曲柄、曲柄销三部分组成，是多轴心线零件。曲轴有单拐、双拐和多拐之分。拐数越多，曲轴形状越复杂，刚性也越差。根据主轴颈、曲柄、曲柄销三部分的连接情况曲轴又有整体式和组合式之分，中小型曲轴一般用整体式，大型曲轴主轴颈、曲柄、曲柄销三部分单独制造后再组合成一整体。图 3-5 所示为活塞式压缩机单拐曲轴零件简图。主轴颈 ϕ110k6 与相应尺寸的滚动轴承配合；右端 ϕ105js6 段与皮带轮内孔配合；曲柄销 ϕ110f7 与两个连杆的大头连接。曲柄下端间距为 140h8 的两侧面与平衡铁配合，并用 M27×2 的螺栓连接，为减少该螺栓的受力，在每个曲柄的两个侧面上增设了 ϕ12 的销子，平衡铁与曲柄装配完后，在平衡铁与曲柄的侧面接缝上配钻 ϕ12 的销孔，插入销子以减小平衡铁螺栓的受力。为便于拆卸装配在主轴颈上的滚动轴承，在近主轴颈的每个曲柄上开有两个小槽。主轴颈与曲柄销内钻有油孔，润滑油从主轴颈左端进入送到曲柄销以润滑连杆大头轴瓦。

曲轴主要加工面为主轴颈和曲柄销的圆柱面，为了保证主轴颈与滚动轴承的良好配合，以及保证曲柄销与连杆大头瓦之间有良好的油膜润滑条件，对主轴颈和曲柄销圆柱面的尺寸精度、形状精度及表面粗糙度要求都较高。为保证皮带轮运转平稳，应保证右端轴头与两主轴颈的同轴度。曲柄销与主轴颈轴线间的距离决定活塞行程的大小，故应控制其偏差值。曲柄销轴线与主轴颈轴线的平行度是曲轴的主要技术要求之一，平行度误差过大，连杆会左右摆动，使活塞在气缸内往复运动时磨损加大。此外，为防止应力集中，各连接处过渡圆角必须平滑，以及各表面不得有凹痕、裂纹、毛刺和夹杂物等缺陷。

活塞式压缩机的曲轴在工作中承受较大交变载荷，因此要求材料具有较高的强度、韧性和硬度等良好的综合力学性能，目前应用比较普遍的曲轴材料有优质碳素结构钢（40、45）和球墨铸铁（QT600-03）等，因此曲轴毛坯有锻造和铸造两大类。

二、曲轴加工的工艺特点

曲轴加工的工艺特点是由其结构及技术要求决定的。

1. 主要加工表面的轴线不同轴

曲轴的主要加工表面是主轴颈和曲柄销外圆柱面，但两者轴线之间有较大的偏心距，使主要加工面不能在一次装夹中加工完成，给保证主要加工面间位置精度带来困难。

2. 不平衡离心力的平衡

由于偏心距的存在，加工曲柄销或主轴颈时，曲轴的质心偏离旋转轴线将产生很大的不平衡离心力，而引起加工时的振动及工件的变形，影响加工精度，为此，在加工曲柄销或主轴颈时需在机床的花盘或专用夹具的对应位置加配重，以平衡离心力。

3. 曲轴呈拐状，刚度差

由于曲轴呈拐状，刚度较差，尤其细长多拐曲轴的刚度更差，在轴向夹紧力、切削力和

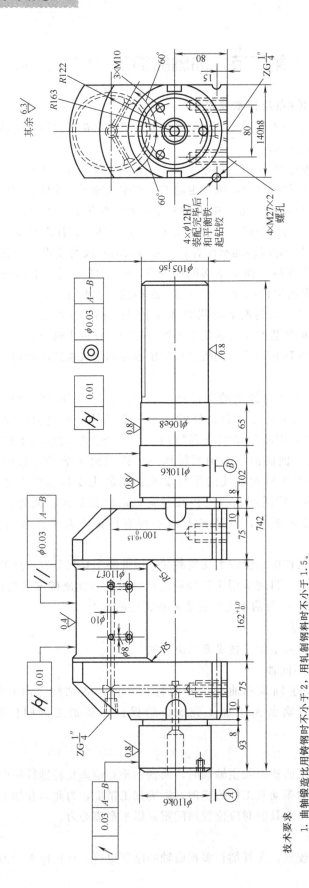

图 3-5　活塞式压缩机单拐曲轴零件简图

技术要求

1. 曲轴锻造比用铸钢时不小于 2，用轧制钢料时不小于 1.5。

2. 曲轴锻后正火处理，粗加工后火回处理 170～217HB。

3. 粗加工后超声波探伤，精加工后磁粉探伤，缺略判废标准按 JB/ZQ 6105—84 中规定。

4. 曲轴上摩擦表面不允许有凹痕和碰伤。

离心力的作用下易发生变形而影响加工精度，因此，加工时需在曲柄两内侧面之间安装撑杆，以提高工件的轴向刚度，承受前后顶尖的轴向夹紧力。加工多拐曲轴时需在中间主轴颈部位安装中心架，以增强工件装夹的径向刚度，减小切削力和离心力作用下的变形。

4. 粗精加工分开

曲轴毛坯的加工余量大且不均匀，粗加工时的切削力、夹紧力及切削后残余应力变化都较大，引起的工件变形也较大，因此在精加工前可安排时效处理，将主要加工表面的粗、精加工分开。

三、曲轴的机械加工工艺

（一）定位基准的选择

1. 粗基准的选择

曲轴主要加工表面精度要求高，而毛坯精度很低，表面粗糙，为保证各加工表面有足够的加工余量，一般都采用划线找正，即划出主轴颈端面的十字中心线及各待加工表面的轮廓线，然后在机床上按划线找正安装。

2. 精基准的选择

加工与主轴颈（包括主轴颈）同旋转轴线的所有表面和曲柄外端面时，采用的精基准是曲轴两端的顶尖孔，符合基准统一原则，可保证工件在一次安装中加工的各表面间位置精度。加工曲柄销及曲柄内端面时，精基准的选择有两种情况。一是对主轴颈直径较大而偏心距较小的曲轴，可在曲轴两端面分别打出两个顶尖孔 A 和 B，如图 3-6 所示，两顶尖孔在端面上的中心距等于曲柄销对主轴颈的偏心距，以顶尖孔 A 为基准加工与主轴颈同旋转轴线的所有表面和曲柄外端面，以顶尖孔 B 为基准加工曲柄销及曲柄内端面。二是对如图 3-5 所示偏心距较大的曲轴，曲柄销轴线已超出主轴颈端面，可采用图 3-7 所示的偏心夹具定位，夹具上顶尖孔中心线与锁紧主轴颈用的开孔（$\phi110H7$）中心线间的距离等于曲轴的偏心距，两中心线所在平面与偏心夹具的定位凸台平面平行。加工曲柄销及曲柄内端面前，将曲轴两端加工过的轴颈分别装入偏心夹具的开孔内，然后以夹具上的两个凸台平面为基准进行调整，使其与曲柄同一侧面的距离相等，即能保证曲柄销中心线与夹具上顶尖孔中心线同轴（角向定位），然后用夹具上的螺栓锁紧轴颈，使曲轴与偏心夹具紧固成一体，再以夹具上的顶尖孔定位加工曲柄销等。图 3-8 所示为车双拐曲轴曲柄销的偏心夹具。曲轴以主轴颈外圆面作为定位基面装入夹具支座的孔内，定位基准既是设计基准又是装配基准，符合基准重合原则，角向定位是将曲柄的一个侧面靠向定位块来实现的，为了保证加工时离心力的平衡，夹具上装有平衡块。曲轴装在夹具上后，作为一个整体，以夹具上的螺孔与车床主轴相连接，另一夹具体则支承在特殊尾架上。当车削另一曲柄销时，把前、后支架松开，曲轴在夹具定位孔中转过 180°，曲柄的另一侧面靠向定位块，夹紧后即可加工。

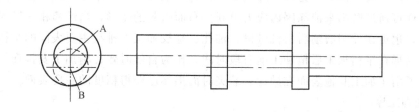

图 3-6　偏心距较小的曲轴用顶尖孔定位

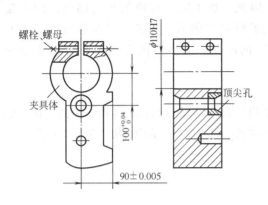

图 3-7　偏心夹具

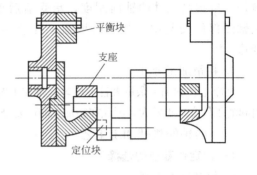

图 3-8　车双拐曲轴用偏心夹具

（二）主要表面加工方法

曲轴的主要表面是主轴颈外圆面和曲柄销外圆面。主轴颈外圆面在普通车床上粗车和精车，在普通外圆磨床上磨削。曲柄销外圆面可采用偏心夹具在普通车床上粗车和精车，采用偏心夹具在普通外圆磨床上磨削或在专用曲轴磨床上磨削。

垂直于轴线的曲柄侧面在车削曲柄销时一同车出，平行于轴线的曲柄侧面可在刨床或铣床上加工。

（三）加工工艺过程分析

单件、小批生产条件下，中、小型锻造曲轴的机械加工工序的安排可作如下考虑。

1. 划线工序

对毛坯划线可合理地分配各加工表面的加工余量。油孔、螺孔、键槽等需要其他表面加工到一定程度后才能加工，为确定它们的位置，加工完成一定工序后还要安排一次划线。

2. 准备工序

未锻出的曲拐开档自由锻毛坯，在进入主要表面加工之前，需根据划线钻排孔后，将余块切除。每个加工阶段开始时，都应先准备好基准，如车或铣端面，钻顶尖孔。

3. 主要表面的加工

由于曲轴加工精度、表面质量要求高，且刚性差，故主轴颈、曲柄销两个主要表面的加工需划分为粗加工（粗车）、半精加工（精车）、精加工（磨削）三个阶段。

4. 次要表面的加工

曲柄外端面、顶部曲面及与主轴颈同旋转轴线的其他表面的加工，按精度情况可安排在主轴颈加工的同一工序中。曲柄内端面的车削加工安排在曲柄销车削加工工序中。平行于轴线的曲柄侧面刨削或铣削时分为两个加工阶段进行。铣键槽可安排在外圆表面车削之后，磨削之前，这样可通过磨削来消除因内应力重新分布而引起的变形，当键槽相对轴线的位置精度要求高时，也可在外圆磨削后再铣键槽。油孔、螺纹加工安排在主要表面的半精加工和精加工之间，这样在半精加工后精加工前有段时间，作为自然时效；精加工安排在加工过程的末尾，避免了由于加工其他表面在搬运、装夹时而损坏已获得精度的主要表面。

5. 热处理工序

为消除切削后内应力变化引起的工件变形，避免精加工获得的精度受到影响，在曲轴主要表面粗加工后安排退火处理；为提高主轴颈和曲柄销的耐磨性，在半精加工后安排淬火处理。

6. 检验工序

曲轴粗加工和半精加工后，对主要表面的工序尺寸进行检验，并进行超声波检测，以便及早发现曲轴内部缺陷；加工终了，对整个曲轴的尺寸、几何形状、相互位置精度和表面粗糙度进行检验，并做磁粉检测。

表 3-2 列出单件、小批量生产条件下，中、小型自由锻造曲轴的典型机械加工工艺过程，材料为 45 钢。

表 3-2 曲轴的典型机械加工工艺过程

工序号	工 序 内 容	定 位 基 准	设 备
1	划线		平台
2	钻开档排孔	按划线	钻床
3	铣曲拐开档	按划线	铣床
4	铣曲轴两端面	按划线	铣床
5	划线		平台
6	钻顶尖孔	按划线	钻床
7	粗车主轴颈及同旋转轴线的其他外圆柱面，曲柄外端面、顶部曲面	主轴颈顶尖孔	车床
8	粗铣（或刨）曲柄各侧面	按划线	铣（或刨）床
9	粗车曲柄销、圆角、曲柄内端面	夹具顶尖孔（或主轴颈），曲柄侧面	车床
10	刨曲柄底面	主轴颈，曲柄侧面	刨床
11	超声波检测		探伤仪
12	工序间检验		检验台
13	退火处理		热处理设备
14	车曲轴两端面、修正顶尖孔	主轴颈	车床
15	精车主轴颈及其他外圆、曲柄外端面等	主轴颈顶尖孔	车床
16	精铣（或精刨）曲柄各侧面	按主轴颈找正	铣床（或刨床）
17	精车曲柄销及曲柄内端面	夹具顶尖孔（或主轴颈），曲柄侧面	车床
18	工序间检验		检验台
19	表面淬火处理		高频淬火设备
20	划线		平台
21	钻主轴颈中心油孔		车床
22	钻交叉油孔、各螺纹孔	主轴颈	钻床
23	攻丝、去毛刺	曲柄侧面	平台
24	铣键槽、曲柄侧面小槽	主轴颈	铣床
25	磨主轴颈及同轴线其他配合面	主轴颈顶尖孔	磨床
26	磨曲柄销	夹具顶尖孔（或主轴颈），曲柄侧面	磨床
27	磁粉检测		探伤仪
28	尺寸、形状、相互位置精度等检验		检验台

第三节　连杆的加工

一、连杆的功用、结构特点和技术要求

活塞式压缩机的连杆是重要传动零件，它的大头与曲轴的曲柄销相连，小头与十字头（或活塞）相连，从而将曲轴的旋转运动变为十字头或活塞的往复直线运动。连杆在工作时承受交变拉压载荷。

连杆由大头、小头及变截面的杆身三部分组成，如图 3-9 所示。一般连杆小头为整体的，内衬青铜轴套，既可减少与十字头销（或活塞销）的磨损，又便于磨损后的更换。大头通常沿垂直杆身中心线的大头孔直径平面剖分成连杆盖和连杆体两部分，再用两个与杆身中心线平行的螺栓把连杆体与连杆盖连接起来。大头孔内装有轴瓦。杆身截面形状有圆形、矩形和工字形等几种。为了保证连杆大、小头摩擦面获得充分的液体润滑剂，在杆身全长上加工出直通油孔，并在大、小头孔中镗出油槽。实际生产中，为了避免深孔加工的困难，也可在大、小头侧面钻螺孔，用细铜管连接来取代直通油孔。连杆的主要结构特点是杆状零件，刚性较差，且有两个相互位置精度要求高而又相距较远的孔。

连杆加工的技术要求除了在大、小头孔的尺寸精度、表面粗糙度、圆柱度等方面要求外，大、小头孔中心线的平行度是主要技术要求之一，其误差过大会使十字头在滑道上（或

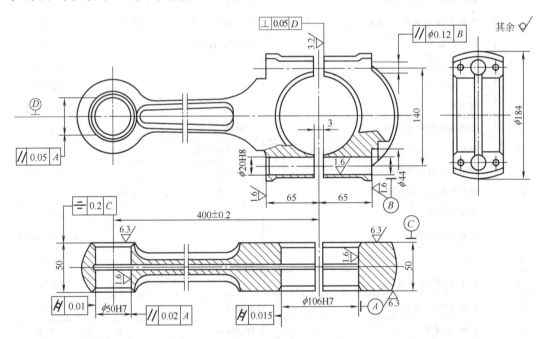

技术要求

1. 连杆成品表面不应有毛刺、裂纹、缩松、气孔等缺陷。
2. 连杆质量偏差不大于规定质量的±3%。
3. 未注铸造圆角为 R3～8。
4. 连杆螺栓孔中心线与其端面垂直度用着色法检查，接触面积不小于70%。

图 3-9　活塞式压缩机连杆零件简图

活塞在气缸内）偏斜，造成不均匀磨损。此外，大、小头孔中心线对其端面的垂直度、连杆螺栓孔中心线的平行度、对端面的垂直度以及对连杆的使用影响也很大。

连杆毛坯有锻造和铸造两种。锻造连杆常用材料有优质碳素结构钢和合金结构钢，如40、45、40Cr 和 30CrMo 等。锻造连杆有模锻和自由锻两种。模锻生产率高，杆身及大、小头球面不需机械加工，多用于中、小型连杆的大批生产中。自由锻造在单件和小批生产中应用较广，杆身需要进行机械加工，当小头孔径大于 60mm 时，锻造时应冲出通孔。铸造连杆材料常用 QT400-10、QT600-02 等牌号的球墨铸铁。铸造及模锻连杆杆身截面常制成工字形，以便减小质量，增大抗弯刚度。铸造连杆的大、小头球面及杆身不需机械加工，因而可减少加工量，提高材料利用率，降低制造成本。小型及微型连杆可采用 LD5、LD8、LD10 等牌号的锻铝材料来制作。

二、连杆加工的工艺特点

连杆是杆类零件中较为典型的一种，它的机械加工工艺特点如下。

1. 结构形状不规则、刚性差

组成连杆的三部分的形状各不相同，变截面的杆身细长，受横向力作用时易变形，因此，在加工时应正确选择定位基准及装夹方式。

2. 主要加工面的加工方法不同

连杆主要加工面有大头孔、小头孔、杆身、螺纹孔及各孔的端面，其加工方法各不相同。

3. 主要加工面之间距离大

连接的大、小头孔相距较远，其尺寸精度、形状精度、表面粗糙度及相互位置精度要求高，加工难度较大。

三、连杆的机械加工工艺

（一）定位基准的选择

1. 粗基准的选择

连杆各加工表面的相互位置精度要求较高，为保证各加工面有足够的加工余量，以及加工面与非加工面之间有正确的相对位置，在批量不大时，通常采用划线找正。划出杆身厚度的对称线，大、小头孔中心线及两端工艺凸台中心线。所以，连杆加工的粗基准是大、小头孔的中心线和杆身的中心线（即以划线为基准进行找正）。

2. 精基准的选择

选用如图 3-10 所示连杆两端工艺凸台 A、B 上的顶尖孔作为辅助精基准，对铸造、模锻连杆毛坯可加工螺栓孔端面、大头外形弧面（φ184 等）；对自由锻造连杆还包括杆身、小头球面，有时也用其定位加工大、小头孔断面。当主要表面的精基准面建立后，将工艺凸台切除。

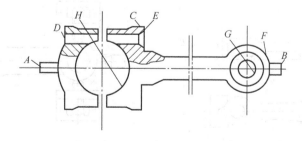

图 3-10　精基准的选择

加工连杆大、小头孔、螺栓孔及铣削剖分面，精基准的选择常有几种方案。

第一种方案是以连杆大、小头孔的一个端面作为主要定位基面，以大头外侧面 C 作为导向基面，以小头外球面 F（或螺栓孔端面 D、E）作为止推基面。这一方案选择的定位基面是零件非工作表面，所以是辅助精基准。用这一组基面可以加工零件上较多的表面，符合基准统一原则，简化工件的安装。

第二种方案是以连杆大、小头孔的一个端面作为主要定位基面，以小头孔 G 及大头外侧面 C 作为止推和导向基面。用这组基面同样可以加工较多的表面，但小头孔应预先经过加工，以获得较高的定位精度。

第三种方案是以连杆大、小头孔的一个端面作为主要定位基面，以大、小头孔 H、G 作为导向和止推基面。由于大、小头孔是连杆的装配基面，所以是基本精基准，符合基准重合的原则。

以上三种定位方案中都是用连杆大、小头孔端面（平面）作为主要定位基面，它的支承面积大，定位稳定可靠，装夹方便。

（二）主要表面的加工方法

1. 大、小头孔端面的加工

连杆大、小头端面通常是加工其他主要表面的定位基面，因此端面加工质量将直接影响其他表面的加工精度。加工端面的方案可采用粗刨—精铣或铣—磨，后者生产率高。通常先用划线找正的方法定位或用工艺凸台上的顶尖孔及找正杆身对称平面线定位加工第一面，再以该端面作为定位基面加工另一端面。连杆在装夹加工时，夹紧力方向和部位对加工精度影响很大。图 3-11 所示为用 V 形块在大、小头外端沿杆身中心线方向夹紧，这样夹紧变形小，而且变形产生在平行于端面的方向，不会影响端面的平整性。如用顶尖孔定位，可在大、小头侧面与端面平行的平面内夹紧，如图 3-12 所示。在一次安装走刀即加工出大、小头孔端面，从而保证大头孔端面和小头孔端面在同一平面内。

2. 大、小头孔的加工

大、小头孔的加工方案是粗镗—精镗，批量不大是在普通镗床上加工。若大、小头孔端面在同一平面上，则以两个端面作为主要定位基面，并以大头孔外侧面及小头孔本身作为导向及止推基面，通过划线找正安装或夹具定位安装。若图纸规定大、小头孔端面不在同一平面上，则在端面加工时先加工成在同一平面上，待大、小头孔加工完成后再将某一端面加工至规定厚度。生产批量较大时可在专用双轴镗床上同时加工出大、小头孔，只需一次装夹就能获得规定加工精度。

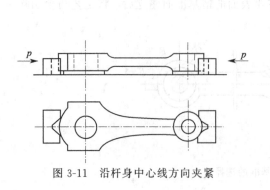

图 3-11　沿杆身中心线方向夹紧

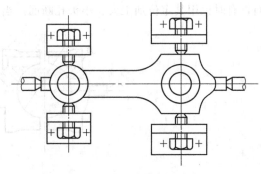

图 3-12　大、小头侧面夹紧

3. 螺栓孔的加工

螺栓孔加工方案可采用钻—扩—铰或钻—扩—镗。小批生产时，可在卧式镗床或摇臂钻床上加工。图 3-13 所示为卧式镗床加工螺栓孔的夹具，它是以大、小头孔端面及大头孔外侧面作为定位基面，夹紧力作用在大、小头孔端面上。在机床上安装夹具时，用装在镗杆上的千分表来调整，使导向基面与镗杆平行。加工完一个孔后，按两螺栓孔的中心距横向移动工作台，再加工另一个螺栓孔，如此采用统一基准、一次安装加工，可保证两螺栓孔中心线的平行度。对大批生产，也可用专用双轴镗床加工。

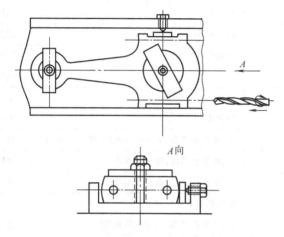

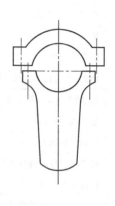

图 3-13　卧式镗床加工螺栓孔的夹具　　　　　图 3-14　大头剖分后的变形

（三）加工工艺过程分析

连杆的加工应遵循先粗后精、先基准后其他、先面后孔、先主后次的原则，在加工工序的安排上要考虑以下几个方面的问题。

1. 大、小头孔工序划分

大、小头孔的加工精度要求较高，镗削余量较大，故将镗孔划分为粗、精加工两个工序。粗镗时切除金属量大，因而切削力大，为了避免对螺栓孔及铣开剖分面的加工精度带来影响，宜将大、小头孔的粗加工工序安排在剖分面铣开及螺栓孔加工工序之前。

2. 大头剖分面铣开工序

铣开大头剖分面在工序安排上有两种方案：一种是先铣开并加工大头剖分面，然后加工连杆螺栓孔，再精镗大、小头孔；另一种是先加工螺栓孔，然后精镗大、小头孔，再铣开和加工大头剖分面。从合理性看前一种方案可取，因为铣开并加工大头剖分面后，内应力重新分布引起的工件变形可以在后面精镗大头孔时予以修正。而采用后一种方案，会因内应力的重新分布导致已加工好的螺栓孔和大头孔变形，如图 3-14 所示。在装配后会出现连杆大头抱轴的现象，使连杆螺栓再承受一个附加载荷，恶化了螺栓的受力。

3. 螺栓孔的加工工序

螺栓孔的加工宜安排在大头剖分面铣开并经过精加工之后，而又在大头孔的精加工之前。这样螺栓孔是在连杆盖与连杆体变形稳定、配合良好情况下加工出来的，易保证它的加工精度。此外，还可以通过工艺螺栓，利用螺栓孔将连杆盖和连杆体组装在一起后，精镗连杆大头孔，这样有利于保证大头孔的加工精度。

4. 连杆的无损检测工序

由于连杆受交变载荷作用，为确保其内在质量和工作时的安全可靠性，在粗加工后要进行超声波检测，精加工完毕后进行磁粉检测。

表 3-3 列出球墨铸铁连杆机械加工工艺过程。

表 3-3　球墨铸铁连杆机械加工工艺过程

工序号	工 序 内 容	定 位 基 准	设　备
1	铣两端工艺凸台面		铣床
2	划连杆厚度线,对称平面线,两端顶尖孔中心线		平台
3	钻两端顶尖孔	按划线	钻床
4	粗刨大、小头孔端	划线或顶尖孔	刨床
5	精铣大、小头孔端面	顶尖孔或端面	铣床
6	超声波检测		探伤仪
7	划大、小头孔中心线、圆线		平台
8	粗、精车 $\phi184$ 弧面、螺栓孔端面	顶尖孔	车床
9	粗镗大、小头孔	大、小头孔端面、大头孔外侧面、螺栓孔端面	镗床
10	从剖分面铣开大头	大、小头孔端面,螺栓孔端面	铣床
11	精铣连杆体和连杆盖剖分面	大、小头孔端面,螺栓孔端面	铣床
12	切掉工艺凸台	螺栓孔端面及杆身	车床
13	钻、扩、镗连杆体和盖的螺栓孔	大、小头孔端面,大头孔外侧面	镗床
14	车大、小头孔油槽	大、小头孔端面,大头孔外侧面及螺栓孔端面	车床
15	钻油孔	大、小头孔端面、大头孔外侧面	钻床
16	去毛刺		平台
17	组装后精镗大、小头孔	大、小头孔端面,大头孔外侧面及螺栓孔端面	镗床
18	磁粉检测		探伤仪
19	尺寸、形状、位置精度检验		检验台

第四节　活塞的加工

一、活塞的功用、结构特点和技术要求

活塞式压缩机的活塞，由曲轴通过连杆、十字头、活塞杆（或曲轴只通过连杆）带动，在气缸内作往复直线运动，利用气缸工作容积的周期性变化，完成对气体的吸入、压缩、排出等过程，提高气体的压力。活塞在工作时承受交变载荷作用。

根据压缩机的形式、结构方案、排气量及承受气体压力的不同，活塞的结构也各不一样，常用的有筒形活塞、盘形活塞、柱状活塞、级差式活塞、组合式活塞等。一般在中、低压段的双作用气缸中多采用盘形活塞。图 3-15 所示为活塞式压缩机盘形活塞零件简图。

盘形活塞的中心孔是活塞的装配基面，它与活塞杆装配在一起。活塞外圆表面上开有 2～6 道环槽，用来装活塞环，工作状态活塞环张开压紧在气缸内表面，起密封介质的作用。为了减小活塞的质量，降低往复运动的惯性力，活塞常做成中空的。为了增加两端面的强度和刚性，根据活塞直径的大小，在活塞腹腔内设 3～8 个筋板支承两端面，同时为避免铸造应力和缩孔，以及防止工作中因受热而造成不规则变形，铸铁活塞的筋板最好不与毂部和外壁相连。为了支

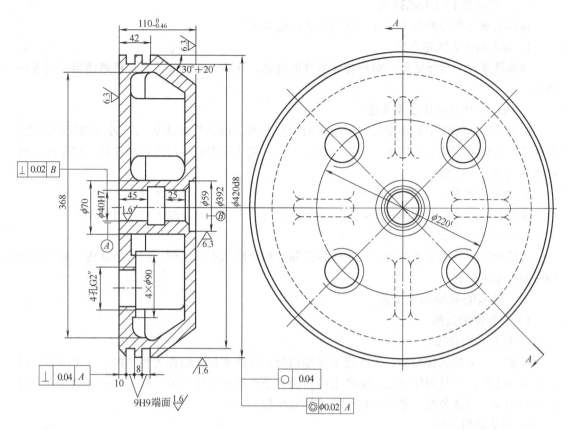

技术要求

1. 铸件应进行时效处理。
2. 活塞环槽侧表面应相互平行。
3. 活塞应以 1.2MPa 的压力进行水压试验，历时 5min，不允许有渗漏现象。

图 3-15 活塞式压缩机盘形活塞零件简图

承型芯及清除型砂，在活塞的端面开有四个清砂孔，待型砂清除干净经水压试验合格后，用丝堵加环氧树脂牢靠封死，或用丝堵封塞，再加骑缝螺钉防松，最后加工平整。

对卧式或水平列压缩机直径较大的盘形活塞，其下半部接触面承受活塞组件的重力，为减少气缸与活塞的摩擦、磨损，可在下半部圆周 90°～120° 的范围用轴承合金做出承压面（托瓦），并按气缸尺寸加工，承压面的边缘开有坡度，中间开有油槽，以利于润滑。

根据活塞的功用和结构特点，对活塞提出的主要技术要求有：活塞内、外圆柱面的直径尺寸公差、圆度公差、表面粗糙度，活塞内孔与外圆中心线同轴度及中心线对端面的垂直度，活塞环槽侧表面间的平行度及侧表面对中心线的垂直度，轴肩支承面（图 3-15 中 ϕ59mm 与 ϕ40mm 构成的圆环面）对活塞内孔的垂直度等，此外，活塞外圆表面及活塞环槽侧面不允许有缩松、擦伤、锐边、凹痕、毛刺；活塞铸件不得有任何砂眼、气孔等缺陷，壁厚应均匀，水压试验时不渗漏。

活塞材料应具有强度高、耐磨、致密性好、导热性好、密度小等特性。活塞常用材料为灰铸铁，牌号有 HT200、HT250、HT300，大型压缩机也可采用铸铝合金、铸钢、锻钢及低碳钢板焊接而成。

二、活塞加工的工艺特点

盘形活塞是典型的盘类零件，它的工艺特点如下。

1. 基本加工方法是车削

盘形活塞是回转体零件，对回转体零件的内孔、外圆、端面及活塞环槽都能用车削方法加工。

2. 内孔、外圆同轴度要求高

由活塞在压缩机中的功用决定了活塞内孔与外圆的同轴度要求较高，若同轴度误差大，则易产生偏磨。为此应采用统一的定位基准，在一次装夹中加工出内孔和外圆，以保证它们之间的位置精度要求。

3. 中空盘形活塞壁薄、刚性差

中空盘形活塞壁薄、刚性差，加工中易产生变形，故应划分加工阶段进行加工。

4. 需进行水压试验

为检验中空活塞是否严密，防止气体渗漏影响压缩机正常工作，需对活塞进行规定压力和时间的水压试验。

三、活塞的机械加工工艺

（一）基准的选择

1. 粗基准的选择

根据粗基准的选择原则，为了保证壁厚均匀，应选非加工面作为粗基准。盘形活塞的内腔为非加工面，但呈封闭状态，无法直接用内腔作粗基面定位安装，故通常都是根据内腔控制壁厚均匀对活塞划线，然后夹持外圆，按划线找正定位。

2. 精基准的选择

盘形活塞加工时的精基准一般有两种不同的方案。一种是采用工艺止口，即采用辅助精基准。它是在活塞大端面预先铸造出凸台，加工出工艺止口，再以工艺止口的内端面 A 和内孔面 B 作为辅助精基准定位，如图 3-16 所示。采用辅助精基准可以在一次安装中加工出活塞的外圆、内孔、轴肩支承面以及活塞环槽等表面，符合基准统一原则，保证了各表面间的相互位置精度，避免了定位误差。另一种是采用活塞的内孔面，即采用基本精基准，如图 3-17 所示。活塞的内孔是活塞杆的装配基面，用它在芯轴上定位安装，最终精加工外圆、活塞环槽、顶盖端面，从而保证了这些加工表面对内孔中心线的位置精度，符合基面重合原则，使定位误差为零，并减小了装配误差。为了保证活塞内孔的精度，活塞内孔与外圆柱面可互为基准进行加工。

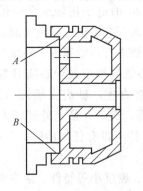

图 3-16　工艺止口定位

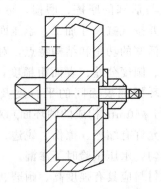

图 3-17　活塞内孔定位

（二）加工工艺过程分析

1. 基准的准备

按控制壁厚均匀对活塞划线，作为粗基准。以粗基准找正安装，先加工出作精基准用的表面，如采用辅助精基准方案，应先加工出工艺止口；如采用基本精基准方案，则先加工出过渡精基准即活塞的外圆表面。

2. 粗、精加工阶段分开

划分出粗加工阶段和精加工阶段，大部分加工余量在粗加工阶段切除，并在粗、精加工之间安排其他工序，这样可减小或消除粗加工后内应力对加工精度的影响。

3. 使工序集中

在一个工序，甚至在一次安装中，加工出尽可能多的表面，如采用辅助精基准工艺止口，有利于保证活塞加工精度，缩短加工时间。

4. 热处理工序的安排

对铸铁活塞，应于机械加工前进行消除铸造内应力的退火处理，粗加工后再进行一次人工时效处理，消除加工内应力。焊接活塞也应进行退火处理。

5. 水压试验工序的安排

水压试验工序可安排在粗加工之后精加工之前，也可安排在活塞全部机械加工完毕之后。前者可早期发现缺陷，及时淘汰废品，并可起到将粗、精加工分开，减小粗加工中产生的内应力对工件加工精度的不利影响。后者可以避免工件在车间内外往返搬运，使机械加工工序集中进行，对质量比较稳定的铸件也是可行的。

表 3-4 列出批量不大时，利用工艺止口作辅助精基准加工铸铁盘形活塞的机械加工工艺过程。

表 3-4　盘形活塞的机械加工工艺过程

工序号	工 序 内 容	定 位 基 准	设 备
1	划线		平台
2	车工艺止口	按划线找正外圆面	车床
3	粗车外圆面、外锥面、内孔及端面	工艺止口	车床
4	钻丝堵孔，攻丝，配丝堵（留一个孔水压试验时用）		钻床、平台
5	水压试验		水压试验泵
6	人工时效		热处理设备
7	精车外圆、外锥面、内孔、轴肩支承面、活塞环槽、端面	工艺止口	车床
8	精车顶盖端面，车平丝堵	外圆	车床
9	钻骑缝螺孔		钻床
10	攻丝、配螺钉		平台
11	检验		检验台

第五节　缸套的加工

一、缸套的功用、结构特点和技术要求

缸套是装在气缸体内的筒形耐磨零件，其功用是提高气缸镜面的耐磨性，气缸发生磨损后可用更换缸套方法来修理，而不需修理气缸体，简化了维修过程，节省了修理时间。在气

缸内装入不同厚度的缸套，还可使气缸尺寸系列化。另外，有些不装缸套的气缸体因有缺陷或使用后磨损不均，可通过镗削加工使气缸直径增加达到一定程度，再衬入缸套来恢复气缸的使用性能。

图 3-18 所示为活塞式压缩机气缸套零件简图。气缸套的外圆与气缸内壁配合，为了便于将缸套装入气缸中，常将缸套中心线方向的接触面制成阶梯形，以缩短装配压入长度。为了能让缸套在气缸中沿中心线方向热膨胀，气缸套通常只以气缸盖侧的一端用凸肩固定在气缸上。活塞与缸套内孔配合，为便于安装活塞组件，缸套非工作面直径略大于工作面直径，且与缸套工作面成锥面过渡。缸套上 $\phi 4mm$ 和 $\phi 32mm$ 分别是润滑油孔和气阀孔。缸套的厚度可根据制造上的可能性、装配时的刚度要求以及修理时所必需的镗削量等来确定，一般中、小直径的缸套壁厚为 8～10mm，大直径的缸套壁厚为 15～25mm。

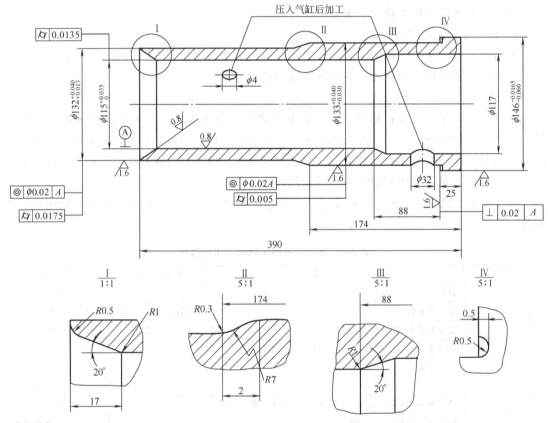

技术要求

1. 铸件不允许有气孔、裂纹、缩孔、砂眼、浇注不足等缺陷。

2. 人工时效，成品硬度 200～241HB。

3. 水压试验，试验压力为 0.4MPa，保持 5min 应无渗漏。

4. 零件内外表面不准有刻痕。

5. 锐边倒角。

图 3-18　活塞式压缩机气缸套零件简图

为了简化气缸与缸套的加工，除缸套定位凸肩外，其余外圆部分并不加工成阶梯形，而是在靠近定位凸肩的一段外圆按与气缸内孔过盈配合的偏差加工，另一段则按与气缸内孔间隙配合的偏差加工，即缸套两段不同配合性质的外圆极限尺寸，是根据已加工完毕的气缸内孔实际尺寸值来选配确定的。

为保证缸套与气缸内孔的良好配合，活塞在气缸内的正常运动，防止气体泄漏，减少工作时的磨损，对缸套加工提出的主要技术要求有：内、外圆直径尺寸精度，缸套内外圆柱面的圆柱度，外圆柱面中心线对内圆柱面中心线的同轴度，凸肩面对内孔中心线的垂直度以及工作表面的粗糙度等。

缸套材料应具有良好的耐磨性。当工作压力低于 35MPa 时，可选用 HT 200、HT 250、HT 300、QT 400-2，压力较高时，取用强度较高牌号的铸铁。工作压力大于 35MPa 时，选用 35CrMo、40CrMoV；超高压时缸套采用硬度合金材料制作。对压缩腐蚀性气体，如氧气、硫化氢、一氧化碳含量大于 30% 的气体，工作压力低于 3MPa 时，可采用铝青铜或锡青铜缸套；压力大于 3MPa 时，采用 3Cr13 或 38CrMoAlA 材料的缸套。

二、缸套加工的工艺特点

气缸套属套筒类零件，它的加工特点如下。

（1）壁厚较薄，径向刚度差　装夹及加工时应注意防止工件变形，要将粗、精加工分开。

（2）内、外圆柱面同轴度等要求较高　缸套内、外圆都是配合表面，相互位置及表面粗糙度等要求均较高，加工时应选好定位基准及加工方法，以利保证加工面之间位置关系及表面粗糙度要求。

（3）需做水压试验　缸套在机械加工过程中为尽早发现缺陷，安排一次较低压力的水压试验。缸套加工完装配到气缸中后，应进行水压试验，并且当工作压力小于或等于 40MPa 时，试验压力为工作压力的 1.5 倍；当工作压力在 40MPa 以上时，试验压力为工作压力的 1.25 倍。

三、缸套的机械加工工艺

（一）定位基准的选择

缸套是薄壁零件，形状精度及位置精度等要求较高，因此加工时需对它合理定位及装夹。

缸套粗加工时，是以缸套大头外圆面作为粗基准，用直接安装找正的方法，把缸套安装在车床的卡盘上。为了增强被装夹零件的稳定性，避免悬臂放置，在缸套小头端面装上备有顶尖孔的挡板，然后用车床尾座顶针顶住，即可进行外圆粗车。在已加工过的小头外圆处安装上中心架，移去顶针和挡板，即可粗镗内孔。选用缸套大头外圆面为定位粗基准，是因为缸套大头壁厚相对较厚，刚度较好，夹紧其外圆面时变形较小，有利于保证形状精度；与毛坯内孔相比，缸套外圆的毛坯精度较高，可使各加工表面获得适当的加工余量；一次装夹能把缸套的外圆柱面、台阶、内孔和端面都加工出来，有利于保证粗加工后的缸套内、外圆的同轴度，端面与中心线的垂直度以及各加工表面的相互位置精度。

精基准选择首先是以加工过的小头外圆定位加工大头外圆、凸肩面和端面，再以大头外圆和端面为精基准精加工内、外圆。

缸套径向刚度差，精加工时如直接用三爪卡盘装夹缸套外圆，将造成缸套弹性变形，精镗内孔后卡爪松开，由于弹性变形的恢复，缸套孔会呈现棱圆而影响加工精度。为避免直接装夹缸套外圆产生径向变形对加工精度的影响，通常采用开口弹性套圈，套装在缸套大端外圆处，再用三爪卡盘夹紧，这样加大了与工件的接触面积，减小了夹紧时的变形量。也可以缸套大头端面及其外圆表面作为定位面，再用压紧板压紧大端凸肩，使夹紧力不作用在刚性较差的径向，而是沿轴向夹紧，从而避免径向夹紧变形而产生的加工误差。如图 3-19 所示，在以小端外圆定位车削缸套大头端面和内、外圆时，为防止夹紧部位的径向变形，可在小头内塞上堵头，增大刚性。

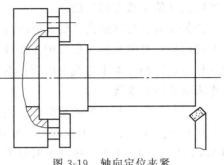

图 3-19　轴向定位夹紧

（二）主要表面加工方法

缸套的主要加工表面是内外圆面，主要采用车、镗、磨等方法加工。

1. 缸套内孔的加工

缸套内孔的加工方法主要是镗削和珩磨。镗削分粗镗、半精镗和精镗，通常采用可调整浮动镗刀在车床上镗削内孔。为保证镗孔加工的质量，在精加工时，应注意采取措施提高刀杆的刚度，保证供给充足的冷却润滑液，减小摩擦，防止振动，使加工平稳进行。

镗孔加工时，由于镗刀杆的横截面积受缸套孔径的限制，刚度较差，限制了切削用量的加大，生产率不高，同时调整刀具尺寸也比较困难，不易保证孔径尺寸精度。在成批生产时，缸套内孔的终加工采用生产效率高、质量好的珩磨。

珩磨所用的磨具，是由 4～6 块砂条组成的珩磨头。珩磨头及珩磨网纹如图 3-20 所示，通过调节可径向均匀涨缩的砂条，以一定的压力与被加工孔表面接触，加工时，缸套不动，珩磨头作旋转和往复运动，这两种运动的组合，使砂条磨粒在孔的表面上形成交叉而又不重复的网状切削轨迹。由切削加工原理知，刀具轨迹交叉越多，其粗糙度越低，因此，为了避免轨迹重复，应使珩磨头转数和往复次数不等，且不能成整数倍。此外，为了避免孔口的扩大或缩小的现象，珩磨头在孔的两端应保持一定的越程量，一般取砂条长度的 1/3～1/4。

为了使砂条能与孔表面均匀地接触，能切去小而均匀的加工余量，珩磨头与机床主轴是

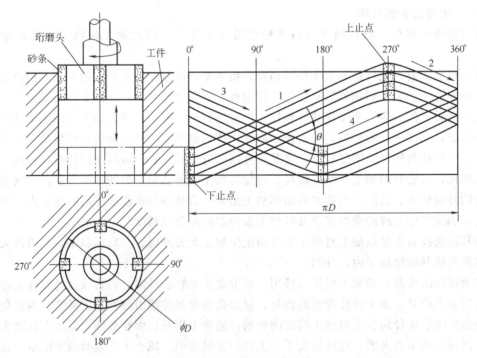

图 3-20　珩磨头及珩磨网纹

浮动连接，因此珩磨不能修正孔的位置偏差，孔的位置精度和中心线的直线度应由珩磨的前道工序给予保证。珩磨余量一般控制在 $0.01\sim0.04$ mm 范围内，磨后孔径的尺寸公差等级可达 IT5～IT6，表面粗糙度 Ra 值一般为 $0.63\sim0.04\mu$m，形成的交叉网纹表面有利于润滑。

2. 缸套外圆的加工

缸套外圆要经过粗车、半精车和磨削加工。磨削时应在缸套内孔穿以芯轴，以芯轴两端面中心孔为定位基准，这样能保证磨削后的缸套外圆与内孔的同轴度。在单件小批生产中，缸套与气缸常采用选配法进行装配，即首先把已经加工好的缸体孔径尺寸测量出来，再根据实际测量结果和缸套与气缸的配合要求，确定缸套的外圆直径极限尺寸，最后按缸套各段外圆的两个极限尺寸磨削外圆，直到合格为止。

（三）加工工艺过程分析

缸套属薄壁套筒类零件，刚性差，在加工过程中应注意以下问题。

1. 粗、精加工分开

缸套各表面粗加工时切削量较大，因而夹紧力、切削力都较大，这将在缸套内部产生较大的残余应力，若粗加工后紧接着进行精加工，则内应力重新分布将引起缸套变形而破坏了已获得的精度，因此，必须将粗、精加工分开。

2. 水压试验工序的安排

水压试验安排在粗加工的下一道工序进行。粗加工已将毛坯上大部分加工余量切去，工件上的缺陷（气孔、砂眼等）可通过水压试验早期发现，及时淘汰废品，避免精加工工时的浪费；同时还可起到将粗、精加工分开的作用。

3. 热处理工序的安排

为了减小内应力重新分布引起的变形，粗加工后精加工前常安排一次人工时效处理，以消除内应力。

4. 检验工序

在全部加工结束，应对缸套尺寸精度、形位精度及表面粗糙度等进行全面检验。

缸套机械加工工艺过程见表 3-5。

表 3-5 缸套机械加工工艺过程

工序号	工序内容	定位基准	设备
1	夹大头外圆,小头端面加挡板顶住,粗车各外圆、台阶	大头外圆(粗基准)	车床,中心架
	在小头外圆支上中心架,粗镗内孔	大头外圆	
	夹小头外圆,靠近大头支上中心架,粗车大头外圆、端面	小头外圆(精基准)	
2	水压试验		水压试验设备
3	人工时效处理		热处理加热炉
4	半精车大头外圆和其他外圆,在大头外圆支上中心架,半精车大头端面	小头外圆	车床,中心架
	将大头放入定位模内,压板压紧大头凸肩,精车两头中心架位置,支上中心架,用单刀半精镗内孔,去掉中心架,半精车小头外圆	大头外圆和端面	
	夹小头外圆,支上中心架,精车大头外圆、端面	小头外圆	
5	按缸套孔实际尺寸,选配芯轴,精磨各外圆至要求尺寸	芯轴中心孔	外圆磨床
6	夹大头凸肩,用浮动镗刀精镗内孔或珩磨内孔	大头外圆和端面	车床,中心架或珩磨机
7	最终尺寸精度、形位精度和表面粗糙度检验		检测工具

第六节　叶轮的加工

一、叶轮的功用、结构特点及技术要求

叶轮是离心式压缩机和离心泵的重要零件，安装在离心式压缩机主轴或泵轴上，在原动机带动下作高速旋转运动，流经并充满叶轮流道内的气体或液体在叶轮叶片的作用下，跟着叶轮高速旋转，由于旋转离心力的作用和在叶轮中的扩压流动，从而提高了它的流动速度和压力，达到压缩和输送介质的目的。

叶轮由轮盘、轮盖、叶片组成。根据结构的不同分闭式、半开式和开式三种。根据制造方法不同，又分为铆接叶轮、焊接叶轮、精密铸造叶轮和电蚀加工叶轮等。本节简要介绍焊接叶轮的加工工艺。

为了保证叶轮在高速回转的条件下工作的可靠性，对叶轮组件及各个零件均提出了较高的技术要求，主要有叶轮内孔面的尺寸精度、粗糙度、圆柱度、椭圆度、工作表面的粗糙度、键槽对孔中心平面的对称度、键槽侧面对内孔轴心线的平行度、叶轮孔两端面对轴心线的垂直度以及叶轮的静平衡、动平衡等要求。由于转子的不平衡产生振动会严重影响机器的正常工作，甚至造成机器的破坏，因此，平衡是叶轮很重要的技术要求。

根据制造方法的不同，叶轮材料有铸铁、铸钢、锻钢等，也有塑料、尼龙等非金属材料。

二、叶轮加工的工艺特点

叶轮的几何形状是对称的，但在制造过程中会存在误差，而产生质量分布不均现象，当高速回转时将产生不平衡离心力，其大小与质心到回转中心线的距离及转速的平方成正比，即便有很小的不平衡质量，也会产生很大的离心力，从而引起机器振动、磨损和破坏。因此，无论是铸造叶轮还是铆接、焊接叶轮，制造过程中都必须做到结构对称、质量分布均匀，确保工作时的平衡。为此，叶轮制造完成后必须做平衡试验，有静平衡和动平衡两种。通常，对转速不高的单级叶轮要做静平衡试验，对高转速叶轮及多级叶轮要做动平衡试验。

三、焊接叶轮的加工工艺过程

焊接叶轮分全焊（三体焊）和局部焊（二体焊）两种，全焊叶轮是按轮盘、叶片、轮盖分别加工后焊接成一整体，用于出口宽度比较大的叶轮。局部焊叶轮的叶片在轮盘上铣出，再与轮盖焊接。图 3-21 所示为焊接叶轮零件图。

（一）叶片加工

叶片毛坯一般用低合金钢的热轧钢板制造，按叶片展开样板冲剪或热压而成；如钢板供货有困难时，则采用锻造叶片毛坯。对于材料的主要要求是：力学性能好；在加热状态下具有良好的塑性，便于成形；耐磨性好；材料必须光滑，无裂缝、剥层、疤痕、夹层及其他影响强度的缺陷。

表 3-6 列出焊接叶轮叶片的加工工艺过程。材料为 35CrMoVA，锻件。

为了保证叶片质量一致，形状准确以及叶片在轮盘、轮盖周向均匀和对称分布，在加工过程中需注意以下问题。

（1）热压叶片前，叶片经过机械加工（如刨、磨），使其厚度在公差范围之内。

（2）热压成型后的叶片用样板检验。调质处理时用专用夹具装夹叶片，防止淬火变形，还需防止表面氧化脱碳。热处理后用样板检查叶片形状，如叶片与样板少量不贴合，需钳工

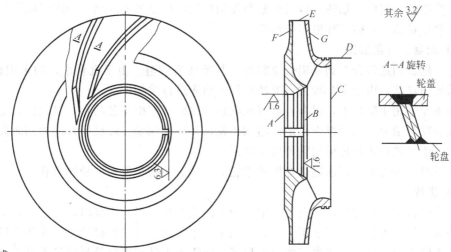

技术要求

1. 锻件应符合 JB 1266—72 汽轮机叶轮锻件技术条件的规定。

2. 锻件应作化学成分分析，成分应符合下列要求：

%

C	Mn	Si	Cr	Mo	V	S	P
0.30~0.38	0.4~0.7	0.2~0.4	1~1.3	0.10~0.30	0.10~0.20	≤0.04	≤0.035

3. 轮盖、轮盘、叶片应分别调质处理，力学性能应符合要求。粗加工后超声波检测。

4. 叶片分别与轮盘、轮盖间自由状态间隙小于 0.1mm。

5. 焊条成分应与母材相当，焊缝力学性能不低于母材，焊后高温回火处理。

6. 焊缝应修磨，每条焊缝均应进行着色检查、磁粉检测。磁粉检测后作退磁处理。

7. 叶轮内孔半精加工后单面留 2mm 余量作硫印和酸洗检查。

8. 叶轮各部跳动值应符合下列要求：

mm

A	B	C	D	E	F	G
≤0.03	≤0.03	≤0.05	≤0.03	≤0.10	≤0.10	≤0.10

9. 叶轮可不做静平衡实验，在加工键槽前做动平衡试验，重心偏移量≤0.8μm，动平衡实验后选择偏重方位开键槽。

10. 精加工后进行低倍及磁粉检测，不得有裂纹存在。磁粉检测后进行退磁处理。

11. 叶轮应进行超速试验。超速后叶轮进行磁粉或着色渗透全面检查，不应有不断增长的缺陷及新缺陷。

图 3-21　焊接叶轮零件简图

表 3-6　叶片加工工艺过程

工序号	工序内容	设备	工序号	工序内容	设备
1	备料,无损检测		8	取样、力学性能试验	试验机
2	锻造		9	精车叶片底面型线及外圆	车床
3	热处理(退火)	热处理设备	10	用叶片样板划线	
4	刨上下两端面	刨床	11	用专用夹具装夹,刨轮盖侧叶片	刨床
5	磨两端至图纸要求	平面磨床	12	钳工修叶片轮盖侧焊接坡口	钳台
6	加热模压成型,用样板检验	电炉、压力机	13	磁粉检测	探伤仪
7	调质处理	热处理设备			

调正至符合要求。

（3）严格控制材料质量。在整个加工过程中采取多种措施，如备料需附超声波检测和化学分析报告；锻后退火处理；热压叶片后调质处理，以提高材料综合力学性能，调质处理后进行力学性能试验，加工终了用磁粉检测表面缺陷。

（4）热压叶片用电炉加热，容易调整和控制炉温，加热温度准确，炉内温度均匀，氧化皮少，加热质量高，且劳动环境不受污染。

（二）轮盘、轮盖加工

轮盘、轮盖用通常合金钢或铝合金制造，其毛坯为锻造。由于批量小，均采用自由锻。叶轮都锻成圆盘状，由于余量较大，毛坯粗加工前先进行荒加工。

轮盘主要采用车削加工，粗车外形时在轮毂部位同时车出工艺凸台，以此作为定位基准精镗内孔和精车端面。然后以内孔定位精加工轮盘外圆和端面。焊接叶片的内侧曲面可通过靠模加工，生产批量大时也可用数控机床加工。

轮盖下料、粗加工后可通过热弯模热弯轮面，然后再精车轮面、精镗内孔。

（三）组焊

用定位模板对好叶片位置并点焊固定。为了防止焊接变形，焊接时，轮盘、轮盖的毛坯厚度都很大，焊后再加工。焊接工艺上，采用手工电弧焊，叶片焊缝处要预先开坡口，采用手工氩弧焊则不开坡口。焊接次序为对角焊式，将焊条由叶轮出口处延伸进流道内，由里向外焊。焊前要预热，焊接时边焊边加热，焊后为了消除应力需热处理。焊接后，用工具修磨叶轮各处圆角，使焊缝保持一定的圆角半径 R，最后进行焊缝检查。

目前对焊接叶轮焊缝长度、焊脚高度的确定还没有完整的设计计算方法，既有沿叶片全长施焊的，也有只焊进口和出口一段的。叶轮焊接时，考虑到实际焊接工艺上的可行，适当考虑流道流体的改善，又尽可能地保证叶轮工作的可靠性，采取了叶片与轮盘焊缝长度为叶片与轮盘接触线的全长，叶片与轮盖焊缝长度为接触线全长的 62％。要求根部焊透，焊脚高度均大于 10mm。

（四）叶轮焊接工艺应考虑的问题

1. 焊接变形问题

手工电弧焊施焊过程中，为了防止热膨胀引起轮盘和轮盖尺寸的变化，从工艺上必须考虑有足够的变形余量，以免产生焊接变形。

2. 结构的可焊到性

对于手工电弧焊作业，有些叶轮结构是无法施焊或焊接难度甚大，一般与叶片形状圆弧 R 大小和圆弧长短有关，若圆弧 R 大，弧长度短，则可焊到性好，反之则差。因此，叶轮的结构设计必须考虑可焊到性。

3. 焊缝的焊透性

焊缝未焊透，将影响焊缝的强度。若要使叶片与轮盘或轮盖连接焊缝焊透，其焊缝坡口必须考虑易焊透结构。

4. 焊前的预热

焊接时为了减少焊缝与被焊母材冷热温差，防止裂纹产生，焊前必须预热。实际生产中，叶轮放在可转动的装有电炉盘的焊接台上施焊，电炉盘起预热保温作用。

5. 热处理

施焊后修磨焊缝前必须及时退火，以消除焊接应力，如发现缺陷需补焊，补焊后仍需进行消除应力处理。退火温度 600～640℃，保温 120min，炉内冷至 300℃后出炉空冷。

制造完成后通常整体进行调质热处理，以提高力学性能。

复习思考题

3-1　主轴的结构特点是什么？加工时如何保证其精度？

3-2　深孔加工有哪些困难？如何解决？

3-3　简述喷吸钻的工作原理。

3-4　曲轴的主要加工面有哪些？这些加工面的质量要求是通过什么加工方法达到的？

3-5　曲轴机械加工有哪些工艺特点？

3-6　加工曲轴时，如何保证两主轴颈的同轴度及曲柄销中心线对主轴颈中心线的平行度？

3-7　加工曲柄销时，有哪几种定位方式？

3-8　简述连杆的结构特点。

3-9　连杆加工的关键工序是什么？如何保证其加工精度？

3-10　加工连杆大头孔、小头孔、螺栓孔及铣开大头孔剖分面时，精基准的选择有哪几种方案？

3-11　在连杆机械加工工艺过程中，如何安排连杆大头剖分面铣开工序较好？

3-12　连杆加工的工艺特点是什么？

3-13　加工盘形活塞用的精基准有哪几种方案？每种方案的特点是什么？

3-14　盘形活塞加工的工艺特点是什么？

3-15　缸套加工时为什么要将粗、精加工分开？内、外圆表面用什么加工方法达到质量要求？

3-16　加工缸套时，对它怎样装夹可减小其变形量？

3-17　珩磨内圆有哪些注意问题？为什么珩磨不能修正中心线的位置误差？

3-18　叶轮制造的关键问题是什么？

3-19　活塞式压缩机的曲轴、连杆、活塞、缸套的常用材料各是什么？

3-20　根据压缩机类型，收集其制造工艺文件。

3-21　收集其他类型机器零件制造的典型工艺。

3-22　活塞式压缩机制造用到了哪些特殊的工装夹具？试提出代用夹具方案。

3-23　了解活塞式压缩机的装配工艺，关键指标有哪些？

3-24　了解活塞式压缩机的试车工艺，应做哪些准备工作？常见故障有哪些？怎样处理？

3-25　了解实习现场某典型零件的制造工艺过程。

实景图

主轴加工

深孔钻头

卧式活塞压缩机1

卧式活塞压缩机2

立式活塞压缩机

单拐曲轴

单拐曲轴

多拐曲轴

曲轴加工

曲轴磨削加工

连杆 1

连杆 2

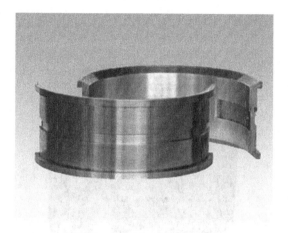

轴瓦

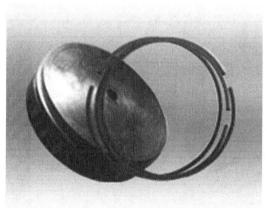

盘形活塞及活塞环

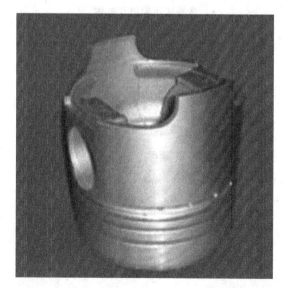

筒形活塞 1

筒形活塞 2

活塞环 1

活塞环 2

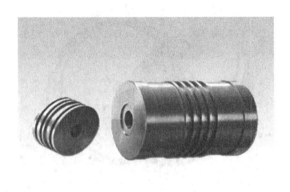

柱状活塞

活塞式压缩机气缸体

气缸套 1

气缸套 2

珩磨头

气阀

十字头

叶轮

双吸叶轮

铣制半开式叶轮叶片

第二篇

化工设备制造工艺

概　　述

一、化工设备的主要零件

化工生产中所用的设备种类很多，如换热器、塔器、反应器、储槽等。这些设备大多由容器和一些内件所组成，而容器又都由简体、封头、法兰、接管、支座等所构成。几种常用化工设备零件见下表：

零件名称	简　图	主要制造工序
椭圆封头		划线、切割、冲压成型、切割余量及坡口、检验
折边平板封头		划线、切割、翻边、切割余量及坡口、检验
折边锥形封头		划线、切割、弯卷、纵缝焊接、翻边、切割余量及坡口、检验
不折边锥形封头		划线、切割、弯卷、纵缝焊接
平焊法兰		划线、切割、组对、焊接、机械加工
补强圈		划线、切割、冲压划线、割孔
悬挂式支座		划线、切割、组对、焊接
鞍式支座		划线、切割、组对、焊接

零件名称	简　图	主要制造工序
球片		划线、切割、坡口加工、冲压成型
螺旋换热管		切割、检验、弯管、切除余量
管板		划线、切割、车削、钻孔、检验
接管		划线、切割、车削、焊接
圆泡罩		冲剪坯料、冲压成型、钻孔、车端面、铣或冲长孔
浮阀		冲剪坯料、冲压成型、组焊
膨胀节		划线、切割、卷圆、纵缝焊接、翻边、环缝组焊
筒节		划线、切割、卷圆、纵缝焊接、检验
塔板		划线、切割、折边、机加工、检验
U 形换热管		下料、弯曲、检验
喷头		划线、切割、成型、钻孔、组焊
半圆形螺旋夹套		划线、切割、成型、组焊

二、设备制造工序及其特点

设备制造工艺过程是由各单道工序组成的，若将生产中的加工零件在同一地点所连续完成的工艺过程作为一道工序，则化工设备制造的工序包括：备料、放样划线、切割、边缘加工、弯曲和冲压、拼装、焊接、矫形、焊缝质量检验、热处理、装配、压力试验、密封试验以及表面处理等工序。

化工设备制造具有工序的固定性、种类的多样性和制造的规范性等特点，与其他机械制造有着显著区别。各种不同设备（甚至每一个部件）几乎都经过上述工序才能完成，而各工序的顺序也基本上是固定的。为确保下道工序的顺利进行及整体组装质量，每道工序后还设有工序间的检验。化工设备的制造大都属于单件小批生产，制造厂所制造的设备往往各不相同，种类的多样性是化工设备制造的特点之一。此外，化工设备（特别是压力容器）由于其特殊的安全性要求，国家和一些工业部门对零部件和整台设备的制造技术条件，乃至其中的重要工序（如组装、焊接、试验和检验）都颁布了一系列标准和规范，所有制造过程都必须严格按规范执行。

第四章　化工设备制造的主要工序

本章主要介绍化工设备制造的材料选择与净化、矫形、展开、划线、切割、边缘加工、成型等主要工序的加工工艺。

教学要求

① 掌握各工序的加工过程；
② 熟悉各工序所用的主要机具、设备的结构原理、用途与操作；
③ 熟悉设备制造常用的材料的牌号、规格、产地价格等。

教学建议

结合生产实习以及参观，在对学生传授相关知识的同时，加强动手能力、实践技能的培养。

第一节　原材料的准备

一、材料的净化

1. 净化的目的

原材料在轧制以后以及在运输和库存期间，表面常产生铁锈和氧化皮，粘上油污和泥土。经过划线、切割成型、焊接等工序之后，工件表面会粘上铁渣，产生伤痕，焊缝及近缝区会产生氧化膜。这些污物的存在，将影响设备制造质量，所以必须净化。在设备制造中净化主要有以下目的。

（1）清除焊缝两边缘的油污和锈蚀物，以保证焊接质量。例如铝及其合金、低合金高强钢等，焊接前均需对焊缝两边缘进行净化处理。

（2）为下道工序作准备，即是下道工序的工艺要求。例如喷涂、搪瓷、衬里设备，多层包扎式和热套式高压容器制造中，表面净化是一道很重要的工序。

（3）保持设备的耐腐蚀性。点腐蚀是大部分金属的一种破坏形式，特别是为抗腐蚀而施以钝化处理的金属，一旦钝化膜被破坏，微小的点腐蚀可能使整个设备遭到破坏。因此，对用铝及不锈钢等金属制造的设备零件（或整个壳体），应该进行酸洗和钝化，以消除制造过程中产生点腐蚀的各种因素，并重新产生一层均匀的金属保护膜，提高其耐腐蚀性能。

2. 净化方法

常见的净化方法有手工净化、机械净化、化学净化、火焰净化四种。

（1）手工净化　指人工用钢丝刷、砂纸打磨或者用锉刀、刮刀磨削的加工方法，这种方法灵活方便，可用于焊口的局部净化，但生产效率低，劳动强度大。

（2）机械净化　常用机械净化方法有手提电动砂轮机除锈以及喷砂机除锈两种。

手提电动砂轮机俗称电动角磨机。由于它有磨削作用故清理质量高，除了除锈还可用于磨光坡口、磨光焊缝、磨去毛刺。当用钢丝轮替代砂轮片除锈时，除锈效果更好，可用于较大面积的表面净化。

喷砂是大面积去除铁锈和氧化膜的先进方法。它是利用高速喷出的压缩空气流带出来的高速运动的砂粒冲击工件表面而打落铁锈和氧化膜的方法，如图 4-1 所示 。这种方法主要用于碳素钢以及低合金钢的表面除锈。

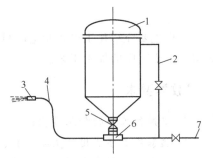

图 4-1　喷砂装置工作原理
1—砂斗；2—平衡管；3—喷砂嘴；4—橡胶
软管；5—放砂旋塞；6—混砂管；7—导管

（3）化学净化　化学净化是利用酸、碱或其他溶剂来溶解锈、油和氧化膜的高效方法。普通钢很少用化学清洗法，而铝、不锈钢设备较为常用。大面积净化常在酸洗池或碱洗池中进行，局部净化则用特制的除锈剂或净化剂涂于净化处。化学净化后都必须用清水洗净，对于不锈钢设备，冲洗用水的氯离子含量应小于 25mg/kg。

（4）火焰净化　火焰净化可以除油去锈。火焰可以烧掉油脂，但常留下烧不净的"炭灰"。在火焰加热以及后面的冷却过程中，由于锈和金属的线膨胀系数不同，彼此间产生滑移，造成锈与金属分离，可使用钢丝刷刷净锈层。火焰净化主要用于碳素钢以及低合金钢的表面除锈。

二、矫形

设备制造所用的钢板、型钢、钢管等，在运输和存放过程中，会产生弯曲、波浪变形或者扭曲变形。这些变形直接影响了划线、切割、弯卷和装配等工序的尺寸精度，从而影响了设备的制造质量，有可能造成误差超差而成为废品。所以，当材料的变形超过允许范围时，必须进行矫正处理。

矫形处理的实质是调整弯曲件"中性层"两侧的纤维长度。最后使全部纤维等长。调整过程中，可以中性层为准，使长者缩短、短者伸长，最后达到与中性层等长，如对弯曲的钢板和型钢施以适当的反向弯曲使之矫形。另外一种方法是以长者为准，把其余的纤维都拉长而达到矫形目的的拉伸法矫形，主要用于断面较小的管材和线材，如有色金属管拉直，但要注意其延伸率。

常用的矫正方法有以下三种。

1. 手工矫形

手工矫形是在常温（或加热后）下把工件放在平台上用锤敲打。手工矫形用的工具主要有：大锤、手锤以及用于型钢的各种型锤。对于中间凸起的各种板料，矫平时不可直接敲打凸起处，应于凸起的四周呈辐射状对称方向由远渐近地敲打，使板料产生塑性变形而延展，凸起部位逐渐消除。型钢的弯曲可以直接敲打凸起部位，使其反向弯曲，以达到矫形的目的。手工矫形劳动强度大，效率低，但操作灵活，主要用于无法机械矫形的场合。

2. 机械矫形

机械矫形机有滚弯式和压弯式两种。

滚弯式矫形机用于钢板的矫形。矫形机种类较多，常用的矫形机有五辊、七辊和九辊等几种。图 4-2 所示为七辊矫形机工作原理。三个下辊 3 和两个上辊 2 交错排列，是矫正辊。下辊由电机经减速机带动旋转，两个上辊装在可以同时上下活动的横梁上，以便按钢板厚度调节上、下辊的间距。工作时靠钢板与辊子间摩擦力而转动。辊 1 是导向辊，可单独上、下调节，以保证钢板顺利引入和导出矫形机。为加强辊子刚性，防止其工作时产生弯曲，还装有托辊 4。

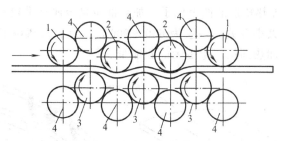

图 4-2　七辊矫形机工作原理

1—导向辊子；2，3—矫正辊子；4—托辊

矫板时将钢板放入转动的上、下辊之间，钢板在上、下辊压力的作用下，受到多次反复的弯曲变形，其应力超过材料的屈服极限，而得到均匀的伸长，钢板就被矫平了。

一般要来回进行 3～5 次才能矫平。钢板被矫平的程度，除与板料在辊子间移动的次数有关外，还与钢板的厚度有关。钢板越厚越易矫平，反之就难矫平，生产中薄钢板常常重叠在一起矫形，有时也将薄板放在厚板上一起矫形。

压弯式矫形机主要用于断面较小的型、线材，如型钢的矫形。矫形原理为在两支点间加压力，使工件原始变形部位产生反向弯曲变形。图 4-3 所示为型钢弯曲矫形机。图中两支承块间距可以调节，冲头靠液压推顶对工件施加压力。

型钢也可在辊式型钢矫直机上矫直，矫直机的工作原理与辊式矫板机相同，但矫正辊的形状应与型钢的断面相吻合，如图 4-4 所示。

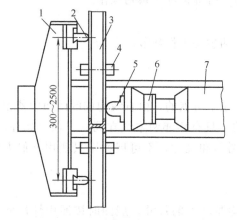

图 4-3　型钢弯曲矫形机

1—后横梁；2—支承块；3—工件；4—支承
辊；5—冲压头；6—滑块；7—主缸

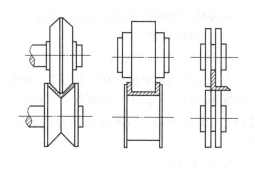

图 4-4　型钢矫正辊的形状

3. 火焰加热矫形

火焰加热矫形就是在工件局部（通常在金属纤维较长部位）进行加热，然后冷却达到矫

形目的。当金属局部受热时，其膨胀受到周围冷金属的限制而产生压缩应力，此压应力超过金属高温下的屈服极限，因而使被加热部位产生较大的塑性变形。当加热区冷却时，产生的收缩也受到周围冷金属的限制而产生拉应力。但此时该部位的温度已降低，屈服极限升高，因而只产生较小的塑性变形。这样，从加热到冷却，被加热部位的金属纤维缩短了，从而达到矫形的目的。

图4-5所示为火焰加热矫形的两个例子。加热部位是金属纤维较长处，加热温度与材料厚度、工件结构及变形大小有关，一般为600～900℃。为了提高矫形效果，可以在加热之后紧接着喷水冷却，使加热部位产生更大的收缩量。

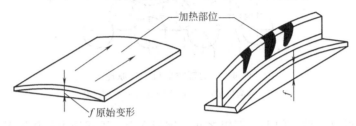

图4-5　火焰加热矫形的两个例子

这种方法比较灵活，常用于很难用其他方法矫形的各种构件的矫形。因加热会影响金属构件的性能，故应用此方法时应该慎重，以免产生不良影响。

第二节　划线

设备零件都是空间几何形体，根据零件图把立体表面依次铺平在平面上，称为立体表面的展开，立体表面展开所得到的图形称为零件表面的展开图。将零件展开图按照1∶1比例直接划在钢板上或者先划在油毡上（或薄铁皮）做成样板，再用样板划线的过程称为号料（或者称之为放样划线）。划线工序包括展开、号料、打标记等一系列操作。

一、展图

将零件的空间曲面展成平面称为展图，是划线的主要工作环节。

（一）展图依据

1. 可展面与不可展面

凡是由曲线构成的曲面（如球面、椭圆封头）是不可展的，由直线构成的曲面中若相邻两素线不在同一平面内（如螺旋面）也是不可展的，只有相邻两素线在同一平面（如柱面、锥面）才是可展的。可展面能精确确定展开后的图形和尺寸，不可展面则只能用近似方法展开。

2. 中性尺寸

板材弯曲前后尺寸不变的称中性尺寸，即平均厚度上的尺寸。展图时按照中性尺寸计算，但对不可展面，尤其是厚板，按中性尺寸计算的结果有误差，要适当修正。

3. 近似展图

对不可展面近似展图的主要根据有两条。一条是数学上的近似作图法，即用切线或割线构成的折线可代替曲线，用切面或割面构成的折面可代替曲面。只要折线或折面的分段尺寸足够小就能达到一定的精度。此法的通用性极强。另一条是利用某些塑性变形的假定作为展图的依据。例如，假定变形过程中弧长不变称为等弧长法，面积不变称为等面积法，体积不变称为等体积法。锻件毛坯尺寸的计算普遍采用等体积法，这是由于材料在锻造过程中密度不变（锻造铸锭时密度有些增加），精度较好。设备制造中是由平板变成曲板，密度变化很小，厚度有些变化但一般也较小，特别是平均厚度变化更小，因而用等面积法展图就足够精确。工程上用等弧长法展开后的尺寸都偏大，成型后有一定富余，工件厚度大时剩余量更多，但计算作图较简单。

4. 经验展图

不少生产单位在实践基础上总结出某些零件的经验展法，具有简单易行的优点。仔细分析它们，总可以发现它们是基于某种近似展法之上发展出来的。

（二）展图方法

空间图形的展开方法机械制图已作介绍，这里仅简要介绍常见化工设备零件展图法的要点。

1. 计算法

正圆柱面和正圆锥面可以精确计算出来，正圆柱面展开后为一矩形，其尺寸为

$$L \times B = \pi(DN + \delta) \times H$$

正圆锥面展开为一扇形，扇形半径为锥之斜高，扇形角为 α，参见图 4-6。扇形角 α 的计算公式为

$$\alpha = \frac{D}{L}180° = 360°\sin\frac{x}{2}$$

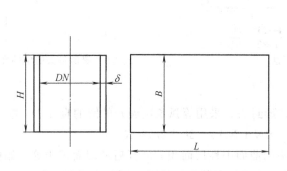
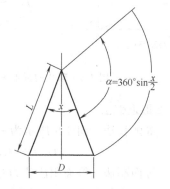

图 4-6 正圆柱和正圆锥的展开图

由于度量角度不太方便而且精度不易保证，实际上常常有人采用计算法算出扇形弧长然后用盘尺在圆弧上量取该弧长而得到该扇形，也可以通过计算并量取扇形的弦长的办法得到该扇形。

这些可展面的计算结果都基于曲面上某一特殊曲线长与展开后对应曲线（包括直线）长相等。

2. 作图法

可展面采用此法较为简单，如图 4-7 所示。在实际操作中要重视技巧和经验，小尺寸的展图可考虑采用电脑展图，也可以考虑计算机与自动氧气切割机联机运行。实际生产中工程技术人员总结了下述经验：精心选择投影图，把作图量减至最少；适当合并投影图，把作图面积减至最少；略去无关线图，把干扰减至最少；充分利用对称，把重复减至最少；求相贯与展图相结合，把无谓作业减至最少。

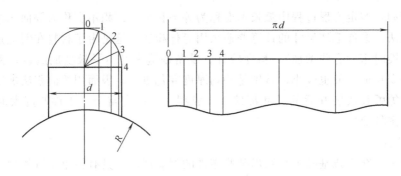

图 4-7　接管的展开作图

3. 近似作图法

不可展面多采用近似作图方法展开。如球片的折面近似展开，见图 4-8。

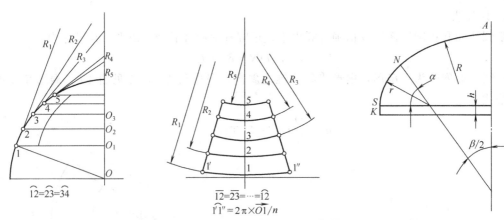

图 4-8　球片的近似展开法　　　　　　图 4-9　碟形封头的中性面尺寸

4. 变形近似法

（1）等弧长法　图 4-9 所示为一碟形封头，采用等弧长法展开的圆的直径 D_a 为

$$D_a = 2(KS + SN + NA) = 2h + 2r\alpha + R\beta$$

（2）等面积法　等面积法认为封头的曲面中性层面积和展开后的圆面积相等。如标准椭圆封头的中性直径为 D_m，直边高度为 h，则按照等面积展开后圆的直径 D_a 为

$$D_a = \sqrt{1.38 D_m^2 + 4 D_m h}$$

5. 经验展图法

对于一些常用封头的展开，一些厂家根据自己的生产设备提出了一些经验公式，如某厂总结的模压标准椭圆封头的展开尺寸为

$$D_a = 1.2 DN + 2h + \delta$$

式中　DN——封头的公称直径；

　　　h——封头的直边高度；

　　　δ——封头的厚度。

旋压近似椭圆封头的几何形状如图 4-10 所示，其展开尺寸为

$$D_a = 1.15(D_i + 2\delta) + 2h + 20$$

应注意的是：旋压封头的展开尺寸与封头旋压机类型有关，不同旋压设备下料尺寸不同。

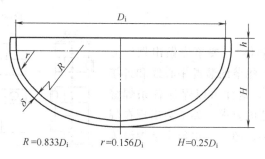

$$R=0.833D_i \qquad r=0.156D_i \qquad H=0.25D_i$$

图 4-10　某厂旋压近似椭圆封头示意

二、号料

将展开图正式画在钢板上的作业称为号料。号料时应注意以下问题。

1. 划线余量

展开得到的尺寸称为 $A_展$，划线时还应考虑以后加工过程中的加工余量，故划线尺寸 $A_划$ 为

$$A_划 = A_展 + \Delta_割 + \Delta_加 + \Delta_收$$

式中　$\Delta_割$——切割余量，与切割方法有关，一般为 2～3mm；

$\Delta_加$——边缘加工余量，与加工方法有关，一般为 5mm；

$\Delta_收$——焊缝收缩量，与材料、焊接方法、工件长度、焊缝长度等有关。

划线要注意精度，划角度时尽量采用几何作图而避免用量角尺。划线时，最好在板边划出切割线、实际用料线和检查线，如图 4-11 所示。

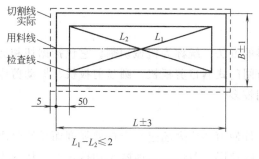

图 4-11　划线公差要求

2. 直接划线与样板划线

对于形状简单和单件生产的零件，可以直接把图展开在钢板上，称为直接划线。比较复杂和重要的零件或者批量大的零件，一般是将图展在薄铁板上或者油毡、纸板上，再用样板在钢板上划线，称为样板划线。样板划线可以省工省料、易于保证划线质量。

当样板用于在已成型好的曲面上号料时，应注意样板的展开尺寸不再是按照中心尺寸计算，而是按照样板贴复面尺寸计算。当放样用材料厚度不足以忽略时，还应考虑油毡纸等的厚度。

3. 排样

样板或零件在钢材上如何排列对钢材的利用率影响很大，应尽可能紧凑地排列，充分利用钢材。在剪板机上剪板时更应注意切割方便。计算机模拟排样的采用大大方便了排样

工作。

4. 划线方案

大型零件（如设备筒体），要事先做出划线方案，以确定筒体的节数、每节的装配中心线和各接管位置，如图 4-12 所示。这样可以保证各条焊缝分布与间隔符合制造规范的要求，如不会出现在焊缝上开孔、焊缝间距过小、超差、出现十字焊缝等现象。

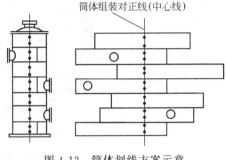

筒体组装对正线(中心线)

图 4-12　筒体划线方案示意

5. 标号

由于设备制造的工序错综复杂，因此划线时在坯料上往往标注一些加工符号来表示加工的内容及顺序。

划线完成后，为了保证加工尺寸精度及防止下料尺寸模糊不清，在切割线、刨边线、开孔中心及装配线等处均匀的打上冲眼，然后用油漆标明标号、产品工号和材料标记移植等，以指导切割、成型、组焊等后续工序的进行。但是必须注意，不锈钢设备不允许在板料表面打冲眼，常用记号笔或油漆做出标记，以防止钢板表面氧化膜被破坏而影响耐蚀性能。

第三节　切割及边缘加工

划线的下一道工序就是按照所划的切割线从原材料上切割下零件毛坯，该工序称为切割。切割力求尺寸准确、切口光洁和切割后坯料无较大变形。制定切割工艺时还应考虑板坯的规格和同一形状坯料的数量。目前常用的有机械切割、热切割（氧气切割、等离子切割）及其他切割方法。

一、机械切割

利用机械力切割材料的方法，统称为机械切割。它包括锯切和剪切两种类型。前者有普通锯床和砂轮锯，后者有闸门式斜口剪板机、圆盘剪板机、振动剪床、型材剪切机等。设备制造中以剪切和锯切应用较多。

1. 剪切

剪切是将剪刀压入工件使剪切应力超过材料抗剪强度而导致分离的方法。剪切时在钢板剪切面内存在 4 个区域：圆角层、剪切层、剪断层和挤压层。从图 4-13(a) 所示切口断面可以看出，约有 1/4 的板厚是光亮的剪切层，其余是粗糙的剪断层。另外，圆角层和挤压层经受强烈的塑性变形，形成所谓毛刺，同时在切口边缘 2～3mm 内，产生冷作硬化现象，使材质变脆。如图 4-13(b) 所示边缘形状，对于重要设备的构件，这部分应设法消除（如刨边或退火处理）。

按被剪件材料品种，剪切可分为板材剪切和型材剪切；按被剪件的平面形状，剪切可分为直线剪切和曲线剪切。

（1）板材的直线剪切　化工设备制造厂切割钢板主要是在闸门式剪床（或称剪切机、剪板机）上进行的。剪床的工作原理如图 4-14(a) 所示。把被剪钢板放在上下剪刀之间，用压夹具将其压紧固定。下剪刀固定在工作台上，上剪刀跟着与刀架一起上下运动，向下运动时切入钢板，切入深度约 1/4～1/3 时，作用在钢板上的剪切力超过其抗剪强度而被切断。为了提高剪切质量及减少动力消耗，上下两剪刀口应在同一垂直面上，使过程接近纯剪切。但

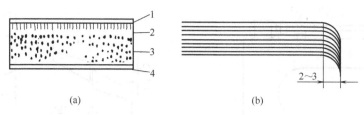

图 4-13 钢板切口断面及边缘形状

1—圆角层；2—剪切层（光滑）；3—剪断层（粗糙）；4—挤压弯曲

实际上两刀口间总要留一定侧间隙 S，S 值与被剪钢板厚度和材质有关，厚板及不锈钢材料间隙较大。一般侧间隙 S 不超过 0.5mm。

剪床分平口和斜口两种。上剪刃对下剪刃斜交成一定角度的剪床称为斜口剪床，如图 4-14(b) 所示。上、下两剪刃平行的剪床称为平口剪床，如图 4-14(c) 所示。前者适用剪切薄而宽的板料，由于宽料的剪切较多，所以斜口剪床应用较广；后者适用于剪切厚而窄的条料。

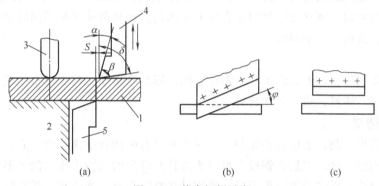

图 4-14 剪床切割示意

1—被剪切的钢板；2—工作台；3—压夹具；4—上剪刀；5—下剪刀

用斜口剪床剪切窄的板料时，由于窄料抗变形能力较差，剪下后常发生扭转变形而需要矫形。

（2）板材的曲线剪切 曲线剪切的剪切机有滚剪机和振动剪床两种。

① 滚剪机。图 4-15 所示为滚剪机工作原理。它是利用一对倾斜安装的上、下滚刀片进行剪切，既能剪切曲线外形，又能剪切圆形内孔。图中 $a = \frac{1}{3}\delta$，$b = \frac{1}{4}\delta$。因精度较低，剪切面质量较差，故用于剪切要求不高的薄板坯料。

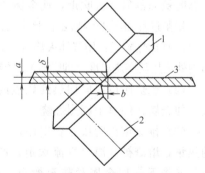

图 4-15 滚剪机工作原理

1—上滚刀；2—下滚刀；3—钢板

② 振动剪床。图 4-16 所示为振动剪床示意。它的剪刀很短，约为 20～30mm。下剪刀固定在床身上，上剪刀固定在刀座上，刀座通过下连杆与滑块连接，滑块通过上连杆与偏芯轴连接，偏芯轴由电动机直接带动。这样，当电动机转动时，上剪刀相对于下剪刀作快速的上、下振动（每

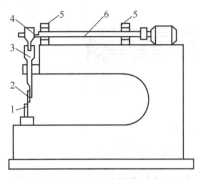

图 4-16　振动剪床示意

1—下剪刀；2—上剪刀；3—刀座；

4—连杆；5—轴承；6—偏芯轴

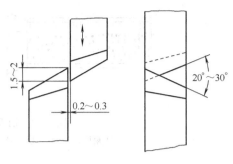

图 4-17　振动剪刀

分钟 1500～2000 次)，从而将板料切断。上、下剪刀刃口夹角为 20°～30°，两剪刀间隙约为 0.2～0.3mm，两剪刀重叠部分可根据板厚调节，如图 4-17 所示。振动剪床用于剪切板厚小于 2mm 的内外曲线轮廓以及成型件的切边工作，但剪切面比较粗糙，剪切后需将边缘磨光。

(3) 型材的剪切　型材可以使用联合冲剪机剪切。该种剪床更换不同的剪刀后，可以切割圆钢、方钢、角钢、工字钢等。

2. 锯切

锯切属于切削加工，锯切设备有弓锯床、圆盘锯和摩擦锯。化工设备制造中主要采用圆盘锯来锯切管料、棒料、细长条状材料。

二、氧气切割

氧气切割俗称气割，也称火焰切割。氧气切割具有生产效率高、成本低、设备简单等优点，它适于切割厚工件，而且在钢板上可以实现任意位置的切割工作，割出形状复杂的零部件。因此，气割被广泛应用于钢板下料、铸钢件切割、钢材表面清理、焊接坡口加工等。

1. 氧气切割原理

氧气切割是利用可燃气体与氧气混合燃烧的预热火焰，将被切割的金属加热到燃点，并在氧气的射流中剧烈燃烧，金属燃烧时生成的氧化物在熔化状态时被切割氧气流吹走，使金属切割开的加工方法。

切割过程如图 4-18 所示，整个切割过程可以分为以下四步。

(1) 加热阶段：用气体火焰（通常是氧-乙炔火焰）将金属切割处预热至燃烧温度（即燃点），碳钢的燃点为 1100～1150℃。

(2) 燃烧阶段：向加热到燃点的被切割金属开放切割氧气，使金属在纯氧中剧烈燃烧。

(3) 排除熔渣阶段：金属燃烧后形成熔渣，并放出大量的热量，熔渣被高温氧气流吹走，产生的热量和预热火焰一起，又将下一层金属预热至燃点，这样的过程一直持续下去，直到将金属割穿为止。

(4) 移动割炬，即可得到各种形状的割缝。

2. 氧气切割的条件

从上述氧气切割原理可以看出，并不是所有的金属都可

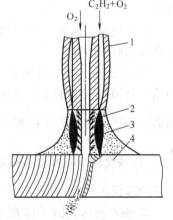

图 4-18　氧气切割示意

1—割嘴；2—氧气流；

3—燃烧火焰；4—工件

用氧气切割的方法进行切割，能进行切割的金属应具备以下条件。

（1）金属材料的熔点要高于金属的燃点。被切割金属的熔点高于金属的燃点是氧气切割的基本条件，只有这样才能保证金属在固态下被切割，否则切割金属受热时，还未进行燃烧反应，就先熔化。此时，液态金属的流动性很大，熔化的金属边缘凹凸不平，难于获得平整的切口，呈现熔割状态。

（2）金属氧化物（熔渣）的熔点要低于金属的熔点。如果熔渣熔点较高，则会在金属切口表面形成固态氧化物薄膜，很难被吹除，从而阻碍了切割氧气流与下层金属接触，中断金属的燃烧过程。常用金属材料及其氧化物的熔点见表 4-1。

表 4-1　常用金属材料及其氧化物的熔点　　　　　　　　　　　　　℃

金属名称	熔　点		金属名称	熔　点	
	金　属	氧　化　物		金　属	氧　化　物
纯铁	1535	1300～1500	黄铜、锡青铜	850～900	1236
低碳钢	≈1500	1300～1500	铝	657	2050
高碳钢	1300～1400	1300～1500	锌	419	1800
铸铁	≈1200	1300～1500	铬	1550	≈1990
紫铜	1083	1236	镍	1450	≈1900

（3）金属氧化潜热大、导热慢。这样在切割时生成的热量大、热散失少，使预热速度加快、预热深度增大，从而提高切割速度、增大切割深度。

（4）金属氧化物的黏度低、流动性好。否则，氧化物会粘在切口上很难吹走，影响切口边缘的整齐。

（5）阻碍切割过程进行和提高淬硬性的成分或杂质要少。

能够满足以上氧切割条件的金属主要是纯铁、含碳量＜0.7％的碳素钢以及绝大部分低合金钢。高碳钢及含有淬硬元素的中合金钢和高合金钢由于它们的燃点超过或接近金属的熔点，使气割性能降低，且易产生裂纹，切割困难。

铸铁也不能用氧气切割，主要是由于铸铁的含碳量高，燃烧后产生的一氧化碳、二氧化碳混入切割氧流，使切割氧纯度降低，影响氧化燃烧的效果；另外，铸铁在空气中的燃点比熔点高得多，同时产生高熔点、高黏度的二氧化硅，其熔渣流动性差，切割氧气流不能将其吹走。

不锈钢含有较多的铬和镍，易形成高熔点的氧化铬和氧化镍薄膜，遮盖了金属切缝表面，阻碍切割氧与下层金属接触，因此无法采用氧气切割的方法进行切割。

铜、铝及其合金具有较高的导热性，而铝产生的氧化物熔点高，铜的氧化放出的热量少，它们属于不能气割的金属材料。

目前，铸铁、不锈钢、铜、铝及其合金普遍采用等离子切割。

3. 氧气切割设备

氧气切割的设备包括：氧气瓶、乙炔瓶、回火防止器等。使用的工具有：割炬、减压器、专用橡胶管等。这些设备和工具的连接见图 4-19。图 4-20 所示为 G01-30 型射吸式割炬结构。

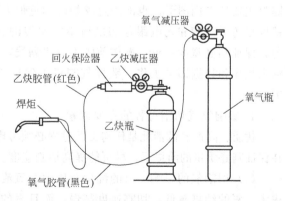

图 4-19　氧气切割设备和工具的连接

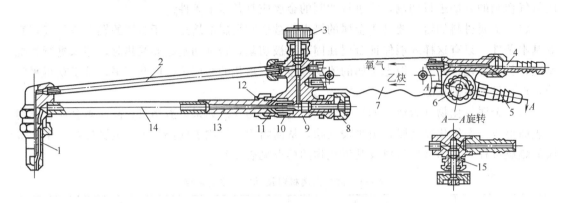

图 4-20 G01-30 型射吸式割炬结构

1—割嘴；2—切割氧气管；3—切割氧调节阀；4—氧气管接头；5—乙炔管接头；6—乙炔
调节阀；7—手柄；8—预热氧调节阀；9—主体；10—氧气针阀；11—喷嘴；
12—射吸管螺母；13—射吸管；14—混合气管；15—乙炔针阀

割炬的作用是将可燃气体和氧气混合构成预热火焰，并在其中心孔道喷出高压氧气流，使金属燃烧而割断。割炬按预热部分的构造可分为射吸式和等压式两种；按用途不同可分为普通割炬、重型割炬和焊割两用炬三种。

手工气割时，割炬的移动依靠人工掌握，容易引起割嘴与被割件间距离变化和切割速度的变化，以致影响切割质量，另外生产率也较低。

半自动气割机是将割炬装在能移动的小车上，如小车式 CG1-30 型半自动气割机。小车由直流电动机驱动，借助可控硅控制电路进行无级变速，利用轨道或半径杆，可使装在小车上的割炬进行直线形、弧形或圆形切割。

仿形气割机是以样板为靠模进行仿形切割，能切割出与样板相似的复杂形状的工件。用于成批生产，但它所能切割的工件尺寸较小。

光电跟踪气割机是一种较先进的气割设备，它可省略划线工序而直接进行自动气割。气割前，将零件图样以一定比例（一般为 1∶10）画成缩小仿形图，以做光电跟踪之用；气割时，借助光电跟踪装置按图自动地操纵气割机工作。它传动可靠、跟踪稳定性良好，较大地提高了气割质量和生产率，并减轻了劳动强度。

数控气割机是用小型计算机控制的，是目前最先进的气割设备。能准确地切割由直线和圆弧组成的平面图形，也能用足够精确的近似方法切割其他形状的平面图形。其切割尺寸的精度是仿形切割和光电跟踪切割所不能比拟的。具有稳速功能，使割炬移动速度稳定而均匀，保证割缝宽度一致；操作前既不需要划线，也不需要制造仿形样板和绘制跟踪图，只要输入程序和数据即可工作。数控气割机不但适于成批生产，而且在单件生产中其优点更为突出。

4. 影响氧气切割过程的主要因素

优质、高产、低消耗是任何工艺过程必须考虑的技术经济指标。氧气切割过程中，主要是在保证割缝质量的前提下，尽可能提高切割速度。影响切割过程的因素主要有以下几个方面。

（1）切割氧的影响 氧的纯度、压力、氧流量及氧流的形状对切割速度和切割质量影响很大。氧的纯度越低，切割速度越慢，而且氧的消耗量也越大。

切割氧的压力通常随着割件厚度的增加而增大。氧的压力适当，能得到较好的切割质量和较大的切割速度。

在一定范围内，切割速度随着切割氧流量的增加而提高。但对一定厚度的钢板，为保证良好的切割质量，有一最大切割速度，因而相应的有一个最大切割氧流量。

切割氧流的形状对切割过程也有明显的影响，切割氧流长而又能保持整齐的圆柱形，则所能切割的部件厚度大，且切口质量好。

（2）预热火焰的影响　预热火焰在单位时间内传送给金属的热量称为火焰的有效热能率。预热火焰的有效热能率大小应根据工件的厚度和切割速度来确定。工件越厚，切割速度越快，则单位时间内所需的热量也越大。但预热火焰的有效热能率过大，会使割缝上缘产生连续珠状钢粒和熔化成圆角，并造成割缝背面粘渣增多，影响切割质量。火焰的有效热能率过小，会迫使切割速度减慢，甚至切割过程难于进行。

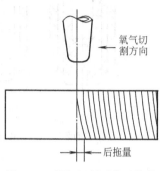

图 4-21　氧气切割时的后拖量

（3）割炬后倾角的影响　当割炬垂直于钢板表面切割时，上部金属燃烧较快，下部则较慢，切口下表面比上表面燃烧滞后的距离称为后拖量，如图 4-21 所示。若将割炬后倾，可将熔渣吹向割缝前缘，因而可充分利用燃烧所产生的热量进行预热，提高了切割速度，减小了后拖量，如图 4-22（a）所示。倾角大小主要取决于割件厚度，切割薄板取较小倾角，厚板倾角可大些，如图 4-22（b）所示。

（4）割嘴与工件表面间距离的影响　割嘴与工件表面间的距离越小，则空气对切割氧流的污染越少，并能充分利用高速氧流动能，有利于提高切割速度。但间距太小则会使割缝上缘熔化，割缝可能发生渗碳，且飞溅物易堵塞割嘴孔。相反，如果间距太大，热量损失就大，并使切割速度减慢。

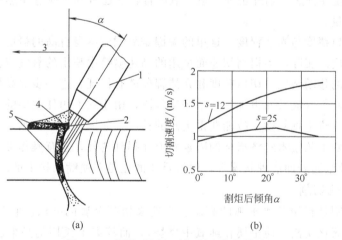

图 4-22　割炬后倾角对切割速度的影响

1—割嘴；2—切割氧流；3—切割方向；4—预热火焰；5—熔渣

5. 氧气切割技术的改进

金属构件制造量的迅速发展，以及氧气切割的突出优点，促使氧气切割技术向提高生产率和进一步提高切割精度方面迅速发展。

（1）提高切割速度　提高氧气切割生产率的着眼点是改善切割气流的性质，以加快氧化，从而使预热和吹渣速度提高。就纯氧切割而论，渣吹得快是第一位的，因为渣是阻止继续氧化的物质，故问题就集中到气流速度的提高上。解决这一问题需将氧气喷嘴孔道由一般圆柱形［见图 4-23(a)］改变成先收敛后扩散的拉伐尔式即高速型喷嘴［见图 4-23(b)］，使气流出口速度由亚音速提高到超音速。同时可将气体入口压力提高到 10MPa。气割试验表明，高压扩散型喷嘴不但切割速度快，而且割缝窄，表面光滑。

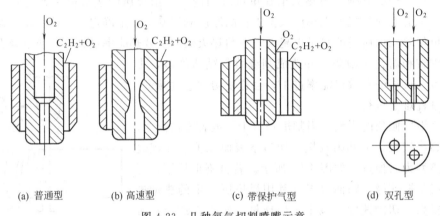

(a) 普通型　　(b) 高速型　　(c) 带保护气型　　(d) 双孔型

图 4-23　几种氧气切割喷嘴示意

氧气流的纯度是影响切割速度的另一重要因素。不纯气体降低了氧化效率，更重要的是与金属接触的气流由于氧的消耗使杂质气体迅速集聚而提高浓度、甚至形成隔离膜，妨碍氧化过程。提高气体纯度除采用高纯度氧气外，不让喷嘴外的杂质气体混入也是关键。为此，有两方面措施：一是喷出的氧流稳定不产生涡流（氧压与喷嘴孔道相适应）；二是在切割氧气流与预热火焰间安置一道低速流动的纯氧屏幕，能可靠地保护切割氧流的纯度，如图 4-23(c) 所示。甚至在预热火焰外也加一道纯氧屏幕，这还有利于改进预热火焰的作用，可提高切速与切口质量。

(2) 提高切口精度与光洁程度　这里的关键是氧气流本身有高的挺度，具有强的抗干扰能力以及移动精度。实际上为提高切速而采用的高速喷嘴中喷出的氧气流就有高的挺度，只要配上加工精良的移动装置，切口精度和光洁程度就有保证。进一步提高切口精度和光洁程度的方法是在切割氧气流后面再加一个精修氧气流，由于它不担任主要的切割任务故产生的渣量很少，渣对气流干扰甚微，故能获得更高的精度。如图 4-23(d) 所示。

影响氧气切割工艺技术经济指标的因素除上面提到的外，还有操作参数（气体流量、喷嘴角度等），以及金属表面清理状况等，但最重要的还是在喷嘴结构上的改进。

三、等离子弧切割

等离子弧切割是利用等离子弧的高温、高速来切割金属的方法。它与氧气切割原理不同，氧气切割是氧化切割（使金属在纯氧中燃烧），而等离子弧切割是熔割（离子弧高温使金属融化）。

等离子弧切割不但可以切割氧气切割可以切割的低碳钢、低合金钢等金属，还可以切割气割不能切割的不锈钢、铜、铝、铸铁、高熔点金属及非金属。目前生产上主要用于切割不锈钢、铜、铝、镍及其合金。

1. 等离子弧及其产生

完全电离成正、负离子的物质称等离子体。它不像一般的固体、液体、气体物质处于分子或原子状态，所以有人认为等离子体是物质存在的第四种状态。物质要成为等离子体必须具有足够高的温度，即大约在 10000℃ 以上才可能全部电离，因此创造一个特别的高温是建立等离子体的主要方法。

普通电弧具有较高温度，虽不足以能达到等离子态，但却是制造等离子体的良好基础。目前生产上建立等离子体的主要方法是压缩电弧，迫使电弧收缩，电流密度增加，热量更加集中，因而温度显著升高，最后导致全部电离成等离子体，如图 4-24 所示。

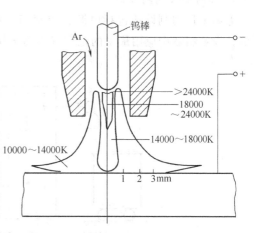

图 4-24　等离子体发生

通过喷嘴燃烧的电弧受到三种压缩作用。

（1）机械压缩　自由燃烧的电弧直径一般有数毫米粗，电流大时变得更粗，而等离子喷嘴孔径一般不超过 3mm，当自由电弧被强制通过喷嘴孔时其断面必然受到明显压缩，此压缩作用称机械压缩效应。

（2）热压缩　气流在电弧外周冷却，使电弧表面温度降低，割嘴夹套中的冷却水亦使电弧冷却收缩，从而使得中心电流密度更集中，此压缩作用称热压缩效应。

（3）磁压缩　带电离子在弧柱中运动，产生环形磁场，在磁场力的作用下将对电弧进一步压缩，此压缩作用称为磁压缩效应。

2. 等离子弧的类型

按照等离子喷嘴上电源接法的不同把等离子体分成三种，如图 4-25 所示。

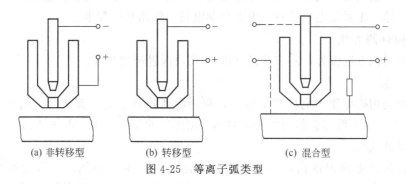

(a) 非转移型　　　(b) 转移型　　　(c) 混合型

图 4-25　等离子弧类型

电源的两极分别接钨棒（钍钨棒或铈钨棒）和喷嘴，等离子弧产生在电极与喷嘴之间，称为非转移型等离子弧。它依靠压缩气体将电弧喷出来熔化工件，故又称间接弧，如图 4-25(a) 所示。

电源的两极分别接钨棒和工件，等离子弧产生在电极与工件之间，建立的等离子体不能离开工件独立存在，称转移型等离子弧，又称直接弧，如图 4-25(b) 所示。

从维持等离子体稳定来说非转移型较好，从能通过大的电流以提高功率、获得高的温度以及加长等离子体的长度来说则转移型有利。

为综合上述两种类型的优点，现多采用混合型，可用一个电源分流于喷嘴和工件间，电流主要流过工件，或用两个电源共用钨棒分别向喷嘴和工件供电，如图 4-25(c) 所示。

3.等离子弧切割设备

等离子弧切割设备包括电源、控制箱、水路系统、气路系统及割炬几部分，如图 4-26 所示。设备制造中应用最多的是空气等离子切割机。

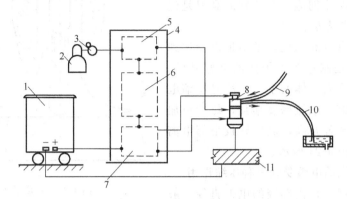

图 4-26　等离子弧切割设备

1—电源；2—气源；3—调压表；4—控制箱；5—气路控制；6—控制程序；
7—高频发生器；8—割炬；9—进水管；10—出水管；11—工件

（1）电源　由于等离子体电流密度大，单位弧长上的电压降大，故要求电源的空载电压和工作电压较高。目前多用直流电源。

（2）气源　是气体等离子切割机工作气体的来源地。工作气体可以是空气、氮气或氩气，也可以是混合气体，如氢气与氩气的混合气。氮气、氩气通常用气瓶储藏，压缩空气通常由空气压缩机直接产生使用。

（3）割炬　由喷嘴、电极、腔体等部分组成，是切割工作的主要实施部件。

（4）控制箱　主要是电气设备，用来控制电路、气路和冷却水。

四、其他切割方法

除了上述切割方法以外，还有碳弧气刨、高速水射流切割等。

1.碳弧气刨

碳弧气刨是用碳棒作为电极产生电弧，利用电弧热将金属局部熔化，同时用压缩空气（0.4～0.6MPa）吹去熔化金属而实现切割和"刨削"的加工方法，如图 4-27 所示。碳弧气刨即通常所说的气刨。

碳弧气刨虽然电弧温度高，不受金属种类限制，但生产率低，切口精度太差，故只在制造条件较差的地方作为气割以外的补充手段。目前主要用于焊缝返修、铲根、刨平

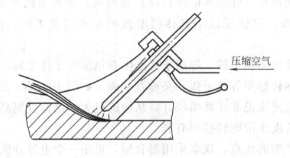

压缩空气

图 4-27　碳弧气刨

焊缝余高、除去毛刺等作业中。有时也用来开坡口，特别是曲面上的坡口和平面上的曲线坡口。

只要有功率较大的直流焊机和压缩空气源，制作一个结构简单的刨枪就能进行气刨。电极用专门制造的镀铜碳棒，在无等离子切割设备或其达不到的地方，气刨也用来切割较薄工件。

碳弧气刨采用的电源特性与手工电弧焊相同，对于一般钢材采用直流反接，可使刨削过程稳定。电流大则刨槽深，宽度大，而且刨削速度高、刨槽光滑。电流大小与碳棒直径大小有关，可按下式计算，即

$$I = (30 \sim 50)d$$

式中　I——电流，A；

　　　d——碳棒直径，mm。

气刨低碳钢时一般不发生渗碳现象，刨后直接焊接不影响焊接质量。不锈钢气刨作业后切口金属表面无明显增碳，只要无渣残留即可直接焊接，但对于超低碳不锈钢（如 316L）气刨后最好将刨口打磨干净再进行焊接。渣的表面是氧化铁，内部金属含碳高，若残留焊口，焊接时熔入焊缝会使焊缝增碳，降低其耐腐蚀性，故焊前要仔细清理。

对于有淬火倾向的钢（如低合金高强钢）气刨时要考虑预热，由于气刨的热过程比焊接快得多，故预热温度应等于甚至略高于焊接规范规定的预热温度，以免气刨表面出现淬火、裂纹等缺陷。

导热能力强的铜、铝很难用气刨加工，尤其是厚板。

2. 高压水射流切割

高压水射流加工技术是用水作为携带能量的载体，对各类材料进行切割、穿孔和去除表层材料的加工新方法。高压水射流切割其水喷射的流速达到约 $2 \sim 3$ 倍音速，具有极大的冲击力，故可用来切割材料，有时又称高速水射流切割。高压水射流加工技术一般分为纯水射流切割和磨料射流切割，前者水压在 $20 \sim 400$MPa，喷嘴孔径为 $0.1 \sim 0.5$mm；后者水压在 $300 \sim 1000$MPa，喷嘴孔径为 $1 \sim 2$mm。高压水射流加工装置示意如图 4-28 所示。

高压水射流加工具有下列优点：

（1）几乎适用于加工所有的材料，除钢铁、铜、铝等金属材料外，还能加工特别硬脆、柔软的非金属材料，如塑料、皮革、木材、陶瓷和复合材料等；

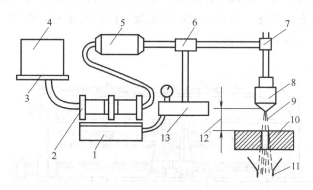

图 4-28　高压水射流加工装置示意

1—增压器；2—泵；3—混合过滤器；4—供水器；5—蓄能器；6—控制器；7—阀；
8—喷嘴；9—射流；10—工件；11—排水道；12—喷口至工件表面的距离；13—液压装置

（2）加工质量高，无撕裂或应变硬化现象，切口平整，无毛边和飞刺；

（3）切削时无火花，对工件不会产生任何热效应，也不会引起表面组织的变化，这种冷加工很适合对易爆易燃物件的加工；

（4）加工清洁，不产生烟尘或有毒气体，减少空气污染，提高操作人员的安全性；

（5）减少了刀具准备、刃磨和设置刀偏量等工序，并能显著缩短安装调整时间。

高压水射流加工技术是近20年迅速发展起来的新技术，目前主要用在汽车制造、石油化工、航空航天、建筑、造船、造纸、皮革及食品等工业领域。纯水型射流加工设备主要适用于切割橡胶、布、纸、木板、皮革、泡沫塑料、玻璃、毛织品、地毯、碳纤维织物、纤维增强材料和其他层压材料；加磨料型设备主要适用于切割对热敏感的金属材料、硬质合金、表面堆焊硬化层的零件、外包或内衬异种金属和非金属材料的钢质容器和管子、陶瓷、钢筋混凝土、花岗岩及各种复合材料等。此外高压水射流加工技术还可用于各种材料的打孔、开凹槽、焊接接头清根、焊缝整形加工和清除焊缝中的缺陷等。

高压水射流加工技术目前正朝着精细加工的方向发展，随着高压水发生装置制造技术不断发展，设备成本不断降低，它的应用前景是引人注目的。

五、边缘加工

边缘加工有两方面的目的：首先，按照划线切除余量，消除切割时边缘可能产生的加工硬化、裂纹、热影响区及其他切割缺陷；其次，是根据图样规定，加工各种形式、尺寸的坡口。边缘加工常用以下几种加工方法。

1. 手工加工

用手提式砂轮机、扁铲等工具进行边缘加工。该法灵活，不受位置和工件形状限制，但是劳动强度大，效率低，精度低。适用于复杂工件边缘加工或者边缘修正。

2. 机械加工

采用机械设备进行加工，效率高，劳动强度低，表面质量好，精度高，无热影响区。是一种应用广泛，优先考虑使用的边缘加工方法，根据具体要求可以采用刨边、铣边和车边的加工方法。

（1）刨边　刨边用的机床称为刨边机，如图4-29所示。刨边机上的边缘加工属于直线型的刨削加工，常用作筒节板坯的周边加工。工件放在工作台上，用夹紧机构将钢板压紧。机床侧边的刀架上装有刨刀，借助于丝杠或齿条沿导轨来回移动，进行加工切削。刨刀在刀架上可作水平和垂直方向移动，也可装成一定角度，以便加工不同坡口。刨边机的主要技术规格是其刨边长度，一般为3～15m。

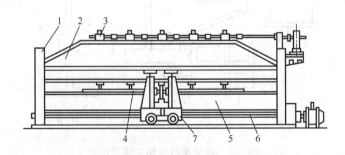

图4-29　刨边机示意

1—立柱；2—横梁；3—夹紧机构；4—钢板；5—工作台；6—丝杠；7—刀架

（2）铣边　铣边用的机床称为铣边机。其结构类似于刨边机，不同的是采用盘状铣刀代替刨刀，但铣刀的转动系统相应复杂些。这种边缘加工方法的效率高于刨边。

（3）车边　车边用的机床一般采用立式车床。这种车边加工方法用于化工设备的筒节、封头和法兰等的边缘加工。

3. **热切割加工**

热切割加工包括氧气切割、等离子切割和碳弧气刨。其中氧气切割及等离子切割加工应用最广，它灵活方便，可以加工各种形状工件，既可用手工切割，也易实现机械化和自动化。在小车式气割机上装上 2～3 个割嘴，便可在一次行程中切出 V 形或 X 形坡口，如图 4-30 所示。等离子弧切割主要用于不锈钢、铜、铝、镍及其合金材料的边缘加工。

图 4-31 所示为封头切割机。切割机架上固定气割割炬，可以用来对低碳钢、低合金钢封头进行边缘加工（即通常所说的齐边和开坡口），当固定等离子割炬时可以加工不锈钢、铝制封头。

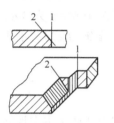
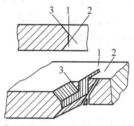

(a) 两个割嘴1、2
同时切割V形坡口

(b) 三个割嘴1、2、3同时
切割X形坡口

图 4-30　气割 V 形或 X 形坡口

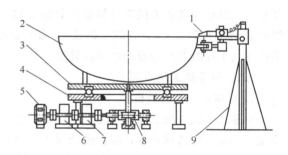

图 4-31　封头切割机

1—割嘴；2—封头；3—转盘；4—平盘；5—电机；6—减速机；7—机架；8—涡轮减速器；9—切割机架

第四节　成型

设备制造中成型的作业很多，如筒体、锥形封头、弯管、弯制法兰、衬圈等零件都需要进行弯曲，球形封头、椭圆封头、碟形封头以及膨胀节、螺旋面等需要冲压或旋压。

一、钢板的弯卷

使坯料在定形曲面模具中弯曲成型称为模弯，它需要专用胎具。坯料在通用的工具（多为滚轮）作用下逐点弯曲的称为滚弯。设备制造中的弯曲件多为小批量的，故此通用性强的滚弯是弯曲的主要设备。

设备的筒体通常由若干筒节拼接而成，筒节为单位弯曲件。钢板的滚弯俗称滚圆或卷圆、卷板，为筒节的基本加工方法。

（1）钢板弯曲的基本原理　对钢板施以连续均匀的塑性弯曲即可获圆柱面。在对称三辊式卷板机实现这种均匀的塑性弯曲时，可将钢板看成简支梁，改变上辊下压量（上、下辊间距）即可卷出不同半径的筒节，如图 4-32 所示。

（2）直边产生　对称三辊卷板机钢板的最大弯曲发生在钢板与上辊接触处，即两下辊支点的中央，弯卷时钢板两端约为两下辊间距一半的长度不能通过最大弯曲点，因得不到弯曲而留下直边，如图 4-33 所示。

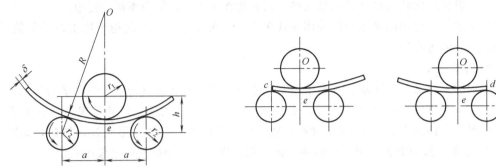

图 4-32　钢板弯曲的基本原理　　　　　　　图 4-33　直边的产生

（一）最小弯曲半径

在卷板机上能够得到的最小弯曲半径受到两个因素的制约：一是内半径不可能比上辊半径小；二是塑应变不能接近材料临界变形率的 5％。制造规范规定碳素钢及 16MnR 为 3％，低合金钢为 2.5％。所以，碳素钢及 16MnR 最小冷弯半径为 16.7δ，低合金钢为 20δ。小于最小弯曲半径时要热弯或冷弯后热处理。

（二）卷板机工作原理

1. 对称式三辊卷板机

对称式三辊卷板机有一个上辊和两个下辊。卷板机的两个下辊为驱动辊并起支承钢板的作用，两端采用滑动轴承，辊轴的轴线不可移动，但可同向等速转动。上辊为从动辊，辊轴可上、下移动以改变上、下辊的间距。钢板从侧面送入上、下辊之间，上辊下压使钢板弯曲，利用摩擦力带动钢板运动，卷至端部后反转辊轴，如此反复多次，逐渐减小上、下辊间距，并用样板检查，以达到所需的曲率。上辊的上、下调节大多采用蜗杆蜗轮-螺母丝杠系统，如图 4-34 所示。钢板卷成圆筒后就套在了上辊上，筒节只能从一侧抽出，因而上辊一侧的轴承座必须是快拆快装结构。当拆去一侧轴承时，为平衡轴的重量，轴的另一侧需在轴承外延长一段，并在其尾端施加平衡力。由于上辊轴要上、下移动并有单轴承支持的情况，故轴承与支座间采用球面支持。

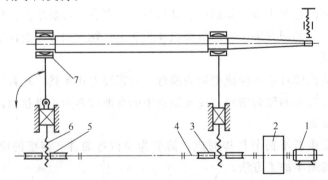

图 4-34　对称式三辊卷板机上辊调节结构示意
1—电动机；2—减速机；3—蜗杆；4—蜗轮；5—螺母；6—丝杠；7—快拆轴承

卷板时三根轴的轴线任何时候都要严格平行。为此，调节上辊轴上、下运动的两侧蜗杆蜗轮-螺母丝杠系统的参数应完全一样，由一根轴带动两个蜗杆，以保证两侧同步移动。为便于把两侧调到同位，该轴至少要分成两节再用联轴节联成整体，这样才能在出现不同位时断开联轴节，调一侧使之与另一侧同位。

对称式三辊卷板机结构简单，紧凑，易于制造维修，价格较低；但其最大不足是所卷筒节纵向接缝处产生直边，使筒节截面呈桃形。为解决这一问题，卷板前可先将钢板两端预弯，或者预留直边卷后割除。

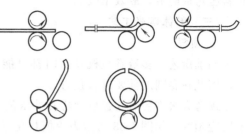

图 4-35 上、下辊在同一垂直中心线上的
不对称三辊卷板机工作过程

2. 不对称式三辊卷板机

图 4-35 所示为上、下辊在同一垂直中心线上的不对称三辊卷板机的工作过程。处于同一垂直中心线上的上、下辊夹紧板料，其侧辊可进行斜向移动，对板右端加压完成预弯，侧辊回位，上、下辊转动调整钢板位置，同法预弯左端，然后反复来回旋转上、下辊并按需要提升侧辊直至卷圆。这种不对称式三辊卷板机因省去了预弯工序，故比对称式三辊卷板机优越。但要使板料全部弯卷，需进行二次安装，因而操作复杂；同时该卷板机的辊子排列不对称，所以太厚的板料无法弯卷。

3. 对称式四辊卷板机

图 4-36 所示为对称式四辊卷板机的工作原理示意。其上辊 1 是主动辊，由电动机通过减速箱带动而转动；下辊 2 可上、下垂直移动，用以夹紧板料；两侧辊 3、4 可沿斜向升降，产生对板料施加塑性变形所需的力。四辊卷板机的工作过程为：依靠下辊上升，将板料夹紧在上、下辊之间 ［见图 4-36 （a）］，然后利用侧辊 3 的斜向移动使板头预弯变形 ［见图 4-36 （b）］，卷板至另一端后利用侧辊 4 的斜向移动使另一端板头预弯 ［见图 4-36 （c）］。反复正、反转辊轴，逐渐上移侧辊，并用样板检查，以达到所需的曲率。该卷板机可在一次安装中使板料全部弯卷，同时还能弯卷大而厚的圆筒，但是因增添了一只侧辊而使其重量加重，所以结构复杂、成本高。

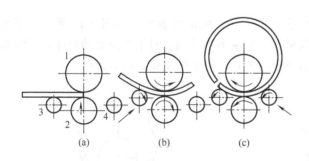

图 4-36 对称式四辊卷板机工作原理示意（俯视）

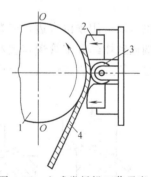

图 4-37 立式卷板机工作示意
1—轧辊；2—侧压杆；3—压紧辊；4—工件

4. 立式卷板机

图 4-37 所示为立式卷板机工作示意。轧辊为主动辊，两侧压杆可以水平移动，两压杆间的距离还可调节，压紧辊可以水平向前、后调节。工作时钢板放入轧辊与侧压杆之间，压紧辊压紧钢板，侧压杆水平压向轧辊使钢板局部弯曲，侧压杆退回原位，轧辊转动使钢板移动一定距离，侧压杆再次压弯，如此反复多次，直至压弯成圆筒。采用这种卷板机进行筒节

的卷圆有以下特点：热卷厚板时氧化皮不会落入轧辊与板料之间形成压痕；卷大直径薄壁筒节时，不会因板料的刚性不足而下塌。这种卷板机不是连续弯卷成型，而是间歇地、分段将板料压弯成筒节，故效率较低。

（三）筒体弯卷工艺

1. 预弯

如前所述，多数卷板机卷圆时都可能产生直边，特别是对称三辊式卷板机直边尺寸较大，因此在卷圆之前要进行预弯。

预弯方法主要有卷板机预弯和冲压预弯两类，常用模具在三辊、四辊卷板机或者压力机上进行预弯。如图 4-38 所示为用模具在三辊卷板机上预弯，图 4-38（a）、（b）、（c）适用于 $\delta_0 \geqslant 2\delta_s$，$\delta_s \leqslant 24\text{mm}$，图 4-38（d）适用于较薄板。图 4-39 所示为用模具在压力机上预弯。

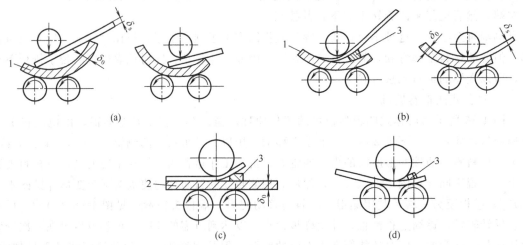

(a)　　　　　　　　　　　(b)

(c)　　　　　　　　　　(d)

图 4-38　用模具在三辊卷板机上预弯
1—弯模；2—垫板；3—楔块

也可以采用预留直边，待卷圆后切除直边的方法，但浪费金属，如图 4-40 所示。还可在极端放置炸药和雷管爆炸预弯，但炸药量和弯曲量不易控制。对于不重要的筒体，可考虑不预弯，留直边直接焊接，焊后用卷板机矫圆的方式，以节约金属，降低造价。

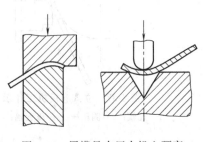

图 4-39　用模具在压力机上预弯

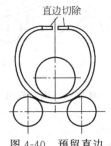

直边切除

图 4-40　预留直边

2. 弯卷缺陷

（1）失稳　用卧式卷板机弯卷曲率半径与厚度比很大的圆筒时，已卷过部分呈弧形从辊间伸出，当伸出过长时，可能失去稳定性而向内或者向外倒下去，如图 4-41 所示。失稳会使弯卷工作无法进行下去，应加设支承防止失稳的发生。

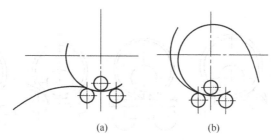

图 4-41 弯卷失稳现象

（2）外形缺陷

① 过弯 ［见图 4-42 (a)］：指弯卷后筒体曲率半径小于规定值。为了防止弯卷过度，在弯卷时注意每次调节上辊或侧辊的量，并不断用弧形样板检查卷圆件的弯曲度。如发现已经过弯，则可以用大锤击打筒体，使直径扩大。

② 锥形 ［见图 4-42 (b)］：由于上辊或侧辊两端的调节量不同，致使上、下辊或上、下、侧辊的轴线互不平行而产生此缺陷。为防止锥形，在卷制过程中，应时刻检查卷圆件两端的曲率半径是否相同。如已产生锥形，应在曲率半径大的一端增大滚辊的进给量。

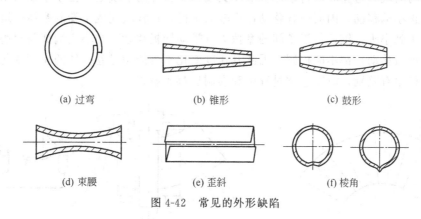

(a) 过弯　　　　　　(b) 锥形　　　　　　(c) 鼓形

(d) 束腰　　　　　　(e) 歪斜　　　　　　(f) 棱角

图 4-42　常见的外形缺陷

③ 鼓形 ［见图 4-42 (c)］：是滚辊的刚性不足所致。为防止滚辊在卷圆时的弯曲，可在其中间部分增设支承辊。

④ 束腰 ［见图 4-42 (d)］：是上辊压力或下辊顶力太大所致。为防止束腰，应适当减少压力或顶力。

⑤ 歪斜 ［见图 4-42 (e)］：是卷圆前板料放入卷板机时，板边与上下辊中心线不平行或板料不是矩形所致。因此在弯卷前应对坯料进行校方，对卷板机上、下辊的平行度进行检查，需要时调整使之平行。

⑥ 棱角 ［见图 4-42 (f)］：预弯不足造成外棱角；预弯过大引起内棱角。为防止棱角产生，应使预弯量准确。如已产生棱角，则采用如图 4-43 所示矫正棱角的方法消除。

3. 锥形筒体的弯卷

锥形壳体常见于锥形封头及设备的变径段，它的曲率半径由小端到大端逐渐变大，它的展开面为一扇形面。弯卷锥体的最大困难是，如无相对滑动，则要求卷板机辊筒表面的线速度从小端到大端逐渐变大，变化规律要适合各种锥角和直径锥体的速度变化要求，这在生产中是不现实的。生产中的锥形壳体的制造方法有以下几种。

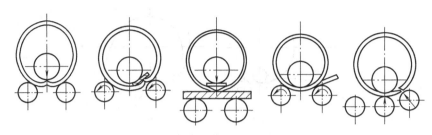

图 4-43　棱角的矫正

（1）压弯成型法　在锥体的扇形坯料上，均匀地划出若干条射线，如图 4-44 所示。然后在压力机或卷板机上按射线压弯，待两边缘对合后，将两对合边点焊牢，最后进行矫正和焊接。这种整体压弯成型适用于薄壁锥体。当钢板比较厚时，扇形坯料分成几块小扇形板，按射线压弯后再组合焊接成锥体。对于小直径锥体，卷板机不能卷制时尤其适用。这种方法费工时，劳动量大。

（2）卷制法　在卷板机的活动轴承架上装上图 4-45 所示的阻力工具，或直接在轴承架上焊上两段耐磨块。弯卷时，将扇形板的小头端部紧压在耐磨块上。由于小端与耐磨块间产生摩擦，阻止小端移动，因而使其移动速度较大头慢，这样就完成了卷制锥体的运动。但是从扇形板大头到小头，钢板与辊子间的摩擦力（带动钢板移动）和小头端部与耐磨块间的摩擦力（阻止钢板移动）都不能控制，因此其速度变化不可能满足卷锥体的速度变化要求，而且其曲率半径也有差别，故在卷制过程中和卷制后都要矫正。

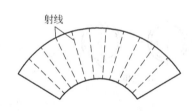

图 4-44　压弯成型示意

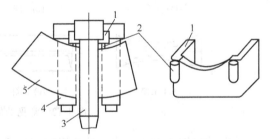

图 4-45　小端减速法卷制锥形壳体示意

1—工具；2—耐磨块；3—上辊；4—下辊；5—扇形坯料

必须指出，这种方法使卷板机承受很大的轴向力，因而大大加快了卷板机轴承等构件的磨损，甚至会损坏活动轴承等零件。应用此方法时，应考虑其不良后果。

（3）卷板机辊子倾斜　这一方法常用于锥角较小、板材不太厚的锥体弯卷。其方法是将卷板机上辊（对称式）或侧辊（不对称式）适当倾斜，使扇形板小端受到的弯曲比大端大，以产生较小的曲率半径而成为锥形。

二、管子的弯曲

化工生产中，除设备本身需要弯管外，工艺管线上也用到不少弯管零件。弯管的几何参数如图 4-46 所示，R 为弯管半径。

管子在弯曲时，外侧管壁受拉伸而变薄，内侧管壁受压缩而增厚，由于受拉压合力的作用，管子截面由圆形变成为椭圆形，如图 4-47 所示。管子截面变成椭圆形后承载能力下降，因此，弯管时应对椭圆变形加以限制。

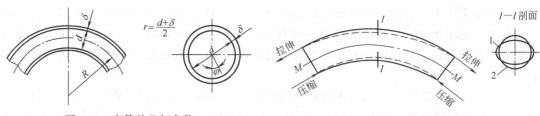

图 4-46　弯管的几何参数

$$r = \frac{d+\delta}{2}$$

图 4-47　管子弯曲时的截面变化

1—弯曲后管子的椭圆形截面；2—管子原来的圆形截面

实际生产中管子的弯曲方法较多，按照操作方式可分为手动弯管和机动弯管；按照弯管时管子是否加热分为冷弯和热弯；按照施力方向可分为拉弯、压弯和冲弯。

1. 管子的冷弯

管子在室温下的弯曲常称为冷弯。冷弯效率高，质量好，操作环境好，直径 108mm 以下的管子多采用冷弯；对于直径 108mm 以上或直径 57mm 以上的厚壁管，由于冷弯变形阻力大，成型困难而采用热弯。

管子的冷弯常用手动弯管器弯管和弯管机（又称为电动弯管机）弯管两种方式。

（1）手动弯管器弯管　手动弯管器的结构如图 4-48 所示。这种手动弯管器适用于弯制外径在 32mm 以下的无缝钢管和公称直径 1in（25.4mm）以下的焊接管。它的结构由固定扇轮、活动滚轮、夹叉等主要零件组成，并由螺栓固定在工作台上。弯管时，将管子插入工作扇轮和活动滚轮的中间，使管子的起弯点在工作扇轮和活动滚轮的中心连线

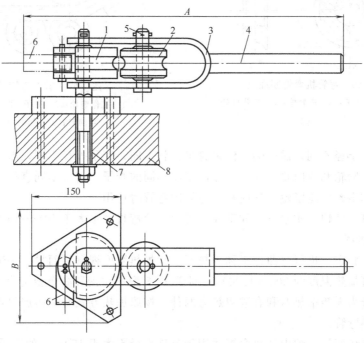

图 4-48　手动弯管器

1—固定扇轮；2—活动滚轮；3—夹叉；4—手柄；

5—轴；6—夹子；7—螺栓；8—工作台

上，用夹子将管子插入端夹牢，推动手柄带动活动滚轮绕固定工作扇轮转动，把管子压贴在工作扇轮槽中，直到所需要的弯曲角度为止。这种弯管器是利用一对不可调换的固定扇轮和滚轮滚压弯管，故只能弯曲一种规格管子与一种弯曲直径，其弯曲半径由工作扇轮的半径来决定。从保证弯管质量合格考虑，凭经验一般取最小弯曲半径为管子直径的 4 倍。

（2）电动弯管机弯管 弯管机弯管原理如图 4-49 所示。工作时，将管子安放于工作扇轮和压紧轮的圆槽中间，用夹子将管子紧固在工作扇轮的轮槽上，电机通过减速器带动工作扇轮转动，管子就从 A—A 面位置开始弯曲并缠绕在工作扇轮的周边上，从而获得所需的弯曲半径。工作扇轮和压紧轮上槽的半径与被弯管子的外半径一致，在 A—A 面将管子外壁卡住，以减小弯管时出现椭圆和出现皱褶。

当被弯的管径大于 60mm 时，或者管壁较薄时，需在管内放置芯棒，以支承管内壁，如图 4-50 所示。工作时必须注意芯棒的插入深度，以棒的球面端头与圆柱体相连接的界线应在管子开始弯曲的 A—A 面上为宜，芯棒插入深度不够会产生皱褶，插入过深则会拉伤管子内壁，严重时拉断芯棒的固定杆。芯棒外径比管子内径小 1～1.5mm，弯管前应吹洗管孔并涂少许机油。

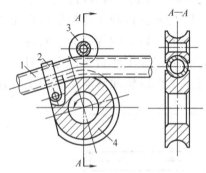

图 4-49 弯管机弯管原理

1—管子；2—夹子；3—压紧轮；4—工作扇轮

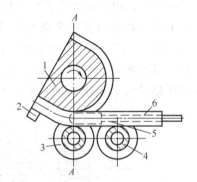

图 4-50 有芯弯管示意

1—工作扇轮；2—夹子；3—压紧轮；
4—导向轮；5—芯棒；6—管子

弯管的弯曲半径不同，需要的工作扇轮半径就不同，管子外径不同，需要不同圆槽半径的工作扇轮、压紧轮和导向轮，同一外径而壁厚不同的管子，需要不同直径的芯棒。弯管机需配备多套工作扇轮、压紧轮、导向轮、芯棒供弯管时选用。

弯管机弯管速度快、质量好、效率高，可用于冷弯直径不大于 108mm 的管子。

2. 管子的热弯

管子在加热状态下进行弯曲加工称为热弯，其加热温度视管材而异。一般对普通低合金钢管和碳素钢管加热温度为 800～1000℃；对于 18-8 型不锈钢和高合金钢为 1000～1150℃。

管子热弯分为无皱褶热弯和有皱褶热弯两种。按照加热方式有炉内加热弯管、中频加热弯管和火焰加热弯管。

（1）炉内加热弯管 炉内加热弯管适用于公称直径不大于 150mm 的管子弯曲。

管子热弯过程包括划线、充砂、加热、弯曲、冷却、清砂和热处理等步骤。

① 管子的划线。管子弯曲部分长度可由弧长计算公式求得

$$L = \pi \alpha R / 180 = 0.0175 \alpha R$$

式中 L——管子弯曲部分中性层长度，mm；

$\quad\quad\alpha$——管子弯曲的角度，(°)；

$\quad\quad R$——管子弯曲部分中性层半径，mm。

按计算出的弯管长度进行划线时，其方法如图 4-51 所示，从管子左端起，沿管子中心线方向量出一段长度 L_1，用记号笔划出管子的起弯点 K_1，L_1 的长度至少应在 300mm 以上，以便于弯管时装夹管端用。然后由 K_1 向右量出弯管长度 L（$=0.0175\times90\times1000=1575\text{mm}$），再划出弯管的终点 K_2。

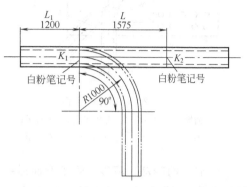

图 4-51　$DN=250\text{mm}$ 的 90°弯管划线示意

② 管子充砂。为了防止弯曲时产生皱褶或弯瘪变为椭圆形，同时也为储存热量、保证管子受热均匀以及延长管子出炉后的冷却时间，便于弯管操作，常在管内充砂。管子充砂前，先用管堵将管子一端堵死，充入的砂子要烘干、纯净。充砂时要振动、压实，生产中常在砂中混入一些直径较大的钢球，以便于压实。充满后将管口堵好。充砂用的砂子应清洁、干燥、颗粒均匀适度，不含泥土、煤屑及其他有机物。

③ 管子加热。管子加热常采用有鼓风的敞开式烧炉或地炉，使用的燃料按管材选择。对碳钢管可用焦炭或无烟煤；对合金钢管可用木炭。管子放进炉子前，炉内应加足燃料，管子加热过程中一般不加燃料。

管子加热长度为弯管长度的 1.2 倍左右，加热时应反复滚动管子，以保证其受热均匀。管子加热时要注意观察管壁火色，可以视钢管种类凭经验目测温度，也可用测温笔、测温仪测定温度。对碳钢管而言应达到 950～1000℃（管壁呈淡红或橙黄色）；对低合金钢管应达到 1050℃左右；对于 18-8 型不锈钢管应达 1100～1200℃。为使管中砂子亦达到同样温度，还需加热一段时间，直至管壁颜色开始发白，管壁上的氧化层呈蛇皮状并从管子表面脱落时，此时表明管内砂子温度已接近或等于管壁温度。

④ 管子的弯曲。管子弯曲操作在弯管平台上进行。管子加热后将其一端夹在钢插销中，如图 4-52 所示。弯管过程中用水冷却已弯好部分的管子时应在管子下面垫两根扁钢，使管子离开台面一定距离，以免冷却水把管子未弯好部分冷却；对有直焊缝的钢管，焊缝置于截面上变形最小的方位，防止弯管时焊缝开裂。管子放好后，用钢丝绳系住另一端，对公称直径小于 100mm 的管子，通常直接用人力拉弯，对公称直径大于 100mm 的管子，可用卷扬机牵引拉弯。拉弯时的拉力方向应与管中心线垂直，以防管壁外侧或内侧产生附加的伸长或缩短，造成减薄或起皱褶。弯曲时作用力应均匀，用样板不断检查弯曲部位，已经弯好的部分可用冷水冷却，以控制弯曲变形量，但合金钢管不可用冷水冷却，以防产生裂纹。由于管子冷却后常回弹 3°～4°，因此，弯管时要比样杆过弯 3°～4°，钢管加热后最好一次弯成，如果弯管过程中管子温度已下降到弯曲终止温度，应停止弯管，待重新加热后再进行弯曲，但重新加热不应超过两次。碳钢管、低合金钢管弯曲终止温度分别为 650℃和 750℃。当弯制管径、弯曲角度和弯曲半径都相同的管子数量较大时可用样板弯管，如图 4-53 所示。样板可用铸铁或厚扁钢制成，用钢销将其固定在弯管平台上，即可对加热好的管子进行弯曲，弯管效率较高。

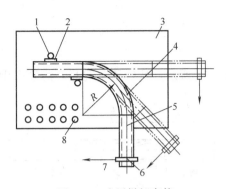

图 4-52 应用样杆弯管

1—插销；2—垫片；3—弯管平台；4—管子；
5—样杆；6—夹箍；7—钢丝绳；8—插销孔

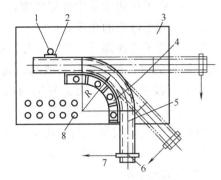

图 4-53 应用样板弯管

1—插销；2—垫片；3—弯管平台；4—样板（胎膜）；
5—管子；6—夹箍；7—钢丝绳；8—插销孔

⑤ 管子的冷却、清砂。管子弯曲后一般在空气中缓冷至室温，冷却后及时清砂，倒空管内砂子后用钢丝刷清理内壁，最后用压缩空气吹扫，清除粘在管子内壁上的砂粒。清砂后应检查弯管质量。

⑥ 管子的热处理。对于 15Mn、16Mn 钢管及碳钢管弯制后不用热处理，其他合金钢管一般采用正火加回火处理，以改善金相组织及消除弯管过程中产生的内应力；奥氏体不锈钢管加热到 1050～1100℃淬火，使其组织完全为奥氏体，防止晶间腐蚀倾向的发生。

(2) 中频加热弯管 中频加热弯管利用中频感应电流的热效应将管子局部迅速加热到所需的温度，采用机械或者液压传动，使管子拉弯或推弯成型。

中频弯管的优点是：不需模具，只需配置相应的感应圈和导向辊轮，弯管质量好，弯曲半径小。缺点是：投资大。它分为推弯式和拉弯式两种。图 4-54 所示为拉弯式中频弯管示意。

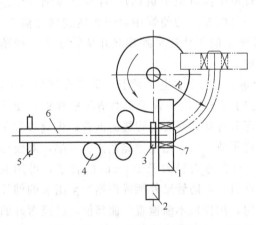

图 4-54 拉弯式中频弯管示意

1—转臂；2—变压器；3—感应圈；4—导向辊；
5—支撑块；6—管子；7—夹头

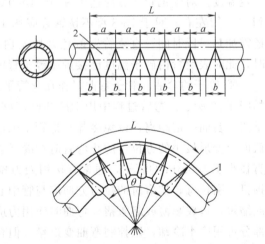

图 4-55 折皱弯管

1—中性层；2—不加热区

(3) 火焰加热弯管 火焰加热弯管是利用氧-乙炔火焰对管子加热进行弯曲的方法，该法操作灵活方便，效率较高，常用于直径较小的管子弯曲。

(4) 薄壁管的折皱弯曲 石油化工企业中常用大直径（$DN \geqslant 500mm$）、管壁很薄的弯头，这种弯头以前都是采用数节斜管段焊制而成，通常称虾米腰管。其制造工序多，效率低，材料消耗量大。近年来，采用折皱弯管法，就能避免这些缺点，而且制作简单，使用可靠，故在中低压管路系统中获得推广应用。

如图 4-55 所示，管子在折皱前，先在管壁上画出全部所需折皱的大小和位置，画出每段折皱间距线 a，棱形对角线 b，具体尺寸参阅有关手册。然后直接用火焰加热第一个折皱至 950℃左右（桃红色），此时将管子拉弯形成第一个折皱。待冷却后加热和弯曲第二个折皱，这样依次进行下去，直到全部折皱完成。

管子折皱弯曲的下料长度与其他弯管法不同，而是按弯头外侧在折皱过程中不伸长也不缩短的长度来计算。管子预备折皱的尺寸，需根据管子弯曲半径 R 和折皱个数 n 来决定。一般 R 是根据需要预先规定（或测定）的，而折皱个数 n 则需要参考弯曲半径和管子外径按实际经验来确定。

管子加热折皱时一般都不用装砂子，只需将管口两端用木塞堵严，以避免冷空气流入而导致热量损失。

当加热管径在 150mm 以上的大管子时，需要用几个喷嘴同时加热。当第一个折皱处加热到管壁呈桃红色（约 900℃）时，立即开动卷扬机把管子拉弯一个角度。其角度大小应等于弯头的弯曲角度除以折皱个数 n 所得的值。

三、型材弯曲

在石油化工设备中有许多构件选用各种型钢制成。如塔内的塔板支承圈、容器的加强圈和保温支承圈等经常使用型钢弯制加工而成。因此型钢的弯曲也是化工设备制造中必不可少的工序之一。

型钢的弯曲指将各种型钢，如扁钢、角钢、槽钢和工字钢等，按需要弯制成形的一种加工方法。

型钢的弯曲也可分为冷弯和热弯两种。冷弯型钢可直接用弯卷机；而热弯型钢一般在平台上用胎具进行。

在型钢的弯曲中，以弯曲角钢、槽钢最为常见，因为冷弯生产效率高，质量可保证，劳动条件比热弯好，所以冷弯角钢很普遍。

型钢弯卷机与卷板机工作原理大致相同，只不过由于型钢弯卷时容易丧失稳定性，所以弯卷辊轴应有对应的形状，以阻止型钢发生扭曲和折皱。又因型钢宽度较小，故辊轴长度也相应短些；对于同种型钢截面形状相同，但弯卷方向不同时，则辊轴应有不同的形状。为了更换辊轴和型钢弯卷装卸方便，弯卷机可以设计成开式直立悬臂结构。

1. 三辊角钢弯卷机

图 4-56 所示为三辊角钢弯卷机。上辊是从动辊，可以上下移动，以调节适应工件弯曲半径。下辊均为主动辊。为控制角钢扭曲和皱褶的发生，可在上辊或下辊上开出环槽。图4-56（a）为弯卷法兰外边的情形，此时，将角钢外边缘嵌在下辊环槽中。相反，当弯卷法兰内边时，是在上辊开环槽，如图 4-56（b）所示。由于弯卷角钢边缘是嵌在辊轴环槽中进行，故完全控制了角钢弯卷中可能发生的扭转与皱褶问题。

与用对称式三辊卷板机卷圆筒一样，弯卷角钢箍时，角钢两头各有一段 100～300mm的直边，解决办法可以加长角钢下料尺寸，待卷制完成后割去两头直边；或者将角钢两端先在压弯机上使用胎具（模）压弯，以解决直边处的成形问题。

2. 转胎式型钢弯卷机

转胎式型钢弯卷机使用比较简单灵活。工作时被弯型钢的一端固定在转胎上。当转胎按一定方向转动时，型钢便绕在卷胎上而成型。图 4-57 所示为转胎弯卷原理，通过压轮施加的压力使型钢得以弯曲。

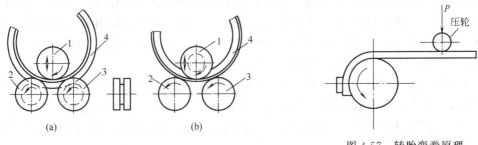

图 4-56　三辊角钢弯卷机
1—上辊；2，3—下辊；4—角钢

图 4-57　转胎弯卷原理

转胎式型钢弯卷机的转轴是直立的，转胎表面形状与被弯型钢相适应，为了弯卷型钢不起皱褶，除了转胎压轮外还采用辅助轮将型钢压紧到转胎上，如图 4-58 所示为转胎式型钢弯卷机的工作简图。同样，弯卷不同型钢需要更换形状不同的转胎、压轮和辅助轮。

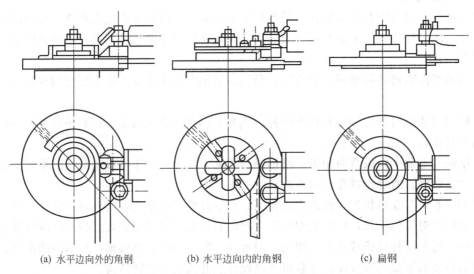

(a) 水平边向外的角钢　　　(b) 水平边向内的角钢　　　(c) 扁钢

图 4-58　转胎式型钢弯卷机工作原理

四、封头成型

化工设备的封头有平板形、锥形、碟形、椭圆形及球形封头。常用的有椭圆形和球形封头，它们的成型方法有冲压成型、旋压成型和爆炸成型。以冲压（即模压）和旋压成型最为常用。

（一）冲压成型

1. 封头的冲压过程及设备

冲压成型根据板厚和封头规格的大小，可采用冷冲压或热冲压，对于规格较小、厚度较薄的工件，可以采用冷冲压，较厚及规格较大的采用热冲压。封头的冲压成型是在水压机或油压机上进行，如图 4-59 所示为冲压封头示意。

冲压过程如图 4-59(b) 所示：将封头展开并下料成圆形的板坯加热后放置在下模正中；然后开动水压机或油压机，使活动横梁向下移动，当压边圈与圆形板坯接触后，启动压边缸将板坯边缘压紧；接着冲头向下移动，当冲头与板坯接触时，开动主缸使冲头向下冲压而对板坯进行拉伸，如图 4-59(b) 所示，直至板坯完全通过下模后，封头便冲压成型。随后开动提升缸和回程缸，将冲头和压边圈向上提起，与此同时，用脱模装置（挡铁）将包在冲头上的封头挡下来，并从下模支座上取出封头，结束冲压工作。

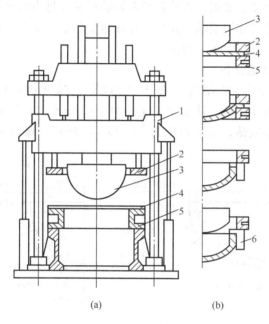

图 4-59　冲压封头示意

1—活动横梁；2—压边圈；3—冲头装置；

4—坯料；5—下模；6—脱模装置

2. 冲压封头的制造工艺

一般封头的制造工艺包括：备料、划线、下料、开坡口、组对、检验、拼焊、磨平焊缝、探伤、冲压成型、整形、检验、齐边等工序。

（1）拼板　封头一般采用整体冲压，当封头展开的圆形板直径大于钢板宽度时，只能拼接后冲压。此时其焊缝的布置应符合相关规定：封头各种不相交的拼焊焊缝中心线间距离至少应为封头钢板厚度的 3 倍，且不小于 100mm，封头由瓣片和顶圆板拼接而成时，焊接接头只允许环向和径向，径向焊接接头之间最小距离也不得小于上述规定，如图 4-60 所示。另外，拼接焊缝的位置应注意尽可能错开封头上的工艺接管、视镜及支座的安装位置，避免焊缝叠加或距离过近。

拼接后，打磨妨碍冲压部位（通常在封头弯曲边对应部位）的两面焊缝，使之与母材平齐，进入下道工序。

（2）板坯加热　封头冲压时，板坯的塑性变形很大，所以多数封头都用热冲压，特别是高压封头。冲压前，把板坯加热至始锻温度，放在压力机上冲压，到终锻温度时，停止冲压。典型材料的加

图 4-60　封头焊缝位置许可示意

热温度见相关制造工艺。

（3）冲压 放置板坯时应对中；冲压时，为了减少板坯与模具间的摩擦力、减少划伤以及提高模具寿命，在压边圈表面、下模上表面和圆角处涂以润滑剂。

（4）封头边缘余量的切割 封头边缘余量的切割设备、工作原理见图4-31。工作过程如下：封头置于转盘上并随之转动；机架上装有割枪固定设备，装有弹簧使滚轮紧靠在封头外侧，以控制割嘴与封头之间间隙不会随封头椭圆变化而影响切割。

放置封头时，一定要注意放正，让转盘的回转轴尽量和封头的回转轴线重合，割前应按照封头的规格、直边尺寸划好切割线，并检查保证割炬在整个圆周上正冲切割线。

如果条件具备，也可以在立车上切割余量。

3. 冲压封头的典型缺陷分析

封头冲压时常出现的缺陷主要有拉薄、皱褶和鼓包等。其影响因素很多，简要分析如下。

（1）拉薄 碳钢封头冲压后，其壁厚变化如图4-61所示。对于椭圆形封头，直边部分壁厚增加，其余部分壁厚减薄，最小厚度为 $(0.90\sim0.94)\delta$。球形封头由于深度大，底部拉伸减薄最多。

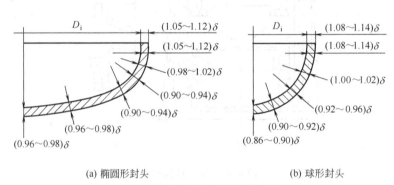

(a) 椭圆形封头　　　　　(b) 球形封头

图 4-61　碳钢封头壁厚变化示意

（2）皱褶 冲压时板坯周边的压缩量最大，其值为

$$\Delta L = \pi(D_p - D_m)$$

式中　D_p——坯料直径；

　　　D_m——封头中径。

封头越深、毛坯直径越大，周向缩短量也越大。周向缩短产生两个结果，一个是工件周边区的厚度和径向长度均有所增加，另一个是过分的压应变使板料产生失稳而折皱。板料加热温度不均、搬运和夹持不当造成坯料不平，也会造成皱褶。有的工厂根据实践总结出碳钢和低合金钢封头不产生皱褶的条件是：$D_p - D_m \leqslant 20\delta$ 肯定无皱褶，而 $D_p - D_m \geqslant 45\delta$ 必然有皱褶。

（3）鼓包 产生原因与皱褶类似，但主要影响因素是拼接焊缝余量的大小以及冲压工艺方面的原因，如加热不均匀、压边力太小或不均匀、冲头与下模间隙太大以及下模圆角太大等。

为了防止封头冲压时产生缺陷，必须采取下列措施：板坯加热均匀；保持适当而均匀的压边力；选定合适的下模圆角半径；降低模具（包括压边圈）表面的粗糙程度；合理润滑以及在大批量冲压封头时应适当冷却模具。

（二）旋压成型

1. 旋压成型的优点

整体冲压封头的优点是质量好，生产率高，因此适于成批和大量生产。其缺点是需要吨位较大的水压机，模具较为复杂，每一种直径的封头，就要有一个冲头。而且同一直径的封头，由于壁厚不同需要配置一套下模，为了生产各种规格的封头，就需制备很多套模具。模具不但造价高，而且需要较大场地堆积和妥善管理。旋压成型与之相比则不存在以上不足。

旋压成型是使毛坯旋转的同时，用简单的工具使毛坯逐渐变形，成为所需零件形状的一种加工方法。与零件尺寸相比，旋压时的变形区非常小，所以用很小的力就可加工出尺寸较大的零件。过去经常用这种方法制造旋转件和不能用拉伸法成型的零件，主要是薄钢板和有色金属零件。

目前旋压法是生产大型封头的主要制造方法。它的主要优点如下。

（1）旋压机的模具等工艺装备尺寸小、成本低，更换工装时间短，而且工装利用率高，同一模具可制造直径相同但壁厚不同的封头。

（2）设备轻，制造相同尺寸的封头，旋压机比水压机轻 2.5 倍左右。

（3）可以制造大直径薄壁封头，解决了大直径薄壁封头的皱褶问题。

（4）旋压法加工的封头的直径尺寸精度较高。

（5）旋压法因为不需要加热，因而加工不锈钢封头时，避免了加热造成的种种缺陷（如晶界贫铬而产生晶间腐蚀），加工后的封头表面没有氧化皮，大大减少了酸洗工作量。

2. 旋压成型的方法

旋压成型制造封头有联机法和单机法两种。

（1）联机法　联机法是用一台压鼓机，将圆形坯料逐点压成浅碟形，完成封头曲率半径较大部分的成型，如图 4-62 所示。然后再用一台翻边机，逐渐旋压成型，将碟形坯料翻边，完成封头曲率半径较小部分的成型，如图 4-63 所示。

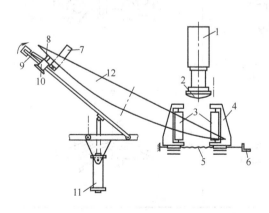

图 4-62　压鼓机工作示意

1—油压缸；2—上胎（下胎未画出）；3,7—导辊；4—
导辊架；5—丝杠；6—手轮；8—驱动辊；
9—电机；10—减速箱；11—压力杆；12—工件

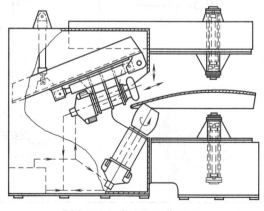

图 4-63　翻边机工作原理

这种方法占地面积大，需要成品存放地，工序间的装夹、运输等辅助操作多。但是机器结构简单，不需大型胎具，而且还可组成封头生产线，因此目前采用此法的仍然较多。表4-2 列出几种旋压封头工作原理图。

表4-2 几种旋压封头工作原理图

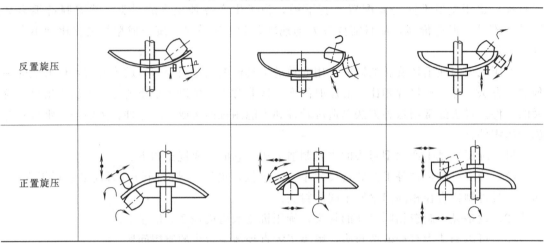

| 反置旋压 | | | |
| 正置旋压 | | | |

（2）单机法 单机旋压法是压鼓和翻边都在一台机器上完成。它具有占地面积小、不需半成品堆放地、生产效率高等优点，因此很受欢迎，为当前的发展趋势。单机旋压法又分为冲旋联合法、有胎旋压法、无胎旋压法等几种，见表4-3。

表4-3 几种封头单机旋压原理图

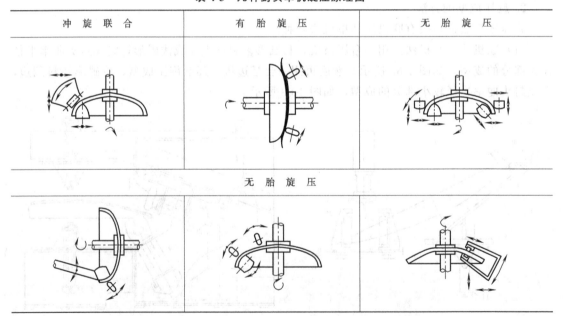

| 冲 旋 联 合 | 有 胎 旋 压 | 无 胎 旋 压 |
| 无 胎 旋 压 | | |

五、补偿器成型

温度较高的热交换器和管道上需要补偿器（膨胀节）进行热补偿，其结构形式多采用波形，断面如图 4-64 所示。补偿量大时应采用多波膨胀节。设备上用的膨胀节尺寸较大，一般采用冲压-焊接法制造，也有用滚压法制造的，如图 4-65 和图 4-66 所示。

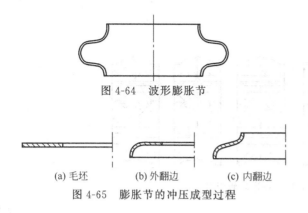

图 4-64　波形膨胀节

(a) 毛坯　　(b) 外翻边　　(c) 内翻边

图 4-65　膨胀节的冲压成型过程

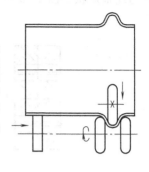

图 4-66　膨胀节的滚压成型

冲压式膨胀节先冲成两半，然后组焊而成。冲压的坯料是一环形板，先在外周翻边，类似于冲压封头，然后在内孔翻边。内孔翻边时主要是控制内周厚度减薄量，即限制原始孔径与成品孔径差。

滚压法要先焊制一圆筒，其内径与膨胀节的内径相同，然后放在滚压机上滚压成型。滚轮形状和膨胀节的圆弧半径相同。滚轮下压时在筒体轴向上应加一推力，使轴向长度缩短，以便尽量使鼓出去的部分在轴向主要是弯曲变形。但在周向上必然会有拉伸变形，若能使轴向缩短量有富余去补偿周向拉伸，则滚压后膨胀节的壁厚减薄量较小。

管道上用的直径较小的膨胀节也可以采用液压成型的方法，将需成型的管段放在模具中，管段两端封闭，管内充满液体加压鼓胀使管壁在模具的限制下成型。

六、半管成型

半管又称螺旋夹套，是大规格反应釜及发酵罐类设备的主要换热结构之一，如图 4-67 所示，它是将半圆形螺旋管盘绕在筒体上形成的夹套。具有筒体稳定性好，传热效果好，节省金属用量，设备造价低等优点，得到了广泛应用。

其制作方法是用 3～4mm 的板条在专用的机械设备上轧制而成。半管轧制过程示意如图 4-68 所示。板条经过平辊 1、2，成型辊 3～6 将板条逐步轧制成所需断面形状的半圆管形（或椭圆形）直条，7、8 辊则将半圆管形（或椭圆形）直条弯曲成所需的曲率半径。

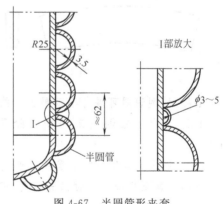

图 4-67　半圆管形夹套

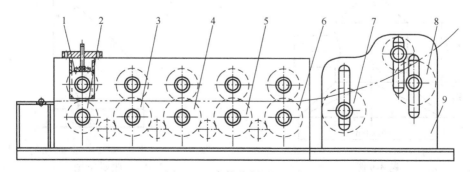

图 4-68　半管轧制过程示意

各道轧辊形状如图 4-69 所示。

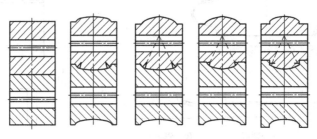

图 4-69　各道轧辊形状

复习思考题

4-1　化工设备的主要零部件有哪些？

4-2　钢材净化的方法有哪些？各有什么优缺点？

4-3　钢材矫形的实质是什么？常用矫形方法有哪些？各用于什么场合？

4-4　有一张中凸的薄板，请说明用锤击法矫平的方法及依据。

4-5　如图所示，热切割窄的板条时常发生在平面内微弯的变形，问可用什么方法矫形？采用什么手段可以减小变形的发生？

4-6　如图所示，厚 2mm、直径 $\phi400$mm 的塔盘焊后发生变形，如何矫形最为有效？

题 4-5 图　　　　　　　　　　　　　　　题 4-6 图

4-7　举例说明可展与不可展曲面的展开依据和方法。

4-8　为什么在划线工序中，除了考虑展图外，还要考虑加工余量、焊缝分布等因素？

4-9　请按题 4-9 图所示零件用硬纸板或薄铁皮等材料制作一个 1∶1 的模型。

4-10　等弧长法和等面积法求题 4-10 图所示零件的展开尺寸。

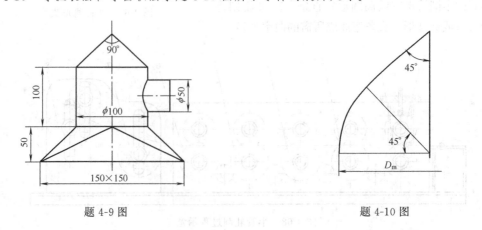

题 4-9 图　　　　　　　　　　　　　　　题 4-10 图

4-11　大型球形容器尺寸相同的球片数量不少，容器尺寸已经标准化，如若能够求出球片的精确展开尺寸，则无需切除余边，将有很好的经济意义（省材料、工时，精确），如何寻求此种精确展开方法？

4-12　如果螺旋面的外径为 D，内径为 d，螺距为 s，展开后为一开口的圆环（近似展图法），求圆环的内外径和张角。

4-13　氧气切割的实质是什么？实现氧气切割必须满足什么条件？

4-14　等离子切割的基本原理是什么？如何提高等离子切割的精度和速度？

4-15　电弧气刨有哪些用途？

4-16　边缘加工有哪些内容？其加工精度对设备制造有何重要性？通常采用哪些方法加工？

4-17　试解释等离子切割不受气割提出的几条特性限制的原因。

4-18　为什么等离子切割时切口背面有时渣吊得很长，而且难于清除，气割则相反？又问如何清除该熔渣最省事？

4-19　封头的环向坡口采用什么方法加工？

4-20　不锈钢设备常用哪种切割方法？

4-21　铝板的曲线坡口目前尚无理想方法，请提出合理加工方案。

4-22　常用卷板机有哪几种类型？简述其工作过程。

4-23　筒节卷圆前为什么要预弯？预弯的方法有哪些？

4-24　如何避免图 4-42 常见的几种卷圆缺陷？

4-25　试提出卷圆机快装轴承座的具体结构方案。

4-26　可否用卷板机卷锥形封头？

4-27　推、拉、压三种弯管机弯管坯时，断面上已不是纯弯曲，试问它对管子的局部变形有何影响？

4-28　试提出弯卷型钢的具体施工方案。

4-29　常见的封头类型有哪些？有哪些成型加工方法？

4-30　冲压封头常出现哪些缺陷？是什么原因造成的？

实景图

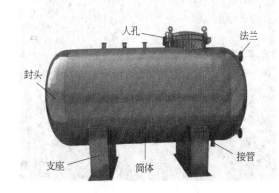

化工容器结构

容器制造原材料

钢板矫形机

钢板划线

剪板机

数控氧气切割

数控等离子切割

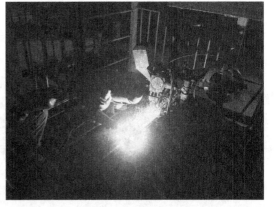

碳弧气刨

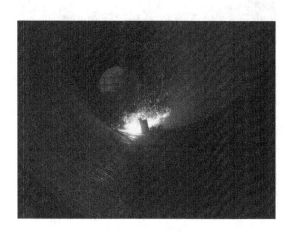

碳弧气刨清理焊根

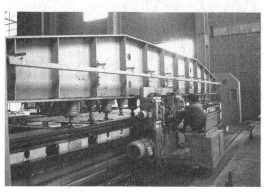

刨边机

封头边缘加工

三辊卷板机卷制圆筒

样板检查卷圆弧度

四辊卷板机

端部预弯

锥体

手动弯管机

自动弯管机

油压机

冲压模圈

水压机热冲压封头

冲压成型半球封头

冷旋压封头

热旋压封头

旋压成型椭圆封头 1

旋压成型椭圆封头 2

波形补偿器（膨胀节）

第五章 化工设备的组装

化工设备的组装就是把组成容器的零部件按技术要求组装成容器整体。其中，凡是利用焊接等不可拆连接进行拼装的工序称为组对，组对完后进行焊接以达到密封和强度方面的要求。凡是利用螺栓等可拆连接进行拼装的工序称为装配，装配完后设备就可试验、使用。

教学要求

① 熟悉设备组装技术要求；
② 了解组装工艺及设备。

教学建议

① 讲解设备组装技术要求时，可参照 GB 150—1998《钢制压力容器》进行讲解；
② 讲解组装工艺及设备内容时，应尽可能结合现场实习或参观进行教学。

第一节 设备组装技术要求

一、焊接接头的对口错边量

焊接接头的对口错边对化工容器有严重的危害，其主要表现如下。

（1）降低接头强度 焊缝错边会使焊缝的有效厚度减小，并因对接不平而造成附加应力，结果使焊缝成为明显的薄弱环节。当材料的焊接性较差，设备承受动载时，错边的危害性将更大。

（2）影响外观、装配和流体阻力 有的设备如列管式换热器及合成塔的筒体对焊口错边量限制较严，否则内件安装困难，内件与筒体之间由此会增加实际间隙致使设备的使用性能受到损害。

根据 GB 150—1998 规定，A、B 类焊接接头对口错边量 b（如图 5-1 所示）应符合表 5-1 的规定。锻焊容器 B 类焊接接头对口错边量 b 应不大于对口处钢材厚度 δ_s 的 1/8，且不大于 5mm。复合钢板对口错边量 b 应不大于钢板复层厚度的 5%，且不大于 2mm，如图 5-2 所示。

表 5-1 对口错边量的规定

对口处钢材厚度 δ_s/mm	按焊接接头类别划分的对口错边量 b/mm	
	A	B
≤12	≤1/4δ_s	≤1/4δ_s
>12~20	≤3	≤1/4δ_s
>20~40	≤3	≤5
>40~50	≤3	≤1/8δ_s
>50	≤1/16δ_s，且≤10	≤1/8δ_s，且≤20

注：球形封头与圆筒连接的环向接头以及嵌入式接管与圆筒或封头对接连接的 A 类接头，按 B 类焊接接头的对口错边量要求。

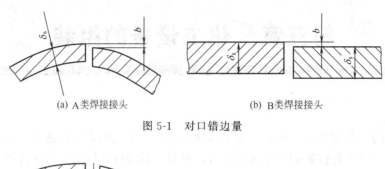

(a) A类焊接接头　　　　　　　　(b) B类焊接接头

图 5-1　对口错边量

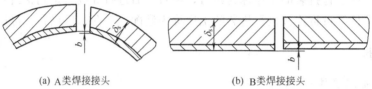

(a) A类焊接接头　　　　　　　　(b) B类焊接接头

图 5-2　复合钢板对口错边量

二、棱角度

棱角的不良作用与错边类似，它对设备的整体精度损害更大，并往往具有很大的应力集中。

根据 GB 150—1998 规定，在焊接接头环向形成的棱角 E，用弦长等于 1/6 内径 D_i，且不小于 300mm 的内样板或外样板检查（见图 5-3），其 E 值不得大于（$\delta_s/10+2$）mm，且不大于 5mm。

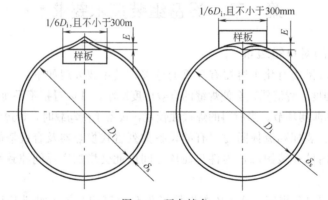

图 5-3　环向棱角

在焊接接头轴向形成的棱角 E（图 5-4），用长度不小于 300mm 的直尺检查，其 E 值不得大于（$\delta_s/10+2$）mm，且不大于 5mm。

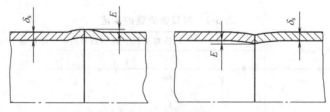

图 5-4　轴向棱角

三、筒体直线度

筒体直线度检查是通过中心线的水平和垂直面，即沿圆周 0°、90°、180°、270°四个部

位拉 $\phi0.5mm$ 的细钢丝测量。测量位置离 A 类接头焊缝中心线（不含球形封头与圆筒连接以及嵌入式接管与壳体对接连接的接头）的距离不小于 100mm。当壳体厚度不同时，计算直线度时应减去厚度差。

除图样另有规定外，壳体直线度允差应不大于壳体长度的 1‰。当直立容器的壳体长度超过 30m 时，其壳体直线度允差应符合 GB 150—1998 的规定。

第二节　组装工艺及设备

一、纵缝组对

纵缝组对的要求比环缝高很多，但纵缝的组对比环缝简单。对薄壁小直径筒节，可在卷圆后直接在卷板机上焊接。对厚壁大直径筒节要在滚轮座上组对。组对时需用各种工具或机械化装置来校正两板边的偏移、对口错边量和对口间隙，以保证对口错边量和棱角度的要求。最简单的工具是用 F 形撬棍或在板边焊上角钢用螺栓拉紧，如图 5-5 所示。图 5-6 所示为杠杆-螺旋拉紧器，两个 U 形铁 2 分别卡住纵缝两边，用螺栓 1 顶紧，转动带有左右旋螺纹的丝杠 4 可使板边对齐，转动带有左右旋螺纹的丝杆 5 可调节焊缝间隙。

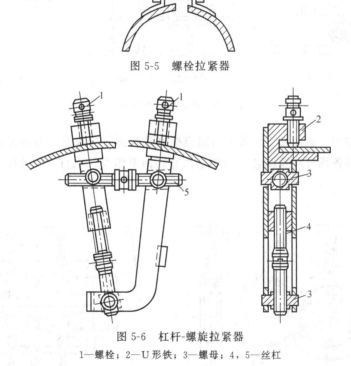

图 5-5　螺栓拉紧器

图 5-6　杠杆-螺旋拉紧器

1—螺栓；2—U 形铁；3—螺母；4，5—丝杠

图 5-7 所示为单缸油压顶圆器，它类似油压千斤顶，其活塞与活动顶头连成一体，当高压油进入油缸时，推动活塞，顶头便将圆筒顶圆。这种装置能校正较厚的筒节。

二、环缝组对

因为筒节或封头的端面在成型后，可能存在椭圆度或各曲率不同等缺陷，故环缝组对要比纵缝组对困难。如板边对不齐会产生对口错边量过大或不同轴等缺陷，因此环缝组对较复杂，工作量较大。

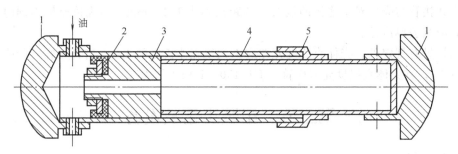

图 5-7 单缸油压顶圆器

1—顶头；2—皮碗；3—活塞；4—油缸；5—活塞盖

组对时所用工具形式较多，除上述几种外，还可用图 5-8 所示的四种方法来调整环缝间隙及对齐板边，所用数目根据筒节直径的大小可安装 4、6、8 个，均布在圆周上。

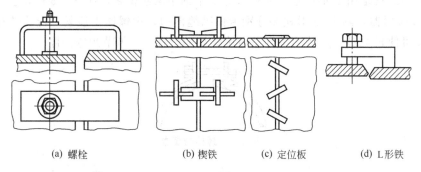

(a) 螺栓   (b) 楔铁   (c) 定位板   (d) L形铁

图 5-8 矫正错边的方法

筒节刚性较差时，可用图 5-9 所示的螺旋推撑器调整筒节端面，对齐板边。它有六或八根推杆，分别调整各推杆可矫圆，它适用于大直径筒节组焊。大直径刚性较差的筒节也可采取立式组对。

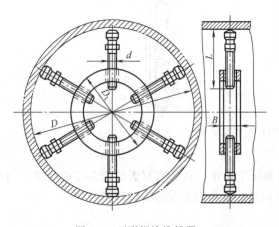

图 5-9 环形螺旋推撑器

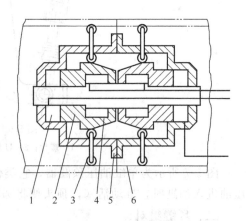

图 5-10 对中器

1—油缸；2—活塞；3—推杆；
4—撑紧锥；5—壳体；6—筒节

利用L形铁、环形螺旋推撑器组对焊缝属于手工操作，劳动量大，消耗工时多。机械化装备有对中器和气动或液动的组对卡子。例如有一种液压传动的内对中器，能在组对时矫正筒节端部100mm范围内20mm以下的圆度，它的主要工作部件是对中机构。如图5-10所示，包括两个对称布置的油缸、活塞、撑紧锥和推杆。推杆有两套，分别作用在两个筒节的端部。活塞带动撑紧锥，使各推杆向外移动相同的距离，从而使筒节端部矫正为正确的几何形状。两套撑胀器装在同一刚性壳体内，处于同一中心线上，所以两个筒节端部轴线也在一条直线上。每根推杆上有两个滚轮，备有几套长度不同的推杆，可根据筒节直径更换。

三、附件组装

（一）筒体开孔

为了连接接管和人、手孔，在设备筒体上开有许多孔，这些孔可以先划好线然后用气割切出。

首先在筒体上找孔中心，画好中心线并用色漆写上中心线编号，按图纸画出接管的孔，在中心和圆周上打冲印，然后切出孔，同时切出焊接坡口。装接管或人孔、手孔的孔中心位置的允许偏差为±10mm。对直径在150mm以下的孔，其偏差为−0.5～1.5mm；直径在150～300mm之间，偏差为−0.5～2.0mm；直径在300mm以上，偏差为−0.5～3.0mm，开孔可用手工气割或机械化气割。大型制造厂已采用机械化自动气割开孔机，其种类较多，有靠模和无靠模的，可在筒体上自动切出马鞍形轨迹的圆孔。

（二）接管组焊

接管指焊有平焊法兰或对焊法兰的短管节等。

把平焊法兰焊到短管上，必须保证短管与法兰间环向间隙的均匀性。短管外表面与平焊法兰孔壁间的间隙不应超过2.5mm。组对平法兰接管时，应把平法兰的密封面安放在组装平台上［见图5-11(a)］，孔内放一垫板，板厚度等于短管端部到法兰密封面距离k。短管插入法兰，端部顶在垫板上。保持管中心线对法兰密封面的垂直度及短管与法兰的间隙，定位焊后再把短管焊到法兰上。

组对对焊法兰接管时，先将法兰密封面向下，放在组装平台上。在法兰上放置短管，用垫板保持1～2mm间隙［见图5-11(b)］。注意保持管中心线对法兰密封面的垂直度，并防止短管与法兰焊接坡口相错的现象。短管定位点焊后再将短管与法兰焊牢。

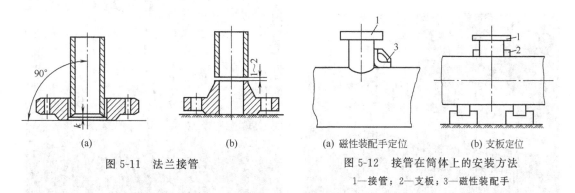

| (a) | (b) | (a) 磁性装配手定位 | (b) 支板定位 |

图5-11 法兰接管　　　　　　图5-12 接管在筒体上的安装方法

1—接管；2—支板；3—磁性装配手

接管在设备筒体上的安装和对焊，可采用下述办法（如图5-12所示）。先确定两块支板的位置（沿中心线），将支板点焊在短管上，以确保接管伸出长度与图纸尺寸符合，如果不用支板而用磁性装配手（一种 L 形磁铁，两边互相垂直），就不需点焊；有时为了可靠，也进行点焊，此时要注意防止磁性装配手退磁。当把接管插在筒体上时，接管应垂直，各有关尺寸应与图纸符合。按照筒体内表面形状在短管上划相贯线作为切断线，把接管从筒体上取下，按划的线切去多余部分，然后重新把接管插到筒体上，用电焊定位。去掉支板，把短管插入端修整得与筒体内表面齐平。接管与筒体的焊接顺序是先从内部焊满，从外面挑焊根后用金属刷子清理，再从外面焊满。为了防止筒体变形，焊接管之前，先在筒体内装入一个支承环。有些制造厂采用专用夹具，可以将接管迅速而正确地装在筒体上。

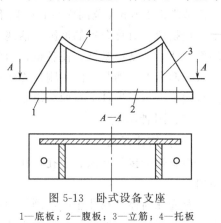

图 5-13 卧式设备支座
1—底板；2—腹板；3—立筋；4—托板

（三）支座组焊

卧式设备的支座主要类型如图 5-13 所示。组焊顺序为：在底板上划好线后，焊上腹板和立筋，要保证其与底板垂直。组焊鞍式支座时，将弯好的托板焊在腹板和立筋上。各底板应在同一平面内。翼板弯成筒体的形状，装在立筋上，然后焊在筒体预先划好支座的位置线上。

复习思考题

5-1　GB 150—1998 中有关焊接接头对口错边量的规定有哪些？

5-2　GB 150—1998 中有关棱角度的规定有哪些？

5-3　GB 150—1998 中有关筒体直线度的规定有哪些？

5-4　为什么环焊缝组对要比纵焊缝组对困难？

5-5　举例说明 1～2 种纵焊缝的组对方法。

5-6　举例说明 1～2 种环焊缝的组对方法。

实景图

滚轮架

筒节环缝组对

快开人孔

内闭式人孔

接管

厚壁接管

吊耳

鞍座

裙座

圈座

第六章 化工设备的焊接

化工设备大多数是由成型的钢板或型钢组对后，通过焊接而制成的。因此，焊接在化工设备制造中占有极其重要的地位，焊接质量的好坏，直接影响到化工设备的使用寿命和能否安全可靠地生产。

教学要求

① 了解容器制造常用焊接方法、焊接设备及适用范围；
② 了解几种典型材料焊接特点；
③ 了解焊接应力与变形的产生原因、预防和处理措施。

教学建议

① 尽可能采用多媒体课件辅助教学；
② 配合课堂教学组织参观。

第一节 焊缝的化学成分及焊接接头的金相组织

焊缝是由工件金属和焊芯金属构成的，所以焊缝的化学成分与工件间总会有某种差异，加之药皮甚至大气对它的影响，会使其金属性能发生变化。

焊缝是在自然状态下结晶的，属铸造类型组织，它与基本是轧制状态的工件是不相同的。近缝区的金属在焊接热的作用下也会发生组织变化，像经过了一次热处理一样，因而焊接接头的金相组织与工件也不相同。焊接接头的金相组织也是决定金属性能的重要依据。

一、焊缝的化学成分

在真空中或严格的惰性气体中焊接，焊缝的化学成分可以由焊缝中工件金属、焊芯金属所占的比例和它们的成分来定；但对于用药皮焊条的手工电弧焊，电弧气体和起保护作用的渣都对焊缝成分有很大影响。

（一）电弧气体

电弧气体主要取决于电弧焊方法，保护气体电弧焊以保护气体为主，药皮焊条的手弧焊以药皮燃烧放出的气体为主。电弧周围的气体、工件表面杂质和吸附物、金属的蒸气等都会对电弧气体成分有影响。对焊接质量影响较大的气体有氧化性气体（O_2、CO_2）、氮和氢等。

1. 氧化性气体

（1）气体来源 当保护不良，如风力过大、电弧拉得过长等，空气中的氧气会侵入电弧；药皮中的一些造气剂燃烧时有的也会放出 CO_2。

（2）氧化性气体的作用 氧对焊缝金属的直接作用是使焊缝金属中大量有益元素被氧化。一方面，氧在高温下分解成活泼的氧原子，直接氧化熔池中的金属元素，另一方面，熔池中的 FeO 能使其他比铁活泼的元素间接被氧化。其对焊缝质量的危害如下。

① 烧损合金元素 焊接材料中的锰、硅等元素都是保证焊缝金属性能所必需的，这些元素的烧损会降低焊缝金属的强度、硬度和塑性。

② 阻碍焊接过程 有些金属的氧化物熔点很高（如铝）或黏度大（如硅），它们妨碍金属加热和液态金属流动，阻碍液态金属与半熔化的工件金属结合，使焊接过程难以进行。

③ 产生气孔、夹杂 有些金属焊接时焊缝中的气孔与焊缝中的含氧量有关，如钢中的 FeO，它在熔池结晶后期与含碳较高的液体铁水相遇会发生碳对它的还原反应，生成的 CO 就会促成气孔的形成。

氧化物，尤其是焊接过程中产生的极细小的氧化物较难从液体金属中上浮，常以夹杂形式残留在焊缝中。

④ 降低焊缝性能 氧化物常以显微夹杂物存于晶粒边界，对金属的静机械强度损害较小，但对塑性、韧性、抗疲劳性和耐腐蚀性却有明显的影响，尤其是对耐腐蚀性影响更大。

（3）解决氧化问题的措施 对于氧化问题突出的金属材料最好采用氩弧焊。焊接一般钢材时可以采用药皮手工电弧焊，此时除电弧气体和熔渣进行保护并注意操作因素（如防风、短弧）外，还要进行脱氧，或消除氧化物带来的危害。

2. 氮气

除少数钢种本身含氮外，焊缝中氮的来源是空气。

氮进入焊缝后，除溶入铁外常以 NO 和 MnN、SiN、Fe_4N 等形式存在。溶解的氮在铁水凝固时由于溶解度骤降而形成小气孔；铁的氮化物以针状夹杂物形式分布于焊缝中，严重降低低碳钢焊缝的塑性和韧性，对动载下工作的结构极为不利。

氮一旦侵入焊缝就很难消除。控制氮的措施主要是选用能严密隔绝空气的焊接方法，手工电弧焊还可以采取控制焊接规范、控制焊丝成分等方法。

3. 氢气

（1）电弧气体中氢的来源 凡含氢的物质在电弧高温下会分解放出氢而成为氢的来源，如各种各样的水分，所以电弧焊时，焊缝金属中常有氢的侵入。氢原子在固态铁中有一定的扩散能力，所以不但焊缝金属会增加含氢量，甚至热影响区金属也会增加含氢量。

（2）氢在焊缝中的存在形式 氢在 Fe、Ni、Cu、Cr、Mo 中以固溶体形式存在，而在 Ti、Zr、V、Nb 中可形成稳定的氢化物。

（3）氢对焊接接头性能的影响 氢对接头的影响是使材质韧性降低，其次是在液体金属凝固时由于溶解度骤降，过饱和氢来不及析出而造成气孔。

氢的脆化作用和氢的存在形式有关。当形成稳定的氢化物时，它与金属基体的结合面只有很小的变形能力，当金属承受较快的变形速度时这种结合面会成为裂纹的根源，致使材料加快破坏。变形速度越快，氢化物的脆化作用越明显。若氢与金属中晶界上的氧化物发生反应生成 H_2O，则气态状的 H_2O 会把晶界撑开，氢与钢中的碳若生成 CH_4 也有这种破坏性作用。

当氢以固溶体的溶质形式存在时，氢原子可以在金属中扩散移动，称为扩散氢。造成扩散的动力有浓度差、过饱和以及过饱和程度差等。造成过饱和或过饱和程度差的原因可能是由于温度变化，或者是由于金属晶格形式的变化。扩散氢在金属中的某种组织缺陷（尤其是空隙性缺陷）处集聚，由原子结合成分子，会形成巨大的介质压力，使这些缺陷逐步扩大，甚至发展成宏观裂纹。含氢金属在拉伸试验时断面上出现的"白点"就是材料被拉伸时由于塑性变形产生了晶格缺陷，扩散氢向这里集聚生成氢分子而将金属撑裂的结果。扩散氢的危害作用有一个特点，就是需要时间，从发生到发展、最后导致某种破坏结果是一个过程，这段时间的长短，与扩散氢含量、扩散能力（金属组织、温度等）有关。

（4）减少接头中含氢量的措施

① 控制焊接区水分 除焊接方法、焊接材料要认真选择外，焊口表面要清理与干燥，焊接材料要除潮烘干，要严格执行有关规范。

② 冶金处理 在药皮和焊剂中加入 CaF_2 和 SiO_2，能使原子态的氢转变成不溶于液体金属的 HF，药皮中 $CaCO_3$ 受热分解出 CO_2 与氢反应亦生成不溶于液体金属的 OH，从而减小氢对焊缝的危害。

③ 控制焊接规范 实践表明，采用较小的焊接电流及用直流反接可减少焊缝中的含氢量。

④ 焊后脱氢处理 焊后立即使工件在较高的温度下保持一段时间，使扩散氢迅速向金属外扩散逸出，从而避免其扩散到组织缺陷处产生麻烦。对于碳钢和非奥氏体合金钢可用 250℃ 加 6h 的规范保温，若加热至 350℃ 只需保温 1h 即可，若焊后立即加热至 600℃ 就能迅速脱氢。

（二）焊接熔渣

熔渣的主要成分是一些氧化物和其他化合物。药皮焊条手工电弧焊和埋弧自动焊都使用相当数量的熔渣去保护熔化金属，它们除起机械隔绝作用以防止空气的危害外，还可以溶解某些难溶的氧化物或吸收由熔化金属中排出来的化合物。熔渣与熔化金属发生反应会对焊缝化学成分有一定影响。

1. 熔渣的氧化性

当熔渣中含的氧化物遇到熔化金属中更为活泼的元素时，活泼元素就会把氧化物中较不活泼的元素还原出来，这样，活泼元素就受到损失。因此，在焊接活泼金属如 Ti，Al 等时一般都不采用熔渣保护。铝焊条用的药皮主要成分是一些相当稳定的 Li、Na、K、Ca 等的卤族化合物，气焊铝用的焊粉也类似。但在焊铁基合金时，仍广泛采用一般氧化物（如 SiO_2，MnO）构成的熔渣保护，在这种情况下，熔渣对焊接金属也表现出某种程度的氧化性。当然，这比之于大气的氧化性就要轻微很多。

2. 熔渣的脱硫、脱磷反应

硫和磷是钢中的有害杂质，硫造成热脆、磷造成冷脆，都会加大裂纹倾向，这在焊接时更为突出。当遇有硫、磷含量偏高，或需要严格防止硫、磷侵入焊缝时，可通过选用合适的熔渣来脱除焊缝中的硫、磷。

（1）用锰脱硫 含在药皮中的金属锰可与硫生成硫化锰，一般进入渣中，即使残留在焊缝中也是以粒状形式存在，对金属的常温力学性能影响不大，也不会形成晶界上的熔化层而使金属呈热脆性。在适当条件下，渣中的 MnO 也有助于脱硫。

（2）用 CaO 脱硫 CaO 与 FeS 反应生成 CaS，CaS 不溶于铁水而进入渣中。这种反应在碱性焊条焊接时较易进行。

（3）脱磷 脱除焊缝金属中的磷要分两步：

$$2P+5FeO \longrightarrow 5Fe+P_2O_5$$

$$P_2O_5+3CaO \longrightarrow (CaO)_3 \cdot P_2O_5$$

碱性焊条中，游离的 CaO 较多，同时还含有 CaF_2，有利于脱磷，但碱性焊条中不允许含较多的 FeO，故碱性焊条脱磷效果不理想。而酸性焊条含 CaO 很少，脱磷能力更差。

总的看来，不能指望靠焊接过程来脱硫、磷，根本的措施是应当严格控制母材和焊接材料及药皮中的硫、磷含量。

(三) 焊缝成分的调整

为使焊缝达到既定的成分要求，需要对焊缝成分进行调整。调整的基础是工件的成分，调整的要求是保持原成分，或者要增加、减少某些元素的含量。

1. 减少元素含量的方法

可以用烧损和稀释的方法来减少某元素的含量。烧损法适用活泼元素，如钢中的含碳量，通常希望焊缝中含碳量低一些。烧损法对降低量不易控制准确。稀释法主要是采用该元素含量低的填充焊丝，再配合开坡口、降低工件熔深（减小电流、适当提高焊速）等措施，效果明显且控制较准确。

2. 增加元素含量的方法

为了补偿焊接过程中某元素的烧损，改善焊缝组织性能，必须对焊缝化学成分进行调整，增加某元素的含量。向焊缝里有意识增加某元素为渗合金或合金化。渗合金可以通过以下几种方式进行。

(1) 合金焊芯 将需要渗入的元素加入焊芯中，这样能使渗入量稳定、均匀，合金利用率高。但焊芯要由冶金部门供应，会受到牌号、规格的限制，有的成分（如硬质合金类）不便轧制成丝，灵活性差些。

(2) 合金药皮 将需要的合金元素加入焊条的药皮中，合金元素不是以单质形式而是以铁合金形式存在，这在焊铁基合金时较经济。此法的优点是简便灵活，制造容易，但渗入量不太稳定，在电弧中烧损较多，合金利用率低，多用于少量渗合金的场合。

(3) 管状焊芯 把低碳钢带卷成细管，在其内填入需要渗入的合金元素的铁合金粉末，然后经拉拔使管内的填充物紧实就成管状焊丝，若切断并在外涂保护性药皮（多是碱性）就称管状焊条。此法兼有上述两法的优点，很容易调整合金元素的品种和数量，过渡系数较高。

(4) 合金粉末 将需渗入的合金按比例配制成一定颗粒度的粉末送到焊接区，或直接洒在坡口上，使其在电弧作用下与金属熔合。该法合金比例可任意配制，合金损失不大，但合金的均匀性差。

二、焊接接头的金相组织

由于焊接热源的高温作用，不仅使被焊金属熔化，而且使与熔池接邻的母材也受到热作用的影响。这种受焊接热作用影响的母材部分称为热影响区。焊接接头是焊缝、熔合区和热影响区的总称。

随着热源沿焊件移动，焊件上某点的温度经历着一个随时间由低到高达到最大值后，又由高到低的变化过程。焊接时这种温度随时间的变化关系称为焊接热循环。由于各点离焊缝中心距离不同，其最高温度也不同，各点的热循环曲线如图 6-1 所示。

根据焊件的成分、热处理规律和原始状态，结合接头内各点的热过程特征就可以得到接头的金相组织。现以低碳钢为例来进行说明。

(一) 焊缝金属的组织与性能

焊缝金属由熔池的液态金属凝固而成。熔池金属由高温冷却到常温，一般要经过两次组织变化。第一次是从液态转变为固态（奥氏体）时的凝固结晶过程，称为第一次结晶；第二

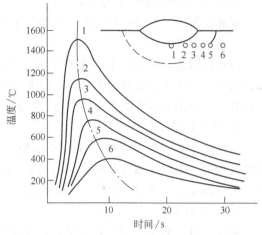

次是当焊缝金属温度低于相变温度时发生的组织转变，称为焊缝二次结晶。常温下看到的焊缝组织就是二次结晶的结果。

1. 焊缝金属的一次结晶

熔池的结晶是从熔合线上开始的。因为熔合线是熔池中温度最低的地方，散热条件最好。随着电弧的移动，熔池开始冷却凝固，熔合线上母材就成为附近液态金属的结晶起点，焊缝晶粒就从这里生长。结晶方向和散热方向相反。由于熔池是立体的，所以晶粒是从除电弧前进方向以外的三面熔合线朝熔池中心生长的。因熔池体积小散热快，散热方向单一，加上晶粒之间互相阻碍，无法向

图 6-1　焊接接头上各点的热循环

横向发展，只能沿长度方向生长，故焊缝中大都形成柱状晶粒，如图 6-2 所示。

焊缝金属结晶的特点在于周期性。熔化金属开始结晶成奥氏体时，靠近已冷金属处先行结晶，形成沿金属熔池轮廓的一层结晶层，如图 6-3 所示。在这过程中放出大量的凝固热，使以后散热条件变差，结晶过程暂时停顿。只是在液态金属进一步冷却后才生长下一层结晶。故焊缝金属的结晶过程是有顺序地间断地进行的，因此其断面组织呈现层状组织的特征。

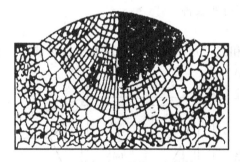

图 6-2　焊缝金属的一次结晶

右—结晶过程中；左—结晶完成后

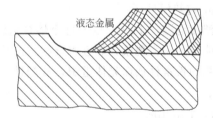

液态金属

图 6-3　焊缝金属一次结晶的层状组织

焊缝金属的体积虽然很小，但化学成分并不是均匀的。焊缝中的合金元素及杂质都存在着偏析现象，这也是造成气孔和裂纹的一个原因。

在每个柱状晶内部，结晶中心是熔点较高的纯金属，而表面部分含有熔点较低的合金元素与杂质，这种存在于晶粒内部的化学成分不均匀现象称为微观偏析。除微观偏析外，在结晶过程中还会造成整个焊缝化学成分不均匀现象，称为宏观偏析。这是由于焊缝内各部分温度不均匀，散热条件不同，先结晶的区域析出的固相是熔点高的较纯金属，而残余的液相中则是熔点低的共晶体和杂质，最后聚集在一起造成偏析，成为焊缝的薄弱区。

2. 焊缝金属的二次结晶

焊缝金属凝固后，由奥氏体转变为铁素体和珠光体。但因焊缝冷却速度快，铁素体不能全部析出，使珠光体含量较多，且因冷却速度快，金属的硬度和强度有所提高，塑性和韧性有所下降。

(二) 热影响区的组织与性能

低碳钢焊接接头的热影响区里组织变化从低温到高温有以下几个类型。

1. 蓝脆温度区

温度范围是 200～500℃，尤其是 200～300℃。此温度区受热可能使原来正火冷下来的低碳钢中的铁素体析出过饱和碳，在晶界上出现非常细小的渗碳体，使钢塑性有些下降，加之这处温度下钢表面生成蓝色氧化物，故名蓝脆区。

2. 再结晶温度区

大约从 450～500℃开始一直到珠光体转变成奥氏体的温度 A_{c1}。若材料在焊接之前经过冷塑性变形，则焊接热将使其恢复与再结晶，消除了冷作硬化，塑性改善，强度和硬度降低。若材料焊前并无塑性变形，则无此区。

3. 部分相变区

温度在 A_{c1} 到亚共析钢完全奥氏体化温度 A_{c3}。此温度范围内低碳钢的珠光体首先在 A_{c1} 后转变成奥氏体，然后温度升高时铁素体向奥氏体溶解，温度接近 A_{c3} 时铁素体接近全部溶解。冷却下来时一般还是复原成大量的铁素体和少量的珠光体，经这样一个来回的变化，会在发生转变的那部分中收到细化晶粒的效果，但升温时剩下的铁素体却可能粗化，因而总的是晶粒不均匀，相对晶粒均匀的组织塑性稍差些。

4. 正火温度区

温度在 A_{c3} 以上，一直到 1100℃。低碳钢此时都变成奥氏体。称为正火是因为这确实是低碳钢正火处理的加热温度，而且焊接的冷却速度一般都超过空冷，但低碳钢又很难淬火，故得到的是较细的珠光体和铁素体组织，性能有些改善。

5. 过热温度区

温度范围在 1100℃以上直至熔合边缘——固相线。这个区内的金属处于过热状态，晶粒有明显的长大现象，邻近熔合线最严重。冷后得到较粗的铁素体加珠光体组织，故塑性、冲击韧性降低。

6. 半熔化区

温度区间是固相线到液相线，即开始熔化到完全熔化的范围。这一区段里金属不单有过热问题，还可能有熔化金属与未熔化金属是否能熔合的问题，研究表明，在半熔化区内焊接材料尚未干扰其化学成分，仍全是工件成分，凝固结晶不成问题。在一般情况下，可把半熔化区并入过热区不单独分析。

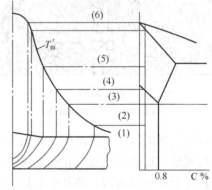

图 6-4 低碳钢接头上热影响区温度分布

上述六个区的总宽度称为热影响区，总体看热影响区的性能要比母材差。低碳钢接头上热影响区温度分布如图 6-4 所示。图中（1）～（6）分别对应上述六个区。

第二节 常见焊接缺陷

焊接时由于焊接条件不当可能产生各种缺陷，而这些缺陷对焊接接头质量会带来很大影响。

一、焊缝外部缺陷

焊缝外部缺陷主要位于焊缝外表面，焊缝的熔渣清理以后，用肉眼或低倍放大镜可以发现。焊缝外部缺陷主要有以下几种。

1. 焊缝尺寸不符合要求

焊缝外表形状高低不平，焊波宽度不齐，尺寸过大或过小，角焊缝单边及焊角不符合要求等，均属焊缝尺寸不符合要求，如图 6-5 所示。焊缝尺寸不符合要求时，将影响焊接接头的质量。尺寸过小，使接头承载能力降低；尺寸过大，不仅浪费焊接材料，还会增加焊件变形；过高的焊缝会造成应力集中。

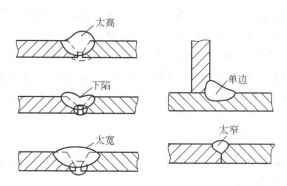

图 6-5　焊缝表面尺寸不符合要求

产生上述缺陷的主要原因是：焊件坡口开得不当或装配间隙不均匀；焊接电流过大或过小；焊接速度不当或运条不正确；以及焊条角度太大或太小，埋弧自动焊时焊接规范选择不当等。

2. 咬边

焊接后，母材与焊缝边缘交界处的凹下沟槽称为咬边，如图 6-6 （a）所示。咬边不但减少了基本金属的工作截面，降低了承载能力，还会产生应力集中。因此，对重要结构，不允许存在咬边。

产生咬边的主要原因是：电流过大；电弧过长；焊接速度太快，焊条角度不当等。

3. 弧坑

在焊缝收尾或焊缝接头处低于母材表面的凹坑称为弧坑，如图 6-6 （b）所示。弧坑内常产生气孔、夹渣或裂纹，所以熄弧时应把弧坑填满。

产生弧坑的原因主要是：熄弧过快填充金属量不够或薄板焊接时电流过大填充金属被吹走。

4. 焊瘤

焊接时熔化金属流溢到加热不足的母材上，而未能和母材熔合在一起的堆积金属称为焊

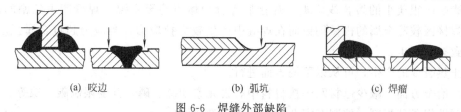

（a）咬边　　　　　　　　　（b）弧坑　　　　　　　　　（c）焊瘤

图 6-6　焊缝外部缺陷

瘤，如图6-6（c）所示。焊瘤不仅影响外形美观，而且在焊瘤下面常有未焊透存在。

产生焊瘤的原因主要是：电流过大；电弧太长；运条不当等。

二、焊缝内部缺陷

焊缝内部缺陷主要有气孔、夹渣、裂纹及未焊透等。这些缺陷要用射线检测、超声波检测、磁粉检测及渗透检测等来检查。

1. 气孔

焊接气孔存在于焊缝表面或内部。最常见的形状是圆形或椭圆形，且边缘光滑。它不仅使焊缝有效截面积减少，降低了强度和致密性，还会使焊缝塑性、冲击韧性降低。

焊接中常见的气孔有两种：一种是氢气孔；一种是一氧化碳气孔。氢气孔主要是熔池冷却过快，使之来不及逸出而留在焊缝内所形成的。一氧化碳气孔则是碳与氧或者碳与氧化铁反应后所生成的一氧化碳气体在焊缝冷凝时来不及逸出而形成的。

产生气孔的原因是熔化金属在高温时吸收了过多的气体，冷却时气孔在金属中溶解度下降，溶解的气体及冶金反应产生的气体要浮出，因金属冷却太快来不及浮出就产生了气孔。故焊前要对工件清理干净，焊条要烘干，采用短弧焊接或预热，选用合理的焊接规范。

2. 裂纹

裂纹又称裂缝，这是最严重的焊接缺陷，降低了接头处的抗拉强度，直接影响设备的安全运行，化工设备不允许存在。

3. 夹渣

在焊接过程中，若金属冷却太快、熔渣浮起太慢，就会使熔渣夹入焊缝金属内而造成夹渣。溶渣密度过大或太稠，焊缝金属脱氧不足，电弧过长等也能造成夹渣。焊缝夹渣使强度、冲击韧性及冷弯性能均下降。

4. 未焊透、未熔合

焊缝未焊透是指焊接接头的局部未被焊缝金属完全充填的现象，多见于焊缝根部和X形坡口中心部位。未熔合指焊条金属与母材金属未完全熔合成一整体。由于未焊透削弱了焊缝的有效截面积，因此降低了焊缝的承载能力，使机械强度下降。未熔合间隙较小，类似于裂纹存在，易造成应力集中，危害性较大。

产生未焊透、未熔合的主要原因是：焊接电流太小；焊接速度过快以及坡口开得不正确等。

三、焊接裂纹

裂纹是焊接生产中比较普遍而又危害严重的缺陷，从裂纹产生的本质看，可将裂纹分成以下三类。

1. 热裂纹

热裂纹是在熔池结晶后期产生，又称为结晶裂纹。热裂纹主要出现在焊缝中，有时也出现在热影响区很狭小的熔合线附近。焊接后焊缝由熔点冷至室温，焊缝产生急剧的体积收缩，受焊接区较冷金属的机械约束而在焊缝中产生较大拉应力，当应力超过金属强度极限，就会导致裂纹产生。

防止热裂纹的产生，可从以下两方面进行。

（1）冶金方面　减少母材及焊接材料中有害元素如硫、磷，并要限制碳、镍等。重要结构采用碱性焊条和焊剂，控制有害杂质，减少热裂纹倾向。

（2）工艺方面 主要是改善焊接时应力因素。首先选择合理的焊接规范，采用小电流、多层焊；其次采用熔深浅的接头；再有就是使焊缝能在较小刚度下焊接，使焊缝有收缩的可能，减小焊接应力。

2.冷裂纹

冷裂纹是在 200～300℃马氏体转变温度以下产生的。主要发生在中碳钢、高碳钢、合金结构钢以及钛合金的热影响区。冷裂纹的产生就其本质而言主要是由焊接热影响区的低塑性组织、焊接接头中含氢量及焊接应力三个方面的因素综合作用的结果。冷裂纹可以在焊后立即产生，也有时要经过一段时间才出现。

防止冷裂纹的产生，可从以下两方面进行。

（1）严格控制焊接材料 一般淬硬倾向较大的钢种，多选用低氢型焊条，并注意烘干，个别情况可用奥氏体焊条。

（2）采用合适的焊接规范 应尽量选用小电流，多层焊。大电流虽可降低冷却速度，但易使金属过热，产生粗晶组织，反而增加了淬硬倾向，促使冷裂纹的产生。焊前预热，不仅可降低冷却速度，防止淬硬，另外还有去氢作用。焊后将工件用石棉布、石棉灰盖上，用以减缓冷却速度，防止淬火。焊后立即热处理，对消除应力和去氢有极重要的作用。

3.再热裂纹

再热裂纹主要发生在高强度钢焊后热处理和高温条件使用的构件中，其部位在近缝区的粗晶区中，具有晶间断裂性质。再热裂纹很小，用肉眼和射线检查不易发现，断面呈氧化状态。

再热裂纹的形成机理至今无明确定论，目前，一般认为在再加热时，由于第一次加热过程中过饱和固溶的碳化物（钒、钼、铬等的碳化物）再次析出造成晶内强化，使滑移应变集中于原先奥氏体晶界，当晶界的塑性应变能力不足以承受松弛应力过程中所产生的应变时，就产生再热裂纹。也有的认为是在消除应力退火过程中由于蠕变而发生的。在低合金钢中含钒、铬、钼、铌等较多时，退火容易引起析出硬化，使晶粒内部蠕变困难，蠕变就集中在晶界，晶界在蠕变时产生滑移而出现显微裂纹，并沿晶界成长而形成再热裂纹。另外，高强钢在退火温度下在粗晶区晶粒内部析出细微的复合碳化物，造成晶界脆化，也是再热裂纹产生的重要原因。

防止再热裂纹的产生，主要是：控制母材的化学成分，特别是钼、钒会促使再热裂纹产生，其次是铬、铌、钛；预热可减少残余应力和过热区硬化；尽量减小焊接区的应力集中等。

第三节 焊接应力与变形

焊接是一个局部加热过程。由于局部的膨胀和收缩而导致整体形状和尺寸的变化，称为焊接变形；由于各部分变形不协调和彼此之间的相互约束，故产生内应力。焊接应力与变形直接影响到产品的质量和使用的安全。

一、焊接应力

1.焊接应力种类

根据焊接应力产生的原因不同，可以分为热应力和组织应力；根据焊接应力作用的方向不同，可以分为纵向焊接应力和横向焊接应力；根据焊接应力在空间方向的不同，又可分为单向应力、双向应力和三向应力。严格地说，焊件中的应力应为三向应力。但对薄板，其焊接应力主要为单向或双向应力。单向应力对焊件的强度影响不大，有时不必消除；但若板厚大于 25～30mm，则焊缝存在双向或三向应力，焊缝金属的强度及冲击值将显著下降，因此应采取一定的措施以减小和消除焊接应力。

2．焊接应力产生的原因及危害

焊接应力是焊接过程中焊件被加热或冷却时体积变化受阻而产生。在焊接过程中引起体积变化的主要原因是：由于温度降低体积收缩和低温时组织转变而引起的体积变化。

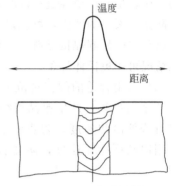

图 6-7　焊接接头最高温度分布

（1）热收缩对焊接应力的影响　已凝固的焊缝金属在冷却过程中，由于垂直焊缝方向上各处温度差别很大，如图 6-7 所示，结果高温区金属的收缩会受到低温区金属限制，而使这两部分金属中都引起内应力。一般情况下，高温区金属内部存在拉应力，低温区金属内部存在压应力。这种由于冷收缩受阻而产生的焊接应力称为热应力。热应力是焊接应力中最主要的形式。

（2）组织转变对焊接应力的影响　焊缝金属和热影响区金属在加热和冷却过程中，将产生组织转变。由于各种组织的密度不同，在组织转变过程中，焊缝区金属因体积膨胀或收缩而产生的焊接应力称组织应力。

焊接应力的危害主要表现在以下几个方面。

（1）降低焊接区金属的塑性和抗疲劳强度　焊接区的应力状态复杂且数值有时很高，高应力区常常发生过塑性拉伸，降低材料的塑性及工件的抗疲劳强度。这对承受动载荷的结构危害很大。

（2）促成焊接裂纹　焊接区收缩因受阻而发生拉应变，当超过该材料的最大拉应变时，则会在焊接区造成裂纹。

（3）加快应力腐蚀速度　在拉应力作用下会加快应力腐蚀速度。

（4）降低焊件精度　焊接应力会在温度、时间等的作用下逐渐降低，这种降低会使焊接件的整体形状、尺寸发生一些变化。

3．减小和消除焊接应力的措施

减少和消除焊接应力的措施包括设计、工艺及焊后处理三方面。

（1）设计方面　关键是正确布置焊缝，避免应力叠加，降低应力峰值。

① 焊缝布置应尽量分散并避免交叉。对筒体纵缝一般要求间距在 100mm 以上。尽量不采用交叉焊缝，以免出现三向应力，图 6-8（a）形式是不合理的，应改为图 6-8（b）形式。但并非交叉焊缝绝对不可有，在制造大型容器时，为便于采用自动化程度较高的工艺装备，提高生产率，对那些塑性较好的材料（低碳钢、16Mn 钢等）也可采用十字交叉焊缝结构。如对大型球形容器我国规定了两种并行的焊缝拼接法，如图 6-9 所示。

② 避免在断面剧烈过渡区设置焊缝。如圆角半径很小的折边封头过渡区、非等厚连接处等属于断面剧烈过渡区。断面剧烈过渡区存在应力集中现象，断面厚薄（粗细）悬殊会造成刚性差异和受热差异悬殊，增大焊接应力，故应避免。当不可避免时，可将厚件削薄实

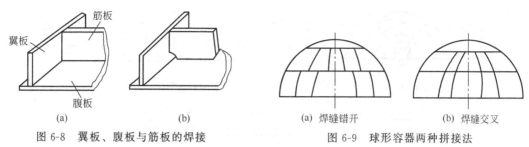

图 6-8　翼板、腹板与筋板的焊接

图 6-9　球形容器两种拼接法

现等厚连接，如图 6-10 所示为较合理的结构。削薄的具体尺寸详见 GB 150—1998《钢制压力容器》。

③ 改进结构设计，局部降低焊件刚性，减少焊接应力。厚度大的工件刚性大，为防裂可开圆槽。图 6-11 所示为列管式换热器的管板与筒体及管板与管束焊接结构。

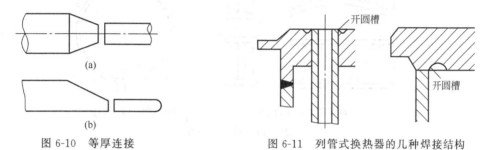

图 6-10　等厚连接

图 6-11　列管式换热器的几种焊接结构

（2）工艺方面

① 采用合理的焊接顺序。基本原则是：让大多数焊缝在刚性较小的情况下施焊，以便能自由收缩而降低焊接应力；收缩量最大的焊缝先焊，如结构中既有对接焊缝，又有角焊缝，应先焊对接焊缝，后焊角接焊缝。

② 采用合理的施焊方法。对于薄焊件的长焊缝，可采取如图 6-12 所示的施焊方法；对厚板多层焊可采用如图 6-13 所示几种焊法；另外应尽量采用对称施焊方法，如图 6-14 所示为工字梁及容器环缝的施焊方法。

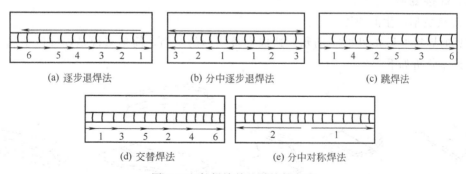

图 6-12　长焊缝的几种施焊方法

③ 采用焊前预热。预热可减少焊接时温差，降低冷却速度，从而减少热应力。对小件可进行整体预热；如构件尺寸较大，只能采用局部预热，预热部位应在焊缝区以外。

④ 锤击焊缝。当焊缝金属冷却时，用圆头小锤轻敲焊缝，使焊缝扩展，可减少焊接应力。

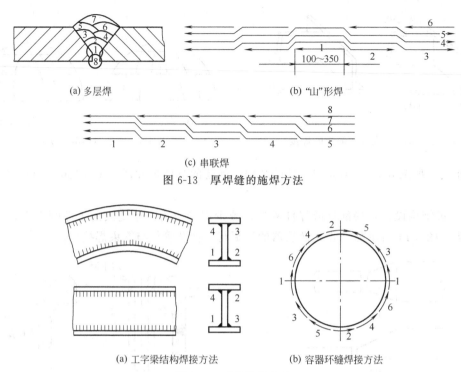

(a) 多层焊　　　　　　　　　　　(b) "山"形焊

(c) 串联焊

图 6-13　厚焊缝的施焊方法

(a) 工字梁结构焊接方法　　　　　(b) 容器环缝焊接方法

图 6-14　对称施焊方法

（3）焊后处理

① 焊后热处理。它是消除焊接应力最常用的方法，是利用材料在高温下屈服极限的降低，使应力高的地方产生塑性流动，从而达到消除焊接应力的目的。一般采用消除应力退火。其规范视材料、板厚及预热情况而异。焊后热处理对消除焊接应力虽有较好的效果，但应注意对某些合金钢，尤其是板厚较大时，易产生再热裂纹。

② 机械拉伸法。把已焊好的结构进行加载，使结构内部应力接近屈服强度，然后卸载，以达到部分消除焊接应力的目的。如容器制造中的水压试验。

二、焊接变形

1. 焊接变形产生的原因

常见的焊接变形如图 6-15 所示。造成焊接变形的原因，简单来说是焊缝区金属收缩引起的。具体分析如下。

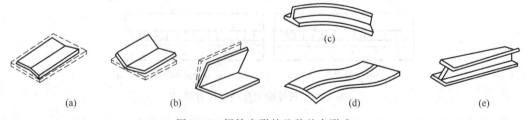

图 6-15　焊接变形的几种基本形式

（1）纵向和横向变形［见图 6-15（a）］　是因为焊接材料是熔融状态敷于坡口上，冷凝后直至常温有相当大的收缩量，这种收缩在焊缝长度方向称为纵向收缩，在宽度方向称为横向收缩。

（2）角变形［见图 6-15（b）］　是因为焊缝断面近似为倒立三角形造成的。可以认为焊缝根部的横收缩量极小，而焊缝表面的横收缩量较焊缝根部收缩量大得多，结果焊后翘起一个角度。对丁字接头只焊一个侧面时，也会出现类似情况，使立板倒向施焊的一侧。

（3）弯曲变形［见图 6-15（c）］　是由于焊缝分布与构件的几何中心不对称所致。

（4）波浪变形［见图 6-15（d）］　是由于工件刚性不足、局部失稳造成的。主要出现于薄板的焊接。在用多块板拼接大平板时，也易由于多处角变形而引起波浪变形。

（5）扭曲变形［见图 6-15（e）］　是若干变形综合作用的结果。主要是焊缝在构件横截面位置不对称或施焊工艺不合理造成的。

2. 减小和消除焊接变形的措施

焊接变形最直接的危害是降低制造精度。变形后使内应力复杂化，增加了附加应力，降低了设备的承载能力。

下面所采取的措施主要是针对弯曲变形和角变形，对于收缩变形，只要划线时留出收缩余量就可以了。

（1）设计方面

① 尽可能地减小焊接量。减少焊缝数量、焊缝断面尺寸等就能降低局部收缩变形。

② 结构形状和焊缝布置尽量对称。选用对称双面坡口、对称焊缝、对称结构可以减小变形，如图 6-16 所示，上面的不对称结构和焊缝易产生较大变形，下面的对称结构和焊缝较合理。

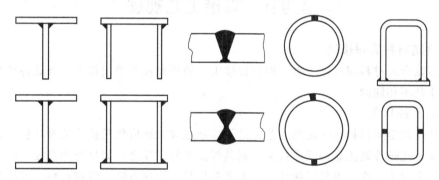

图 6-16　一些对称和不对称结构断面

（2）工艺方面

① 反变形法。焊前预先将焊件向变形相反方向摆放或变形，焊后的焊接变形恰好消除了这个预先的变形，达到需要的正确形状，如图 6-17 所示。

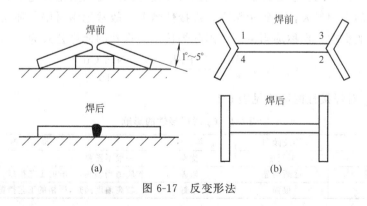

图 6-17　反变形法

② 刚性夹持。对焊件给予刚性夹持可以显著减小变形，但焊接区的弹性收缩在夹持力去掉后仍会表现出来。方法有：利用夹具刚性固定焊件进行焊接，如图 6-18 所示；设置临时拉杆提高焊件刚性，如图 6-19 所示，为防止变形先用拉杆 2 定位，再与筒体焊接；设备本身紧固后再行焊接，如图 6-20 所示，设备法兰与筒体焊接之前，为防止焊接时法兰变形，先将两法兰用螺栓固定，然后再与筒体焊接。

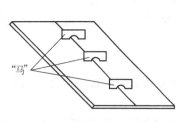

图 6-18　对接焊时加"马"刚性固定

图 6-19　用拉杆加强刚性
1—点固；2—拉杆

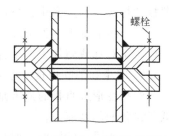

图 6-20　设备本身紧固加强刚性

③ 选用合适的焊接顺序和焊接方法。与减小焊接应力措施一致。

（3）焊后处理　当采用上述措施后焊接变形仍较大时，则应根据焊件设计要求考虑进行焊后矫形。矫形方法详见第四章。

第四节　焊接工艺规程

一、金属材料的焊接性

绝大多数金属材料都可以焊接，但其焊接工艺的难易程度差别很大。因此各种金属材料的焊接性能是不相同的。

1. 焊接性的概念

焊接性是指金属材料在一定的工艺条件下，通过焊接形成优质接头的难易程度。如果用普通的焊接工艺条件就能获得优质接头，则其焊接性好；反之，如果要用很复杂的工艺条件才能获得优质接头，则认为其焊接性差。工艺条件是指焊接方法、焊接材料、焊接规范、工艺措施（焊前预热、焊后热处理、接头形式、坡口形式及尺寸、环境温度、焊缝空间位置等）。优质接头是指焊接接头的使用性能，如承载能力、抗腐蚀性能和耐磨性能等。

2. 焊接性评定

焊接性可通过估算的方法来评定。影响钢材焊接性的主要因素是其化学成分，各种元素中，含碳量对钢的影响最大，含碳量越高，焊接性越差，故常把钢材中各种元素的影响折合成相当碳量成分的影响，也称碳当量法。国际焊接学会推荐的换算公式为

$$C_e = C + \frac{Mn}{6} + \frac{Cr + Mo + V}{5} + \frac{Ni + Cu}{15}$$

根据经验 C_e 对焊接性的影响见表 6-1。

表 6-1　C_e 对焊接性的影响

C_e	淬硬倾向	焊接性	预　　热
<0.4%	不明显	优良	一般不需要
0.4%～0.6%	逐渐明显	较差	应适当预热，一般的工艺措施
>0.6%	很强	不好	较高温度预热，严格的工艺措施

利用碳当量法估算焊接性能是粗略的，因为钢材焊接还要受结构刚度、焊后应力条件、环境等因素影响。因此，在实际工作中，除初步估算外，还应进行焊接性试验。

3. 焊接性试验

焊接性试验是焊接生产中用以鉴定新材料、焊接材料和制定焊接工艺的重要手段之一。它包括抗裂性试验（即工艺焊接性试验）和焊接接头使用性能试验两方面。焊接性试验是将待试验母材按一定的结构设计，用预先选定的焊接材料和制定的焊接工艺进行焊前准备和施焊，焊后在室温放置一定时间，然后解剖焊接接头，检测裂纹情况，同时还要进行力学性能试验或金相检验。

二、焊接工艺规程

化工设备的焊接工艺规程是保证焊接接头质量的关键因素。目前是以焊接工艺卡规定焊接工艺的内容，它主要包括焊接方法、焊接材料、焊接接头与坡口形式、焊接工艺规范参数及技术要求等。

1. 焊接结构工艺性

焊接结构的设计不仅会影响焊接的难易程度，同时对焊接接头的质量、生产率等有重大的影响。

（1）焊接位置。熔焊时，焊件接缝所处的空间位置按其焊缝倾角及转角的不同，可分为平焊、横焊、立焊和仰焊位置，如图 6-21 所示。

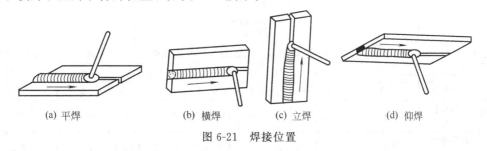

(a) 平焊　　(b) 横焊　　(c) 立焊　　(d) 仰焊

图 6-21　焊接位置

（2）对某些需在机械加工后进行焊接的焊接结构，为避免加工精度受到影响，焊缝设计应远离加工表面，如图 6-22 所示。

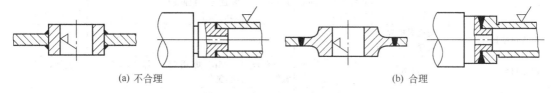

(a) 不合理　　　　　　　　　　　　(b) 合理

图 6-22　焊缝应远离加工表面

（3）焊缝布置应考虑到操作空间，以满足焊接时运条角度的需要，如图 6-23 所示。

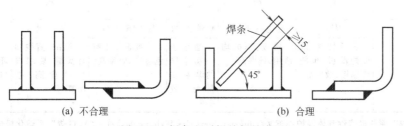

(a) 不合理　　　　　　　　　　(b) 合理

图 6-23　焊条电弧焊的焊缝布置

（4）点焊或缝焊的焊缝位置必须符合柱状电极或滚轮电极的焊接特点，如图 6-24 所示。

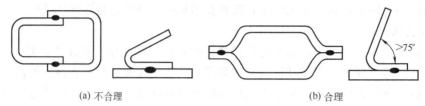

（a）不合理　　　　　　　　　　　　　　　　　（b）合理

图 6-24　点焊或缝焊焊缝位置

2. 焊接方法选择

焊接方法主要根据焊件材质、接头厚度、焊缝位置和坡口形式等来选择。可参考表 6-2 所示电弧焊方法的比较进行选择。

表 6-2　电弧焊方法的比较

焊接方法		手工电弧焊	CO₂ 气体保护电弧焊	TIG 焊		MIG 焊			埋弧焊		等离子弧焊		
焊接设备		交、直流电弧焊机	CO₂ 半自动焊机	TIG 焊机		MIG 焊机			埋弧焊机		等离子弧焊机		
焊件材质及板厚		低碳钢、高强度钢、不锈钢、特种钢、铜合金；1.6mm 以上	低碳钢、高强度钢、特种钢；1.6mm 以上	低碳钢、不锈钢、特种钢、铝及合金、铜、钛及合金；0.5mm 以上		高强度钢、特种钢；3.2mm 以上			低碳钢、不锈钢；6mm 以上		低碳钢、高强度钢、不锈钢、钛、铜合金；0.2mm 以上		
焊接位置		平、立、横、仰	平、立、横、仰	平、立、仰		平焊、立焊			平焊		平焊、立焊		
典型焊接实例（平焊）	板厚/mm	3.2	9	25	3.2	9	25	1.6	3.2	3.2	9	25	9	25	1.6	3.2	9
	坡口形式	I	V	X	I	V	X	I	V	I	V	X	V	X	I	I	I
	焊接电流/A	100	170	300	120	320	450	80	130	120	350	400	800	800～1200	80	95	200
	焊接速度/(m/min)	6	2.5	5.5	3.6	6.5	20	5	6.7	4.7	7.2	22.3	3.6	13.8	2	2.5	4
操作范围		焊钳和焊机间距 50m 以下	焊炬与送丝装置间距 3m；送丝装置与焊机间距 25m 以下	焊枪与焊机间距 4～8m		焊枪与送丝装置间距 3m；送丝装置与焊机间距 25m 以下			焊接小车与焊机间距 25m 以下		焊枪与焊机间距 5～10m		
焊机价格比		交流焊机为 1，直流焊机为 3～4	5～7	4～6		8～10			20～30		10～20		
焊接材料		焊条	CO₂ 焊用焊丝，CO₂ 气	焊丝，氩气		MIG 焊用焊丝，氩气			焊丝，焊剂		氩气，焊丝		
焊道外观		良	稍差	良		良			良		良		
受风的影响		小	大	大		大			小		大		
受焊工操作技术的影响		大	中	大		中			小		小		
焊接辅具		焊钳	导电嘴、喷嘴	喷嘴、钨极		导电嘴、喷嘴			导电嘴		喷嘴、钨极		
特点		灵活性高，既能焊薄板，也能焊厚板，效率低	薄板、厚板均适用，效率高	适用于一切金属的焊接，质量好，效率低		主要适用于有色金属，效率高			适用于直线和环焊缝，要求坡口精度高，效率高		适用于直线或环焊缝，要求坡口精度高		

注："TIG 焊"系钨极惰性气体保护焊英文 Tungsten Inert Gas Welding 的简称；"MIG 焊"系熔化极惰性气体保护英文 Metal Inert Gas Welding 的简称。

3. 焊接材料选择

焊接过程中的各种填充金属及为了提高焊接质量而附加的保护物质统称为焊接材料。主要包括焊条、焊丝、焊剂、保护气体和钎剂、钎料等。

选择焊接材料时，一般应按焊缝和母材等强度原则来选择，其次还应考虑工艺因素及各种焊接方法的冶金特点对接头性能的影响。表 6-3 为几种低碳钢焊接焊条选用举例。

表 6-3　几种低碳钢焊接焊条选用举例

钢　号	焊条选用		施焊条件
	一般结构	焊接动载荷、复杂和厚板结构，重要受压容器，以及低温下焊接	
Q235	E4312、E4303、E4301、E4320、E4310	E4316、E4315（E5016、E5015）	一般不预热
Q255			一般不预热
Q275	E4315、E4316	E5016、E5015	厚板结构预热 150℃以上
08、10、15、20	E4303、E4301、E4320、E4310	E4316、E4315（E5016、E5015）	一般不预热
25、30	E4316、E4315	E5016、E5015	厚板结构预热 150℃以上
20g、22g	E4303、E4301	E4316、E4315（E5016、E5015）	一般不预热
20R	E4303、E4301	E4316、E4315（E5016、E5015）	一般不预热

注：括号内焊条可以代用。

4. 焊接接头与坡口形式

焊接接头就是用焊接方法连接的不可拆接头。由于焊件的结构形状、厚度及使用条件不同，常用的接头形式有对接接头、T 形接头、角接接头及搭接接头。对接接头是把同一平面上的两被焊工件相对焊接起来而形成的接头，受力状况好，应力集中程度较小，是比较理想的接头形式。T 形接头是把互相垂直的或成一定角度的被焊工件用角焊缝连接起来的接头，承载能力好，应用较多；角接头主要承受剪应力，多用于平盖与筒体连接；搭接接头应用很少。

根据设计或工艺需要，将被焊工件的待焊部位加工并装配成一定几何形状的沟槽，称为坡口。熔焊接头焊前加工坡口的目的在于保证焊缝焊透及调整熔合比，从而保证焊接质量。为了使焊缝根部能焊透，一般板厚大于 6mm 时应开坡口，坡口形式有 V 形、X 形、U 形、双 U 形和 K 形等。开坡口时要留钝边，以防止烧穿，并留有一定间隙使根部焊透。选择坡口间隙时主要考虑：保证焊透，坡口容易加工，节省焊条及焊后变形量小。

手工电弧焊接头与坡口形式如图 6-25 所示。

5. 焊接规范

焊接规范是指影响焊接质量和生产率的各个工艺参数的总称。其主要参数包括：焊接电流、电弧电压、焊接速度、焊条或焊丝直径等。由于它直接影响着焊缝的熔深、宽度与高度，因此正确选择焊接规范是保证焊缝质量的重要条件。

（1）焊接电流　增大电流能提高生产率，增加熔深，适于焊厚板。但电流过大易造成咬边而影响成形质量；相反，电流过小也易造成夹渣及未焊透缺陷。总之，焊接电流既不能太

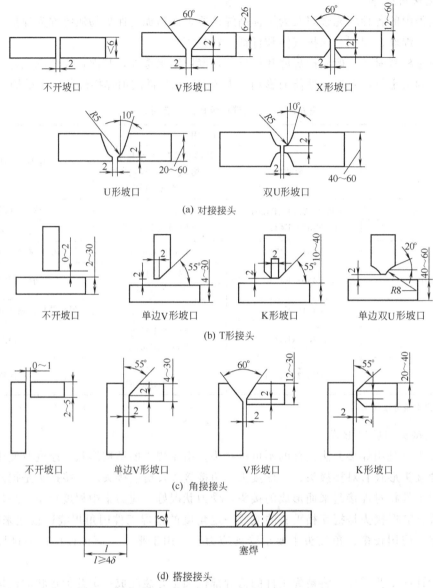

(a) 对接接头

(b) T形接头

(c) 角接接头

(d) 搭接接头

图 6-25　手工电弧焊接头及坡口形式

小，又不能过大，只有适当选择才能保证焊接质量。

（2）电弧电压　电弧电压主要影响焊缝的尺寸和形状。电弧电压过高时，会形成浅而宽的焊缝，易导致未焊透和咬边等缺陷；但电弧电压过低时，会形成高而窄的焊缝，使边缘熔合不良。选择时电弧电压应与焊接电流相适应，随着电流的提高，电弧电压也应相应增大。

（3）焊接速度　焊接速度对焊缝的外观有直接的影响。焊接速度过快，易产生未焊透、咬边、气孔等缺陷；速度太慢会导致焊瘤、溢流等缺陷的形成。焊接速度必须与所选定的焊接电流、电弧电压相匹配才能形成质量良好的焊缝。

（4）焊条或焊丝直径　主要考虑板厚、接头形式、焊接位置等。板厚大，可选较粗直径的焊条或焊丝。

6. 焊接技术要求

一般的焊接技术要求主要有：选择焊接方法；选择焊条；焊缝布置；焊接工艺上的特殊要求（如在某部位要堆焊，要求焊前预热及焊后热处理等）；检验方面的要求；水压试验要求；气密性试验以及后处理要求等。

对化工设备设计图纸提出技术要求时，必须全面考虑化工工艺要求，结构强度、刚度和几何尺寸要求，以及制造厂的具体情况，制订出既保证设备在操作中安全可靠又符合制造上多快好省原则的技术要求。

三、常用金属材料的焊接特点

1. 碳素结构钢的焊接

碳素钢是以铁为基体，以碳为主要合金元素的铁碳合金，是化工设备中应用较广的金属材料。碳钢的焊接性主要取决于含碳量，随着含碳量的增加，焊接性逐渐变差。

（1）低碳钢的焊接 低碳钢一般指含碳量≤0.25%的钢材。低碳钢主要是铁，另含少量的碳、硅、锰、硫、磷，虽然碳和硅都较活泼，易于在高温时烧损，但在有保护措施时由于本身量少故损失量少，对焊缝性能影响不大。在焊接热过程中，低碳钢会发生组织变化，但受热时生成的奥氏体易于分解，造成裂纹和脆断的可能性很小。

焊接时一般不需要预热及焊后热处理等。在整个焊接过程中不需特殊的工艺措施，具有优良的焊接性。许多焊接方法均适用于低碳钢焊接，并能获得良好的焊接接头。但当结构厚度或刚性过大，或周围环境温度较低时，为防止产生裂纹，需要对焊件进行适当预热或焊后热处理。

（2）中碳钢的焊接 中碳钢的含碳量在（0.25~0.60）%之间。碳使钢的焊接性变坏的最主要原因是它提高了钢的淬火性和淬硬性。当含碳量接近0.25%且含锰量不高时，焊接性良好；当含碳量达到0.50%左右时，如仍按低碳钢常用的焊接工艺施焊时，则焊缝区及热影响区将会产生硬而脆的马氏体组织，容易开裂。同时还容易形成焊接热裂纹。因此，焊接中碳钢时，应尽量采用碱性低氢焊条施焊、焊前进行预热、焊后回火等措施，以保证焊后不产生裂纹和得到满意的力学性能。

（3）高碳钢的焊接 高碳钢的含碳量≥0.60%，焊接性差。一般高碳钢不用于制造焊接结构，其焊接大多属于补焊或堆焊。由于高碳钢导热性比低碳钢差，致使焊接区和未加热部分之间产生显著的温差。因此在焊接中引起很大的应力集中，产生裂纹的倾向较大；同时焊接时碳易被烧损，并形成低熔点的碳化物，易形成夹渣使接头强度降低。因此，焊接时往往采用焊前预热、焊后回火等措施。

2. 普通低合金钢的焊接

低合金钢（合金元素含量≤5%）在化工设备的制造中得到广泛应用，目前主要使用屈服极限为350~700MPa的钢材，如16MnR、15MnVR、18MnMoNbR、13MnNiMoNbR等。

由于各种普低钢的化学成分不同，其强度等级相差很大，因此焊接性也各异。强度等级较低者（300~400MPa），焊接性良好，焊接时无需采用复杂的工艺措施即可获得优质的焊接接头；强度等级较高者（高于500MPa），焊接性较差，焊接时必须采取一定的工艺措施才能保证焊接质量。

（1）16Mn钢的焊接 16Mn钢是350MPa级的普低钢，是我国产量最大、应用最广的一种低合金钢。16Mn属于碳锰钢，合金含量较少，平均碳当量为0.39%，焊接性良好。但比低碳钢要差一些，淬硬倾向比低碳钢大，焊接时有一定的冷裂倾向，焊前一般不必预热，但在低温下或在大刚性、大厚度条件下生产焊接结构时，需要采取预热措施，以减少冷裂倾向。

（2）15MnV 钢的焊接　15MnV 钢是 400MPa 级的普低钢，它是在 16Mn 钢的基础上加入（0.08～0.12)% 的 V，平均碳当量为 0.40%。钒的加入不但能提高钢的强度，同时又能细化晶粒，减少钢的过热倾向，因此具有良好的焊接性。对板厚小于 32mm、0℃ 以上施焊时，原则上可不预热；当板厚大于 32mm 或 0℃ 以下施焊时，则应采取焊前预热、焊后回火处理的方法。

（3）18MnMoNb 钢的焊接　18MnMoNb 钢是 500MPa 级的普低钢，它含有较多合金元素、含碳量也较高，平均碳当量为 0.55%。焊接时淬硬倾向较大，焊接性较 16Mn 钢差。焊接时易产生延迟裂纹，必须采取一定工艺措施才能保证焊接质量，如采用大线能量施焊，焊前预热、焊后立即进行热处理。

（4）珠光体耐热钢的焊接　珠光体耐热钢是一种以铬、钼为主加合金元素的中温低合金耐热钢。使用温度为 500～580℃ 左右。在化工、石油设备中广泛用作锅炉材料，如 12CrMo、15CrMo、12CrMoV 等。其焊接性与低碳调质钢类似。主要问题是近缝区的淬硬倾向和冷裂纹倾向大，以及焊后热处理或高温下长期使用过程中会产生再热裂纹。当焊缝金属含碳量偏高或焊接材料选用不当时，也可能产生结晶裂纹。因此，焊接时应采取一定的工艺措施，如焊前预热、焊后热处理等。

3. 不锈钢的焊接

不锈钢是一种具有抗氧化和耐腐蚀的高合金钢，其合金元素含量一般在 10% 以上。常温下不锈钢具有三种不同的金相组织，即马氏体、铁素体及奥氏体，其焊接性也不一样。目前，不锈钢在化工设备制造中被广泛采用，尤其是奥氏体不锈钢。

（1）铁素体不锈钢的焊接　铁素体不锈钢中，含碳量和含铬量均较低的只要进行适当的预热，焊接并不困难，含铬量较高的铁素体不锈钢，如 1Cr28、Cr25Ti 等容易过热脆化，除预热外还必须采取别的工艺措施。

铁素体不锈钢焊接时，容易形成冷裂纹，近缝区晶粒急剧长大而引起脆化。由于焊接加热及 450～850℃ 高温下停留时间过长，会引起晶间腐蚀，从而影响其耐腐蚀性能。在不利的施焊条件下，铁素体不锈钢在高温下加热或长时间停留，焊接及热影响区会析出脆性的 σ 相，使接头的塑性和韧性大为降低。同时，铁素体在高温停留时间较长时，容易产生晶粒长大，由于铁素体从低温到高温都是单相组织，无相变过程，因此粗大的过热组织无法通过热处理来细化。所以，焊接时防止过热是一个不可忽略的问题。一般钢板厚度大于 6mm 不宜作焊接结构。

铁素体不锈钢焊接时，为了防止晶粒长大，保证接头的塑性和韧性，焊前进行预热，焊后热处理；在焊接工艺上，为防止过热，采用小电流，高速焊，并选用含钛的纯奥氏体钢焊条。

（2）马氏体不锈钢的焊接　马氏体不锈钢除含有较高的铬外，还含有较高的碳。目前，使用于焊接结构的马氏体钢实际上只有 1Cr13 和 2Cr13 两种。马氏体不锈钢焊接主要问题是由于含碳量的增加，焊后在空冷条件下将得到淬硬的马氏体组织。当焊接接头刚性大或含氢量高时，在焊接应力的作用下，特别是当由高温直接冷却到 120～100℃ 以下时，就容易产生冷裂纹。所以，焊前预热和焊后热处理往往是不可缺少的。同时，采用大电流、低焊速，并适当增大接头间隙等工艺措施。

（3）奥氏体不锈钢的焊接　当钢中含铬达 18% 左右，含镍 8% 以上时，便产生稳定的奥氏体组织，称为奥氏体不锈钢。奥氏体不锈钢比其他不锈钢具有更优良的耐腐蚀性、耐热性，因此得到了广泛应用。它的韧性、塑性都较好，焊前不需预热，焊后不需热处理，焊接性良好。但若处理不当也有产生热裂纹的可能，另外焊接中可能出现晶间腐蚀，使焊缝耐蚀性能降低，从而影响其使用。

奥氏体不锈钢的线胀系数比低碳钢大，变形与应力问题比低碳钢突出；热导率比低碳钢低，易产生过热等。奥氏体不锈钢焊接时最大的问题是产生晶间腐蚀，为降低晶间腐蚀应选低碳及含有稳定剂的焊条，或通过焊接材料向焊缝渗入铁素体形成元素使焊缝呈奥氏体-铁素体双相组织。在工艺方面一般采用小电流快焊快冷的办法。此外，为了防止热裂纹，应降低硫、磷的含量，选用碱性低氢焊条。铌的含量以接近于 1.0% 较好，钛能细化晶粒，也有助于防止热裂纹的产生。

奥氏体不锈钢的焊接方法主要有手工电弧焊、手工钨极氩弧焊、埋弧自动焊等。当钢板厚度大于 6mm 时应尽量采用埋弧焊焊接。

4. 异种钢的焊接

不同钢种组成的焊接接头的焊接称异种钢的焊接。在化工设备制造中经常遇到的是不锈钢与低碳钢（或普低钢）组成的焊接接头，采用这种结构，既可以节约贵重钢材又不降低设备的使用寿命。

异种钢焊接时，焊缝的化学成分是由两种材料的熔化部分和焊接材料来决定。普通钢中合金元素较少，但含碳量较高，故普通钢的熔入会使焊缝合金成分降低，含碳量增加。另外由于异种钢的膨胀系数不同，使接头的残余应力更加复杂。因此焊接时，应选择合适的焊接材料，如选用低碳高铬镍焊条，来补充熔合区的合金元素，防止出现淬硬组织；其次选择焊接工艺时，应采用焊缝隔离层，先用高铬镍焊条在普通钢上堆焊一层过渡层［见图 6-26 (a)］，与不锈钢焊接时则采用不锈钢焊条［见图 6-26 (b)］，此法对厚钢板很适用；除此之外，在保证焊透的情况下，尽量采用小电流，快速焊。如需焊前预热时，应根据其中焊接性差的材料确定预热温度。

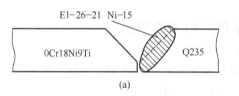
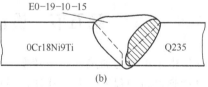

图 6-26 异种钢焊接过渡层

不锈钢复合钢板的焊接也存在异种钢的焊接问题，在复层与基层交接处同样要采用过渡层焊接。如图 6-27 所示，其焊接顺序是先焊基层 1、2、3，再焊过渡层 4，最后焊复层 5。

5. 铝及铝合金的焊接

铝及铝合金具有较好的耐蚀性和耐低温性能，常用于压力较低的换热设备和储存设备。铝及铝合金有以下焊接特点。

（1）焊接熔池中生成的氧化铝因其熔点高出铝约 1400℃ 而成固体，其一方面妨碍熔池内液体金属的正常流动，另一方面因密度大于液体铝而下沉最后变成夹渣，损害焊缝

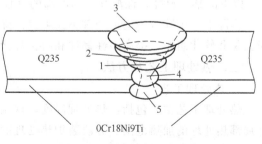

图 6-27 复合钢板焊接顺序

金属耐腐蚀性；熔合面上若生成氧化膜，则阻隔了工件与焊缝金属熔合，使两件金属焊不起来。

(2) 铝及铝合金的热导率、比热容等都很大，在焊接过程中大量的热能迅速传播，因此焊接铝及铝合金要比钢消耗更多的热能，应选择能量大、集中的大功率热源。

(3) 铝及铝合金焊接接头中气孔是较容易产生的缺陷。氢是熔化焊时产生气孔的主要因素。铝及铝合金液体在高温下很容易吸收大量气体，焊接后冷却凝固过程中来不及析出，而聚集在焊缝中形成气孔。故焊接材料烘干，严格保管、发放，预防空气、水蒸气入侵可有效预防氢气孔的产生。

(4) 铝及铝合金的热裂纹倾向性大。凝固收缩时的体积收缩率达 6.5% 左右，焊接时由于过大的内应力而在脆性温度区间内产生热裂纹。

熔化极氩弧焊是焊接铝及铝合金的较好焊接方法，其热量集中，氩气保护效果较好，可获得满意的焊接接头。

6. 钛及钛合金的焊接

钛及钛合金具有较高的强度，良好的韧性、焊接性和耐蚀性，目前的生产应用已很广泛。钛及钛合金的焊接特点如下。

(1) 研究表明，焊材中含有氧、氮、氢、碳等杂质时，会引起焊接接头的脆化，气焊与通用的手弧焊难以防止气体等杂质的污染而引起脆化，故一般要采用的是氩弧焊、真空电子束焊等。焊接前必须对钛及钛合金的表面进行严格清理，且在处理后及时焊接，以免把任何污物带入。

(2) 钛的熔点高 (1668℃)，焊接是需要较高温度的热源。钛的导热性差，这样使焊接熔池大，存在时间长，热影响区金属在高温下停留时间长，故接头的过热倾向严重，晶粒粗大，塑性降低。

(3) 钛的弹性模量是钢的一半，焊接后变形较大，而且矫正较困难。故焊接时宜采用垫板和压板将焊件压紧，以减少焊接变形量。

第五节　设备的焊后热处理

焊缝部位由于不均匀加热、组织转变、受到母材及结构的约束、冷却速度高等原因，残余应力可以达到很高的程度，并往往使设备的形状、尺寸发生变化。

一、热处理目的

设备的焊后热处理的目的是为消除焊接结构在焊接过程和成型过程中的残余应力、稳定结构形状和尺寸以及改善母材和焊接接头的性能。焊后热处理是将其加热到 400℃ 以上，A_{c1} 以下的某一温度，保温并均匀冷却的过程。

实际上，消除应力退火处理不仅可以消除大部分焊接残余应力，而且在该工艺条件下，对去氢和软化组织、提高塑性韧性和防止焊接裂纹等均具有良好的效果。

二、热处理工艺及方法

1. 热处理工艺

热处理工艺主要包括：热处理温度，保温时间，加热、冷却速度，装入、取出温度。另外局部热处理的加热范围、分段装炉热处理的重叠长度等也应作出明确规定。

加热温度和保温时间是焊后热处理的两个主导因素。

（1）升温速度 加快升温速度可使某些钢种迅速越过回火脆化区域，但加热过快又将由于构件的温度梯度较大而引起温差应力，甚至产生裂纹和变形。对于大而厚的构件，其加热速度取决于热量传递到构件心部所需要的时间。板厚不等时，按其最厚者选取加热速度。

（2）保温温度及保温时间 保温温度过低，即小于 400℃ 时，达不到焊后热处理效果。温度过高又会使材料组织改变、接头性能恶化及大直径薄壁结构变形。热处理的加热及保温温度应取达到消除应力、软化淬硬组织和去除氢及其他有害气体效果的最低温度为宜。

在热处理温度下材料的组织和性能变化是有一个过程的，所以升温到规定温度下必须保持一定的时间。通常以达到效果的最短时间为宜。板厚不等时，保温时间按较厚板的厚度计算。

（3）冷却速度 冷却速度主要取决于避免产生较大的温度梯度、残余应力和变形。板厚不等时，按厚板确定其冷却速度。冷却速度过快会产生过大的内应力，导致裂纹产生。

2. 热处理方法

热处理方法按加热范围分局部加热和整体加热两大类，按加热地点分炉内热处理和炉外热处理两类。由于建设大型热处理炉在技术上有困难，而且经济上也不合理，所以内部加热式的炉外整体热处理和焊缝局部热处理技术发展较快。

（1）局部热处理 局部热处理主要用于改善焊缝及热影响区的晶粒组织和性能，消除残余应力，也用于卷圆、弯曲及其他成型操作中。焊接部位进行局部焊后热处理时，一般焊缝的加热范围取 $12\delta_s$，环焊缝取 $6\delta_s+W$，接管环缝取 $4\delta_s+W$（δ_s、W 分别为钢板厚度和焊缝宽度）。其他情况的局部加热范围视需要而定。

① 气体燃烧加热 现在广泛使用可燃气体（天然气、煤气等）对金属局部进行气体火焰加热，以进行工件的局部热处理、焊缝的预热、后热（焊后保温）或切割合金钢的预热。

② 红外线加热 红外线加热器有气体燃烧式和电加热式两种。常用电加热式，它的最高加热温度能达 750℃。这种电加热板式加热器可以联成若干组，从内、外部或同时从两面加热设备。电加热板的数目按加热部位的长度和加热时间确定。

③ 感应加热 感应加热是中、小型工件局部加热的最经济方便的办法，加热温度可达正火温度（900～950℃），加热均匀，便于控制，适应性强。根据产品和热处理类型的不同，可以使用各种结构的感应线圈、不同频率和不同结构的高频电流发生器。操作时，对需局部热处理的焊缝及设备内面都盖上保温材料（几层 3～5mm 厚的石棉板），其宽度应比感应线圈宽 150～200mm，感应线圈的各圈彼此绝缘，与工件间的距离为 10～15mm。感应加热区的宽度应使全部焊缝及邻近 2～3 倍焊缝厚度宽的母材都均匀受热和冷却。加热温度及保温时间根据钢号和壁厚确定，温度用热电偶测量，热电偶沿焊缝周边钎焊固定。

（2）整体热处理 设备整体热处理能使焊缝和母材都达到均匀一致的金相组织和强度，冷作硬化和残余应力的消除比较彻底。根据加热方式的不同分为炉内整体热处理和内燃式整体热处理两类。

① 炉内整体热处理 根据设备尺寸及热处理炉的结构和容量，可以整台一次加热或分段依次加热。长径比大的大型塔器、圆柱形容器，往往采用分段加热。因加热段两端散热较多，温度不易达到热处理工艺的要求，故相邻两段要有一定的加热重叠长度，重叠长度不得小于 1.5m。炉内整体热处理可用燃油、燃气或电加热。

② 内燃式整体热处理 当制造厂受热处理炉容积尺寸限制而不能对大型设备按要求进

行炉内整体热处理时，可以采用内燃式整体热处理。它是在容器外包上保温层，将燃油或燃气喷射到容器内部燃烧进行加热。球型容器多在现场组焊，大多采用此法进行热处理。

复习思考题

6-1　氮、氢和氧化性气体对焊缝金属有什么危害？怎样防止？

6-2　调节焊缝化学成分有哪些手段？

6-3　什么是焊缝金属的一次结晶？

6-4　常见的焊接缺陷有哪些？

6-5　焊接应力产生的原因是什么？如何预防和减小焊接应力？

6-6　焊接变形产生的原因是什么？如何预防和减小焊接变形？

6-7　怎样进行焊接性评定？

6-8　怎样选择焊接方法？

6-9　对接接头、T形接头有哪些特点？

6-10　低碳钢的焊接有哪些特点？

6-11　奥氏体不锈钢的焊接有哪些特点？

6-12　异种钢焊接存在的主要问题有哪些？可采取哪些措施解决？

6-13　在钛及钛合金的焊接中应注意些什么？

6-14　为什么要对设备进行焊后热处理？

6-15　对设备进行焊后热处理的方法有哪些？

实景图

焊条保温筒　　　　　　　　　　　　　手工电弧焊焊接纵焊缝

手工电弧焊筒体内焊接

气錾清理焊根

埋弧自动焊焊接纵焊缝

环缝埋弧焊

打磨焊缝

焊缝引弧收弧板

焊接变位机

自动氩弧焊机

接管法兰等厚对接

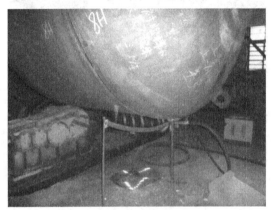

环缝焊前预热

U形坡口1

U形坡口2

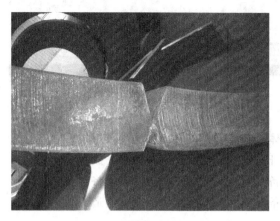

X 形坡口

带极堆焊封头耐蚀层

热处理电热炉 1

热处理电热炉 2

封头热处理

第七章 典型化工设备制造工艺

化工设备种类繁多，其基本结构都是由筒体、接管、封头和内部构件所组成，制造工艺过程基本相同，主要有净化、矫形、筒体的展开、划线、切割、边缘加工、成型、装配与焊接、质量检验等工序。但是不同类型的化工设备其组装工艺各不相同，本章将重点介绍球形容器、列管式换热器、高压容器等典型化工设备的结构特点、技术要求、制造工艺特点以及装配工艺等知识。

教学要求

① 掌握典型化工设备的制造工艺过程；
② 熟悉设备制造常用的机具、装备、标准；
③ 收集几套完整的设备制造工艺资料。

教学建议

本章教学最好配以生产实习或者进行现场教学。

第一节 球罐的制造

一、球形容器的结构特点

球形容器作为一种大型的受压储存容器，在许多行业得到广泛的应用。球形容器与圆筒形容器相比，在容积相同的情况下，球形容积的表面积最小；直径与壁厚相同、承受内压相同的情况下，球形容器的应力水平低，球形容器的钢材消耗比同样压力下的圆筒形容器少得多。另外，球形容器还具有占地面积少、基础工程量少及受风面积小等优点。

由于工艺装置的日益大型化，球形容器的直径也越来越大，目前已投入使用的最大直径已达 55m（容积为 87000m³）。大型球形容器通常是在现场进行组焊。由于施工现场的条件和环境的限制，要求现场组焊应有更可靠的工艺和较高的技术水平，在运输条件许可的情况下，200m³ 以内的球形容器也可在厂内制造。

球形容器除了和其他的压力容器有相同的技术要求外，还有一些特有的、比较严格的技术要求。球形容器所用材料要求其强度等级在 400～500MPa；在使用温度下，不同强度级别的材料，有不同的韧性指标要求；所用材料的焊接性比其他类型压力容器用材料要求更高，比如 500MPa 级钢的碳当量 C_e 值不大于 0.44%，裂纹敏感指数 P_e 应不大于 0.30%。此外，钢板在使用前必须经过严格的检查，对材料应进行必要的化学成分和力学性能复验，表面伤痕及局部凸凹深度不得超过板厚的 7%，且不得大于 3mm。制造精度要求也较高，球瓣曲率及尺寸必须十分精确，才可能使组对成的球壳误差较小符合制造要求，组对时焊缝间隙应均匀，坡口形状准确，以保证焊接质量。一般规定，曲率允差：当球瓣弦长≥2000mm时，用弧长≥2000mm的样板检查，间隙≤3mm（如图7-1所示）。几何尺寸允差：长度方向弦长允差≤±2.5mm，任意宽度方向弦长 A、B、E 允差≤±2mm，对角线弦长 C 允差≤±3mm（如图7-2所示）。另外，相邻板厚相差如超过3mm或超过薄板厚度的1/4时，应将厚板削薄过渡处理。

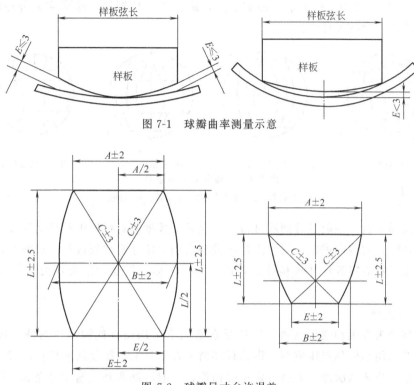

图 7-1　球瓣曲率测量示意

图 7-2　球瓣尺寸允许误差

二、球形容器的制造

一个完整的球形容器的结构如图 7-3 所示。

其制造工序流程如下：钢板复验—划线下料—球瓣成型—二次划线—精切割、开坡口—组装—焊接—焊缝检验—人孔、梯子、平台等附件组装—热处理—水压试验—检验—防腐和保温。其中关键工序为球瓣的展开与划线、下料、球瓣的成型、组装等。

（一）球瓣的制造

1. 球瓣的展开及下料

球瓣展开之前，要首先确定球罐的分瓣方式问题。常用的分瓣方式有足球式、橘瓣式、足球橘瓣混合式三种，其中橘瓣式及混合式最为常用，如图7-4所示。

橘瓣式球壳，如图7-4（b）、（c）所示，根据球罐直径大小，可作成单环带、多环带，应用较多的是三环带。其支座与赤道带成正切支承，赤道瓣数为支柱

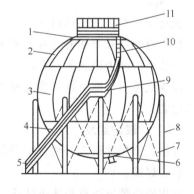

图 7-3　球罐结构示意

1—上极；2—上温带；3—赤道带；4—下温带；
5—下部扶梯；6—下极；7—拉杆；8—支柱；
9—中间平台；10—上部扶梯；11—顶部平台

数的两倍或其他整数倍，以有利于支柱与球瓣焊缝错开布置。该结构受力均匀，焊缝质量易于保证。

足球橘瓣混合式球壳，如图7-4（d）所示。其赤道带是橘瓣形，南北极各有三块与赤道带不同的橘瓣片，温带为尺寸相同的足球瓣。它有四种规格的球瓣，这种球壳比纯橘瓣式球壳瓣片少、焊缝短、材料利用率高。如$1000m^3$的球罐纯橘瓣式瓣片为54片，而混合式瓣片数仅为28片。另外，赤道带为纯橘瓣式，适合于支柱焊接，球壳应力分布较为均匀，常用于大型球形容器的设计中。

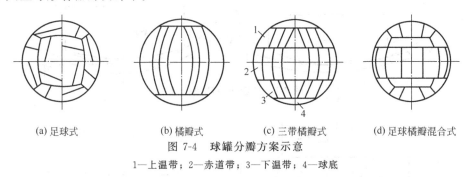

(a) 足球式　　　　(b) 橘瓣式　　　　(c) 三带橘瓣式　　　(d) 足球橘瓣混合式

图 7-4　球罐分瓣方案示意

1—上温带；2—赤道带；3—下温带；4—球底

球瓣的放样下料，一般是分两次进行。一次是在成型前对板坯进行平面划线，即用样板划出球瓣展开图，切割后成型；另一次是在成型后用立体球瓣样板进行二次划线，然后精切割。两次划线下料能得到尺寸较精确的球瓣，但工序多，需要切割余量大（6～8mm），浪费材料多。

2. 球瓣的成型

球瓣成型分为冷压和热压两种。冷压是在常温下采用逐点连续加压的冲压成型加工方法。压制可以采用小模具点压成型，即将板坯料放在模具上，往复移动板料，每一行程冲压工件的一部分，连续两次冲压要有一定重叠面积，一般压制两到三遍才可完成，应该注意的是第一遍不能压到底。

冷压成型的球瓣尺寸可以大型化，具有无氧化皮、成型美观、设备简单、劳动条件好、制造精度高、制造质量好等诸多优点，冷压成型已成为生产球瓣的主要方法。

3. 热冲压

先将坯料在炉内加热到950～1000℃，取出放到冲压机模具上冲压成型。热压成型具有速度快、效率高和冷作硬化少等优点，但其操作费用高，劳动条件差，所以只用于板厚太大、受压力机能力限制无法冷压时。

球瓣成型后，即可进行检查校正，然后二次划线，精切割后同时切出坡口，然后进行球体的组装。

（二）球罐的组装

球形容器尺寸很大，整台容器若在厂内制造完成则整体运输很困难，所以一般都是在现场组装、焊接。

常用的组装方法有整体组装法、分段组装法和混合组装法三种。

1. 整体组装法

整体组装法是指在球罐支柱的基础上，将球片或其组片用工具、夹具逐一组装成球形，然后焊接的方法。

整体组装法不仅适用于各种规格的球形容器的安装，也同样适用于各种形式的壳体安装，如大型油罐的制造、安装等。采用时，应注意先把支柱安装准确、牢固，再以支座基础为基准，以支柱作部分支撑作用，进行组装。

整体组装具有连接尺寸精度较高，节省工装辅助材料，组装速度快等优点。但高空作业多，对操作人员的技术要求较高。

2. 分段组装法

分段组装法是指分别按照赤道带、上下温带、上下极带在平台上组装成各自的环带，焊接后再组装成球形的组装方法。这种方法需要有平台和重型机械，适于小型球形容器的制造。分段组装是把纵缝放置于平台上组焊的，又因部分高空作业变为地面上进行，组装精度易于保证，纵缝的焊接质量好。但是最后的叠装难于保证对口尺寸精度，而且环带的刚性大，环带间的组装较为困难。

3. 混合组装法

它是综合了整体组装和分段组装的方法，以充分利用现场的现有条件，如平台、起重机械等，而采用的一种较为灵活的方法。它兼备了上述两种方法的优点，一般适宜于中、小型球体的组装。

第二节　列管式固定管板换热器的制造

一、列管式固定管板换热器的结构特点、技术要求

热交换器是石油、化工设备制造中常见产品之一，其设备重量和投资额占有很高的比例，约占设备总重的 40% 以上，占投资总额的 20% 以上。热交换器在食品、医药、动力、原子能工业等领域也都有着极其广泛的应用。

热交换器中，应用最为广泛的是管壳式换热器，其外壳实质上是一个圆筒形压力容器，而管束虽然不尽相同，但管束的加工却存在着许多相同的特点。常见的管壳式换热器有固定管板式、填料涵式、U 形管式和浮头式等。如图 7-5 所示为固定管板式换热器的结构示意。其结构简单坚固、造价低、适应性强，在热交换器中具有一定的代表性。

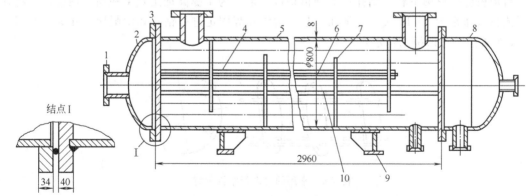

图 7-5　固定管板换热器结构示意

1—接管；2—左管箱；3—管板；4—定距管；5—壳体；6—拉杆；

7—折流板；8—右管箱；9—支座；10—管束

由图 7-5 可以看出，壳体是内径为 800mm，壁厚为 8mm 的圆筒，它的两端分别焊有一

块管板，两管板间有管束与之连接，壳内还有定距管、拉杆、折流板等，壳体外焊有各种接管、支座，管板两侧有用双头螺柱与之连接的左右管箱。在列管换热器的制造中，筒体、封头等零件的制造与一般容器没有区别，只是要求不同，制造中最为突出的问题是管板的制造及管板与管子的连接。

由于列管式换热器筒体内要装入较长的管束，为了防止流体短路，管束上还有折流板，折流板与筒体间隙较小，因此，换热器的筒体制造精度比一般容器要高。例如，筒体直径允差（＋3～＋4）mm；椭圆度不超过 0.5％DN，且不大于 5mm；筒体直线度为筒体长度的 1/1000，且不大于 4.5mm；筒体内壁焊缝要求磨平等。另外，为了保证顺利穿管，管板孔的允许偏差和管壳距离允许偏差都给出了具体要求，详细数据可参阅 GB 151—1998。

二、列管式固定管板换热器的制造工艺

（一）管板、折流板、法兰盘的加工

1. 管板

管板的作用是用来固定管子，并将管程与壳程隔离开来。其材质通常有 Q235A、20 等碳素钢，16Mn、16MnR、15MnV 等合金钢，304、321、316L 等不锈钢。可以用锻件或热轧厚板作坯料。管板多数为一圆形板，一般用整张钢板切割，但对于规格较大的管板，用整张板有困难时，可以采用几块拼接的办法，拼接的管板焊缝必须 100％射线或者超声波检测，并进行消除应力热处理。

管板是典型的群孔结构，单孔的加工质量决定了管板的整体质量。管板由机械加工完成，加工工序主要由车削和钻削工序组成。它的孔径和孔间距都有公差要求。其钻孔量很大，钻孔可以用划线钻孔、钻模钻孔、多轴机床钻孔等，较为先进的是采用数控机床钻孔。采用划线钻孔时，由于钻孔位置精度较差，必须将整台换热器的管板和折流板重叠在一起配钻。钻后管板和折流板依次编上顺序号和方位号，以保证组装时按照钻孔时的顺序和方位排列，保证换热管能够顺利穿入。采用多孔钻床钻孔，效率高、质量也较好。采用数控机床钻孔，具有效率高、质量好、适应性强的特点。对于胀接或者胀焊结构的管板，为了增加管子与管板的连接强度，有时还借助专用开槽器在管板孔内开胀槽，开槽要求可按有关标准确定。

2. 折流板的加工

折流板应按整圆下料，钻孔后拆开再切成弓形。为了提高加工效率和加工精度，常将几块折流板（通常为 8～10 块）叠加在一起，边缘点焊固定进行钻孔和切削加工外圆。如图 7-6 所示为常用的弓形板结构示意。

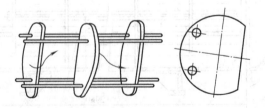

图 7-6　常用的弓形板结构示意

3. 法兰盘的加工

换热器所用的法兰分两种：容器法兰及管法兰，一般都采用标准件。加工法兰用坯料可以由板材下料加工而成，也可以是整体锻制而成，设备上的容器法兰和管法兰一般不允许采用铸件制造。法兰的加工工序与管板一样，也是由车削和钻削两个主要工序组成。

（二）管子与管板的连接

管子与管板的连接处，常常是最容易泄漏的部位，其连接质量的好坏直接影响换热器的使用性能及寿命，有时甚至涉及整个装置的运行。因此，要求连接具有良好的密封性能、足够的抗拉脱力。影响连接质量的因素很多，最主要的是连接方法的选择。换热器管子与管板的连接方式有胀接、焊接、爆炸连接、胀焊连接等。

1. 胀接

胀接是利用专用工具伸入换热管口强制使穿入管板孔内的管子端部胀大发生塑性变形，载荷去除后管板产生弹性恢复，使管子与管板的接触面产生很大的挤压力，从而将管子与管板牢固结合在一起，达到既密封又抗拉脱力两个目的，如图7-7所示为胀管前后管子的变形与受力情况。常用胀接方法有滚柱胀接（又称机械胀接）和液压胀接。

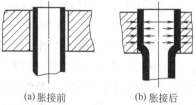

(a)胀接前　　　　(b)胀接后

图7-7　管子在管板上的胀接

（1）滚柱胀接　滚柱胀接是用胀管器伸入管口，并顺时针旋转，使管子端部胀大。胀管器的结构有多种形式，图7-8所示为斜柱式胀管器的结构，图7-9所示为翻边胀管器结构。

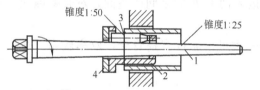

图7-8　斜柱式胀管器结构

1—胀杆；2—外壳；3—滚柱；4—盖

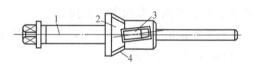

图7-9　翻边胀管器结构

1—胀杆；2—外壳；3—滚柱；4—翻边滚柱

为了增加管子在管板上的强度，提高抗拉脱能力，常在管板孔内开两道胀槽，当管子胀大产生塑性变形时管内金属被挤压嵌入槽内。或者在胀管的同时将伸出管板孔外的管子端头，约3mm滚压成喇叭口，以提高拉脱力，如图7-10所示。

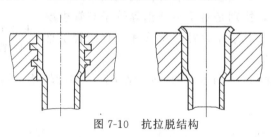

图7-10　抗拉脱结构

为了保证胀接质量，在管子与管板的连接结构和胀管操作方面应注意以下几点。

① 胀管率应适当。胀管率又称胀紧度，常用下式表示，即

$$\Delta = \frac{d - d_0}{d_0} \times 100\%$$

式中　d——胀接后管子外径；

　　　d_0——管板孔径；

　　　Δ——胀管率。

保证胀管质量所必需的胀管率与管子的材料和管壁厚度有关，经验证明以1%～1.9%

为佳。大直径薄壁管取小值，小直径厚壁管取大值。在制造中，胀管率过小称为欠胀，不能保证密封性及抗拉脱要求，胀管率过大称为过胀，会使管壁减薄量大，加工硬化严重，甚至发生裂纹。过胀还会使管板产生塑性变形，降低管板强度。

② 管板的硬度应高于管端硬度 $20\sim30HB$。所选管板的力学性能应高于管子，并将管子端部进行退火处理，以降低硬度。

③ 管子与管板结合面必须清洁。胀前必须用抛光砂布轮磨光，磨光以出现金属光泽为度，磨光长度不得小于管径的两倍。

④ 胀接时的操作温度不得低于 $-10℃$。因为气温过低会影响材料的力学性能，不能保证胀接质量，严重时发生裂纹。

胀接法应用普遍，特别是材料的焊接性差时，采用胀接优势明显。但胀接气密性不如焊接，尤其在高温下，管子与管板的挤压力降低，引起胀接处泄漏。胀接法用于压力低于 $4MPa$、温度低于 $300℃$、操作无剧烈运动、无过大温度变化和无严重应力腐蚀的情况。对于高温、高压、易燃、易爆的流体常采用焊接的方法。

(2) 液压胀接　又称软胀接，是一种新型胀接技术。它是用一直径略小于管子内径的芯棒插入管内，芯棒两端各套一个 O 形圈，使芯棒与管内壁形成一个密闭空间。芯棒中断开有进液孔，高压液体从芯棒中心孔通过进液孔进入两 O 形圈之间的空间，对管壁施加高压使管子发生塑性变形而实现胀接。

液压胀接的管壁受力均匀，加工硬化小，一次可以胀接多根管子，效率较高，适用于 $\phi50mm$ 以下的管子胀接。

2. 焊接

焊接就是把管子直接焊在管板上，如图 7-11 所示。焊接的优点是：管板孔内不开槽，所以制造较简单；连接可靠，高温下仍能保持密封性；焊接对管板起一定的加强作用。缺点是：管子与管板孔内存在一定的间隙，间隙内的流体不流动，容易引起间隙腐蚀；管子损坏后，更换困难。焊接法应用较广，为设计优先选用的连接方法，特别是对于不锈钢等管子与管板硬度相同时，不易胀接，以及对于小直径厚壁管和大直径管子难于胀管时，采用焊接法更加合适。

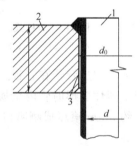

图 7-11　管子与管板的焊接
1—管子；2—管板；3—间隙

焊接法的结构形式如图 7-12 所示。图 (a) 结构连接强度较差，用于压力不高和薄管板

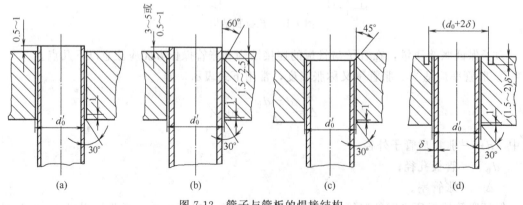

(a)　　　　　　　　(b)　　　　　　　　(c)　　　　　　　　(d)

图 7-12　管子与管板的焊接结构

的焊接；图（b）结构属于开坡口的焊接，连接强度高，是最常用的一种结构形式；图（c）焊接接头由于管端不伸出管板板面，可以减少管口处的压力损失，用于立式换热器上，停车时还有利于排净上管板上面的残液；图（d）结构在焊缝外圆开有缓冲槽，以减少焊接引起的应力集中，适用于薄壁管、有热裂倾向的材料等。

图 7-13 所示为内孔焊的两种结构形式。该接头显著的特点是无根部未焊透缺陷和应力集中，消除了管子与管板连接的缝隙，对防止应力腐蚀破裂和提高抗疲劳强度有明显的效果。这种结构的管板需要特殊加工，精度要求高，焊缝返修困难。内孔焊接采用专用焊枪，为自动焊接，对工人技术等级要求不高，易于得到满意的焊缝。用于重要场合下的连接。

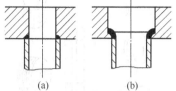

图 7-13　内孔焊的两种结构形式

3. 爆炸连接

爆炸连接是利用炸药爆炸瞬间产生的高能量使管端发生高速变形，与管板孔壁结合的方法。它分为爆炸胀接和爆炸焊接两种形式。如管板与管端之间的连接是基于弹性塑性变形而产生的机械结合称为爆炸胀接，如为两者彼此高速冲击时结合面熔化而形成的冶金结合，则属于爆炸焊接。前者使用的炸药能量或者炸药量较小，后者使用的炸药能量或者炸药量较大。这种方法成本低、易掌握，但连接强度低，炸药用量不易控制，且较危险。

4. 胀焊连接

胀焊连接即焊接和胀接结合的方法，这种方法结合了焊接与胀接的优点。在高温、低温、热疲劳、抗缝隙腐蚀等方面都比单独的焊接或者胀接优越得多。

胀焊连接有先胀后焊和先焊后胀两种顺序，各有优缺点。多数采用先焊后胀的方式，但要注意避免胀接过程中使焊缝产生裂纹。

（三）换热器的装配过程

换热器的装配流程如下：

（1）将一块管板垂直立稳作为基准零件；

（2）将拉杆拧紧在管板上；

（3）按照装配图将定距管和折流板穿在拉杆上；

（4）穿入全部换热管；

（5）套入筒体；

（6）装上另一块管板，将全部管子引入此管板内，校正后将管板和筒体点焊好；

（7）焊接管板与筒体连接环焊缝；

（8）管子和管板的连接（胀接或焊接），焊接时，可将换热器竖直，使管板水平，以方便施焊；

（9）组焊接管、支座，接管的开孔应在管束装入筒体前进行，必要时可以先焊接在筒体上；

（10）壳程水压试验，以检查管子和管板的连接质量、管子本身质量、筒体与管板连接的焊缝质量、筒体的焊缝质量等；

（11）装上两端封头；

（12）管程水压试验，检查管板与封头连接处的密封面，封头上的接管、焊缝质量；

（13）清理、油漆。

列管固定管板式换热器制造流程简图如图 7-14 所示。

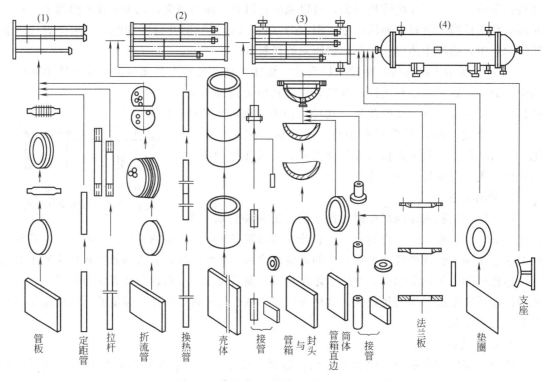

图 7-14　列管固定管板式换热器制造流程简图

第三节　高压容器筒体的制造

　　高压容器广泛应用于化工、炼油等工业部门，如加氢裂化反应器、尿素合成塔、氨合成塔、甲醇合成塔、聚乙烯反应器、原子能反应堆壳体、水压机的蓄能器等。其操作压力大都在 10MPa 以上，通常为大而壁厚的重型设备。为了构成所需壁厚，出现了各种高压容器的制造方法和结构形式。总的来讲，分为单层和多层两大类。每一类又有多种制造方法和结构形式。由于高压容器的封头制造前面已经涉及，本节将重点介绍高压容器筒体的制造问题。当前高压容器的筒体制造方法和结构形式中，以单层卷焊、多层包扎、热套式、绕板式、绕带式等最为常见。

　　一、单层卷焊式高压容器筒体的制造

　　单层卷焊式高压容器的制造与中低压容器基本相同，即先用厚钢板在大型卷板机上卷制成筒节（必要时需要将板坯加热），经纵焊缝的组焊和环焊缝的坡口加工后，将各个筒节的环焊缝逐个组焊即可成型。

　　单层卷焊式高压容器壁厚较大，所承受的压力很高。材料多为高强度低合金钢，由于合金成分使得焊接裂纹敏感性增加，因而合理的焊接工艺是保证制造质量的关键。其焊接工艺评定制度较中低压容器更严格、更完整。

　　二、整体锻造式高压容器筒体的制造

　　整体锻造是厚壁容器最早采用的一种结构形式。其制造过程是，首先在钢坯中穿孔，加热后在孔中穿一芯轴，接着在水压机上锻造成所需尺寸的筒体，最后再进行内、外壁机械加工。容器的顶、底部可以与筒体一起锻出，也可以采用锻件经机械加工后，以螺纹连接于筒体上。整体锻造式高压容器如图 7-15 所示。

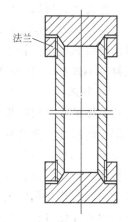

整体锻造式筒体的优点是强度高，因为钢锭中有缺陷的部分已经被切除而剩下金属经锻压后组织很紧密；缺点是材料消耗大，大型筒体制造周期长，适于直径和长度都较小的筒体。

三、多层包扎式高压容器筒体的制造

多层包扎式高压容器是目前我国使用较多的一种结构，这种容器一般选用厚度为 12～25mm 的优质钢板（或者厚度为 8～13mm 的不锈钢板）卷焊内筒，焊缝经射线检测和机

图 7-15　整体锻造式高压容器

械加工后，再将预先弯成瓦片形的厚度为 6～12mm（我国普遍采用 6mm）的层板覆盖在内筒上，用钢丝索扎紧并点焊固定，松去钢索，焊接纵缝，然后铣平焊缝，磁粉检测后用同样的方法逐层包扎，直至厚度达到设计要求，如图 7-16(a) 所示。筒节包扎完成后对两端进行机械加工，车出环焊缝坡口，再将各筒节组对焊接成所需长度的筒体，如图 7-16(b) 所示。下面较为详细地介绍多层包扎式高压容器的筒体的制造工艺及技术要求。

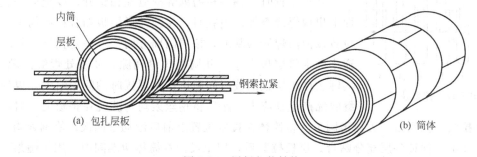

图 7-16　层板包扎结构

1. 内筒制造

多层容器筒节的内筒制造与单层容器基本相同，但是要求更高。这是由于多层容器的密封性靠内筒保证，如果内筒有局部泄漏，则很容易腐蚀穿透整个筒壁，因此，对腐蚀性很强的介质（如尿素）常用不锈钢制作内筒。

内筒的主要制造工艺如下。

(1) 钢板的检验　首先对钢板进行检验，不得有密集的麻点、严重划痕等缺陷。然后进行超声波检测，以了解钢板内部之质量，不允许存在裂纹、夹杂等缺陷。

(2) 划线、下料　划线时，在内筒圆周方向的两端各留 50mm，作为内筒预弯的直边。下料一般用火焰切割。切割边缘的熔渣要清理干净。

(3) 卷圆　由于钢板较薄，采用冷卷。板边坡口加工后预弯端部，然后在卷板机上卷圆，卷圆时注意几何形状满足制造规范要求。

(4) 焊接和检验　可用手工电弧焊或者埋弧自动焊进行焊接。对于每一台产品，无论采用何种焊接方法，都要在内筒纵缝的延长部位同时焊接一块相同材料的试板，以便检查内筒焊接接头的力学性能。内筒纵缝焊接后要进行 100% 的射线检测，以确认焊缝的内部质量。

（5）热处理、矫圆　内筒焊接检验合格后要进行消除应力热处理，因为多层容器不能进行整体热处理，以免层板松动，所以内筒层板的焊接残余应力须单独进行热处理消除。内筒矫圆以前要将纵缝余高铲去并用砂轮机磨平，然后进行矫圆。矫圆后要用样板进行检查。几何形状符合 GB 150—1998 的规定。

2. 层板制造

包扎筒体的每一层层板均由两块以上的瓦块组成，由于多层筒节每层直径均不相同，因而每块层板的尺寸和弧度各不相同，带来了层板制造的复杂性。其制造工序依次如下：钢板检验、矫平、划线、下料、卷圆、边缘加工。

钢板除进行化学分析和力学性能检查外，还需对其表面进行检查，不得有裂纹、划痕、大面麻点、凹坑等缺陷。表面弯曲的钢板要进行矫平。划线时，要根据每层的周长和分块数量、坡口间隙仔细进行。实际生产中常按筒体外圆周长划线，卷圆后，再根据每一层的周长割除余量，同时加工出坡口。

3. 层板包扎

包扎是在一种专用装置（包扎机）上进行的，拉紧装置由钢索、油缸和高压油泵组成。

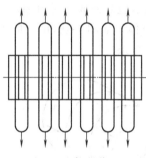

图 7-17　拉紧装置

每个高压油泵连着一根钢索，利用高压油泵推动油缸活塞将钢索拉紧，如图 7-17 所示。由于各油缸是互相连通的，因而，各钢索得到相同的拉紧力。

层板布置时，各层板的纵焊缝应互相错开，以免同一直径平面上出现焊缝叠加。包扎时，将圆弧形层板扣合在内筒上，焊缝位置以内筒焊缝为基准，按照圆周方向错开一定角度。接着，两道半圆卡将层板卡紧，并调整焊缝间隙，使各处焊缝间隙相等。实际生产中层板的坡口间隙比正常焊接时的间隙略大，以便于焊缝收缩产生预应力。然后将钢丝索均匀缠绕在钢板上，启动油泵升压来拉紧。拉紧后，去掉半圆卡，将筒体在拉紧位置上前后滚动三四次，使钢索均匀拉紧并适当锤击，保证各层充分贴合。层板拉紧后，用塞尺检查筒体两端间隙，用小锤敲击检查贴合情况，合格后进行点焊固定。下包扎机焊接纵缝、铣平焊缝、磁粉检测后包扎下一层。

4. 筒体组对焊接

全部层板包扎完成后，在车床上加工出环缝坡口，并在坡口表面封焊，以保证环缝焊接质量。然后，将筒节放在滚轮架上，进行筒节组对装配。筒节装配时，可以定距板控制焊缝坡口间隙，点焊后，检查各筒节的同轴度，焊完第一遍后拆除定距板。环焊缝焊接可用钨极氩弧焊封底，手工电弧焊填充 $10 \sim 20mm$，再用埋弧自动焊焊满。焊前预热，一般在 $200℃$。焊接完成后，应进行 100% 射线检测，但不要进行热处理，以免消除层板间的预应力。

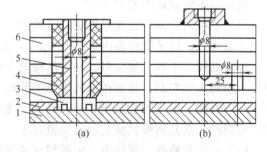

图 7-18　检漏孔与通气孔

1—内筒；2—盲板；3—通气环座；4—焊缝；
5—管；6—层板

5. 筒体检漏结构

为了安全起见，在每一个筒节上开几个安全孔（检漏孔）和通气孔，且在内筒和层板间增加一层内表面开有半圆形检漏槽的盲板，如图 7-18 所示。当内筒由于腐蚀而泄漏时，由安全孔可监测到泄漏的介质，从而及时发现，采取相应的措施。通气孔则用于排除层板间的气体。

多层包扎式高压容器具有制造简单、筒体的安全性高、内筒与层板用不同材料制造可以节省贵金属材料等优点，但其生产周期长、材料利用率不高。

四、绕带式高压容器筒体的制造

绕带式高压容器的筒体是在内筒外面以一定的预紧力缠绕数层钢带而制成。

钢带有两种形式：一种是有特殊断面形状的槽型钢带；另一种是普通的扁平钢带。前者称为槽型钢带式，后者则称扁平钢带式。

绕带式的内筒制造工艺与多层包扎高压容器的内筒制造工艺相同。下面重点介绍两种结构的制造。

1. 槽型钢带式筒体

内筒厚度为总厚的25%，经检测合格后，在其外表面加工出三处螺纹槽，以便与第一层钢带下面的凹槽和凸槽相啮合，型槽呈螺旋形结构。常用的钢带尺寸为79mm×8mm，用优质钢板制成，断面形状如图7-19所示。这种钢带可以保证钢带与内筒之间的啮合，同时可以使绕带层能够承受一定的轴向力。

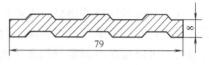

图7-19 槽型钢带断面

钢带的缠绕过程是在专用的机床上进行的。槽型钢带式容器的缠绕装置如图7-20所示。钢带在缠绕之前，要用电加热器预热到800～900℃，并把钢带的一端按所需的角度焊接在内筒端部，拉紧钢带开始缠绕。内筒旋转时，钢带轮立即顺着与容器轴线平行的方向移动，以便将钢带绕紧在内筒上。钢带绕到筒身上后，用槽型压辊（如图7-21所示）紧紧压在内筒上，压辊同时也是钢带加热的第二个电极。绕到另一端后切断钢带，将钢带头焊在内筒端部。绕第二层时应与第一层错开1/3（即一个槽的宽度）缠绕在第一层上，这时第一层绕带外层的型面便与内筒型槽的作用相同。钢带绕上几圈后，

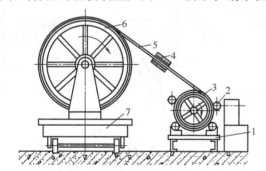

图7-20 槽型钢带式容器的缠绕装置

1—绕带机床；2—槽型压滚；3—绕带容体；4—电加热器；
5—槽型钢带；6—钢带轮；7—移动式车架

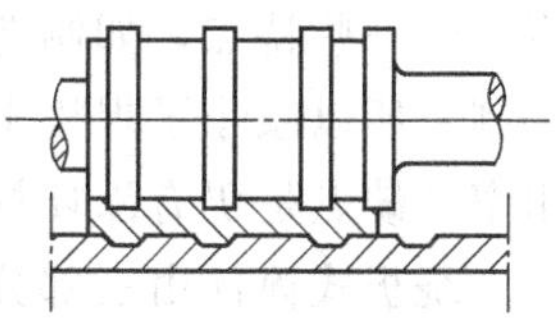

用水冷却，由于钢带冷却收缩产生的预紧力使钢带与内筒钢带与下层钢带紧贴在一起。缠绕过程中，内筒要用水或者空气冷却。每层缠绕钢带要足够长，不够长时必须事先接好，不许在筒身中间部位焊接钢带。

槽型钢带式容器，其制造工艺大部分为机械化操作，生产效率高。具有易于制造大型容器、不存在深环焊缝的焊接和检验的困难、内压下筒壁应力分布均匀等优点。缺点是内筒上开槽较困难，在筒壁上开孔困难，周向强度有所削弱等。

![图7-21 槽型压辊]

图7-21 槽型压辊

2. 扁平钢带式筒体

扁平钢带式高压容器全称为"倾角错绕扁平钢带式高压容器"。其筒体的结构是在内筒

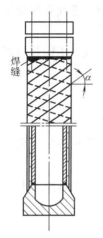

图 7-22　扁平钢带式高压容器

的外面绕上数层扁平钢带所制成，如图 7-22 所示。内筒一般用 16～25mm 厚的低合金钢板经检验合格后卷焊成筒节，再将筒节与筒节焊接在一起。内筒厚度也为总厚的 1/4。筒节的纵缝应错开，相邻两纵缝间距不小于 200mm。环焊缝应预热，内筒焊好后，用砂轮将焊缝磨平，然后与封头焊接在一起，无损检测和热处理后，缠绕钢带。

　　钢带尺寸一般为 3～10mm 厚，40～200mm 宽。同样，扁平钢带缠绕在专用的设备上进行，如图 7-23 所示。为了保证钢带始绕端能够很好的贴紧，对始绕端要进行预弯，为方便起见可以用内筒作模具。钢带与筒体径向成 26°～31°倾角作螺旋形缠绕。绕完一层后又以与上一层交错的倾角缠绕第二层，如图 7-24 所示。这样，逐层以一定倾角交错缠绕，直到构成所需壁厚。

　　扁平钢带式筒体所用材料来源广泛，制造设备简单，方法容易掌握；同时生产周期短，节省材料，焊接容易，成本低廉；容器是多层结构，内筒和钢带是薄钢材，质量好；由于带层的缝隙可以排出内筒泄漏的介质而降低压力，所以安全性较好，不会爆炸。但该结构使得筒体的周向强度有所削弱，且在筒体上开孔较困难。

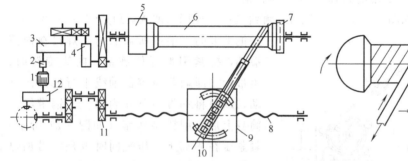

图 7-23　扁平钢带式容器缠绕示意

1—电动机；2—刹车装置；3, 4, 12—减速箱；5—床头；6—容器；
7—尾架；8—丝杠；9—小车；10—压紧装置；11—挂轮

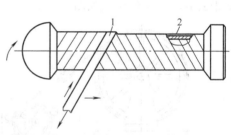

图 7-24　扁平钢带错绕式结构

1—扁平钢带；2—内筒

五、绕板式高压容器筒体的制造

　　绕板式容器是多层容器的一种，它的筒节由薄钢板绕卷而成。绕板式容器具有多层包扎容器的一些特点，如制造设备简单、安全性好等，但与多层包扎容器相比，由于筒节是连续绕制，所以减小了焊接工作量，降低了劳动强度，缩短了生产周期，提高了生产率和材料利用率。缺点是仍有深环焊缝存在。

　　绕板式筒体由三部分构成，即内筒、绕板部分与外筒。内筒由 10～40mm 厚的钢板卷焊而成。绕板部分由 3～5mm 厚，宽 1.2～2.2m 的卷筒钢板，连续地缠绕于内筒的外壁，直到规定的壁厚值。

　　因为钢板有一定的厚度，所以在开始和结束绕卷的部分会形成间隙，需加楔形板过渡。在绕板部分的末尾，装焊上楔形板后，外面包上 10mm 厚的瓦片钢板，用机械方法包紧、焊好。

　　制造多层绕板筒体的方法有冷绕法和热绕法两种，冷绕法已用于实际生产。冷绕机床绕卷示意见图 7-25。

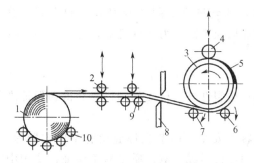

图 7-25　冷绕机床绕卷示意

1—钢板滚筒；2—夹紧辊；3—内筒；4—加压辊；5—楔形板；6—主动辊；

7—从动辊；8—切板机；9—矫正辊；10—托辊

冷绕机床大致由以下五个部分组成。

（1）钢板滚筒　其上绕有所需绕卷的钢板。

（2）夹紧辊　上下各一个，钢板经两辊中间通过。下辊固定，上辊由油缸控制，以调整加于钢板的压紧力。卷板时，对钢板产生一定的拉紧作用。

（3）矫正辊　它将卷板压平整，便于绕卷，类似三辊卷板机。

（4）切板机　布置在矫正辊之后，在筒节绕卷至预定厚度时，即用此切板机将钢板切断。

（5）油压机　卷板机的关键部分。油压机带动三个直径相同的活塞，上辊为加压辊，固定在活动横梁上，随活塞上下移动，卷板时将筒节压紧。下面两个辊子装在底座的导轨上，有支承和传动的作用，一个主动，一个从动，可根据筒节直径调节其中心距。

冷卷法的钢板在卷绕时所受的拉力较小，卷紧的原理是靠钢板上的加压辊对内筒和层板施压，使加压辊附近外表面长度缩短，当这部分离开加压辊时，外表面钢板恢复到初始的弧长，卷上的钢板即被拉紧。

在开始和结束绕卷的位置所加的楔形板，长度为内筒周长的 1/4。其一端削尖，另一端与绕板厚度相同，可以用整张板制作，也可以用几张薄板叠加而成。使用时，将楔形板卷圆后把厚的一端焊在内筒上，薄的一端也点焊好。然后对接钢板，钢板与楔形板焊好后磨平焊缝即可以绕板，楔形板形状如图 7-26 所示。内筒转动时，钢板由钢板滚筒引出通过夹紧辊夹紧，再经过矫正滚校平钢板后直接绕卷在内筒上，达到设计厚度时切板机将钢板切断，筒节在滚子架上继续滚动几圈后，将钢板

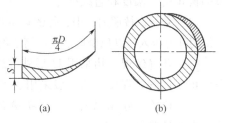

图 7-26　楔形板

进一步包紧，捶击声清脆时，停止转动。将钢板的端部焊接在内筒上，组对好楔形板，留出二者坡口并施焊完毕。最后把层板外用两块半圆形保护板包扎起来，并进行焊接。制成的筒节再经环焊缝焊接成需要的筒体长度。与层板包扎式筒体一样，为了安全，每一个筒节上都要钻几个安全孔。

六、热套式高压容器筒体的制造

1. 热套容器的特点

热套式高压容器是按容器所需总壁厚，分成相等或近似相等的 2～5 层圆筒，用 25～50mm 的中厚板分别卷制成筒节，并控制其过盈量在合适范围内，然后将外层筒加热，内层

筒迅速套入成为厚壁筒节，热套过程如图 7-27 所示。热套好的筒节经环焊缝坡口加工和组焊以及消除应力热处理等，即成为高压容器的筒体。

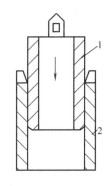

图 7-27　筒节热套示意
1—内筒；2—外筒

热套容器的特点如下。

（1）采用中厚板比厚板抗裂性好，材质均匀，易获得和保证高的强度。

（2）热套容器比单层容器安全。筒节纵焊缝没有单层容器深，且每层筒节纵焊缝可以单独进行射线检测，质量易于保证，使用中即使某层破坏也不会扩展到其他层。

（3）制造上可以充分发挥工厂能力，无需大型设备即可制造很厚的容器。

（4）与层板包扎式相比，钢材利用率高，生产率高，成本低。

（5）缺点是仍有深环焊缝的焊接问题存在，导热性不如单层容器等。

2. 热套容器的筒体制造

热套容器的关键问题在于如何保证设计所规定的过盈量和套合面之间的均匀紧密贴合，以使筒体套合应力均匀。即需要保证套合面的尺寸和几何形状准确。

当前生产中，有套合面机械加工和不机械加工两种方法。前者需要大型立式车床，且费时，用于小直径超高压及不进行热处理消除预应力的容器。一般大容器，采用不机械加工的方法。

热套容器制造工序如下。

（1）钢板的测厚与划线。与一般划线方法相同，要求尺寸准确和留出加工余量，确保设计内径与套合过盈量。例如，按照内径上限计算展开周长时要考虑套合应力产生的影响、焊缝收缩量以及卷圆、矫圆的钢板伸长量等。

（2）钢板的矫平。

（3）单层筒节制造，包括卷圆、纵缝组焊、矫圆、检验等。卷圆和矫圆工序主要控制筒节的棱角度、圆度和直线度。

（4）套合。按照内、中、外的顺序套合。套合时注意以下要点：筒节应在自重下自由套入，不得用外力压入，以免变形报废，筒节的焊缝应错开 30°以上，注意加热温度，套合迅速等。

（5）环缝组焊。均采用 U 形外焊缝，温度较高或过低以及温度、压力经常波动时必须采用止裂焊缝，焊接方法一般采用手工打底后自动焊。

（6）检验。除几何尺寸、形状检查外，还需进行钢板、焊缝的无损检测，力学性能试验，水压试验等。

（7）热处理。主要目的是消除焊接应力和套合应力。

热套容器制造工艺流程如图 7-28 所示。

七、焊接成型高压容器筒体的制造

1. 电渣焊成型

电渣焊制造高压容器工艺出现于 20 世纪 60 年代末。其主要特点是：整个高压容器的筒壁是用连续不断地堆焊熔化的金属构成的。熔化的金属形成一条连续不断的螺旋条，相邻两个螺圈连接，新堆焊的金属与前一圈已固化的金属接触时，被冷却而固化。此螺圈不断形成，直到所需的筒体长度为止。在堆焊的同时，螺圈的内外表面不断进行机械加工，以得到所需的内外径尺寸，如图 7-29 所示。

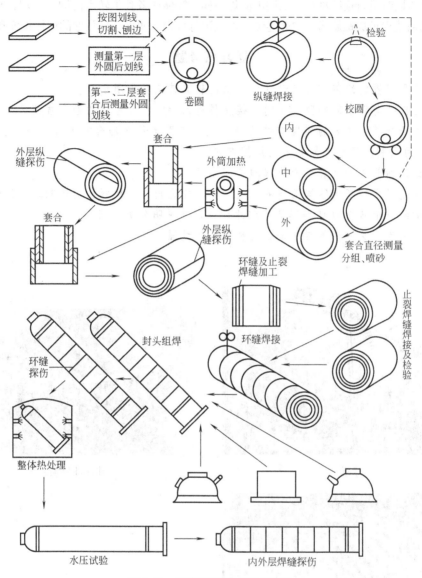

图 7-28　热套容器制造工艺流程

电渣焊的优点是：尺寸精确，质量高，材质均匀，无夹渣、分层等缺陷；制造方法简单，整个筒体的制造只需在一台专用的电渣焊机床上进行；自动化程度高，一边堆焊，一边机加工；工时消耗少，造价低，每吨筒节的造价相当于整体锻造式的 50%，厚板卷焊式的 64%，层板包扎式的 82%。

2. 埋弧自动焊成型

造型焊接技术是压力容器制造工艺上又一项新技术。它是采用埋弧自动焊工艺直接制造压力容器筒身及有关零部件。筒身的制造工艺过程为：先按要求选用一个厚度约为 25mm 的筒体或者管子作为芯胎，然后在芯胎外表面用

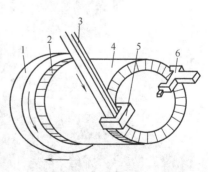

图 7-29　电渣焊成型高压容器

1—转盘；2—基环；3—板电极；4—熔焊筒体；
5—电渣熔模；6—切削装置

几台埋弧焊机同时进行连续堆焊。如同电渣焊一样，筒体或者管子转动的同时，埋弧机头进行轴向移动，从而使焊道成螺旋形，如此连续往返地进行堆焊，便可达到预期的筒体长度和厚度。

复习思考题

7-1 球形容器的组装方法有哪几种？试比较其特点及应用场合。

7-2 管板孔与管子间间隙大小对胀接质量有何影响？对穿管的顺利程度又有什么影响？

7-3 管子与管板之间的连接有哪几种方式？各用于什么场合？为什么设计上优先选用焊接方式，而且制造厂也多愿意采用焊接方式？

7-4 简述列管式固定管板换热器的装配顺序。

7-5 简述多层板高压容器筒体的制造过程，并比较与其他容器筒体制造方法的优缺点。

7-6 请做一个 $\phi7200$ 球形容器的瓣片设计，并说明分辨依据。

7-7 写出生产实习中某典型设备的制造工艺过程。

实景图

球罐

球片冲压模具

球片冷冲压

分片冲压成型半球体

球罐组装

吊装球片

卧式储罐

立式储罐

列管式换热器

管板

管板钻孔

数控深孔钻加工厚管板

挠性管板

数控开孔机加工挠性管板孔

折流板点焊固定

钻折流板孔

数控机床钻折流板孔

折流板加工外圆

法兰

管板法兰钻孔

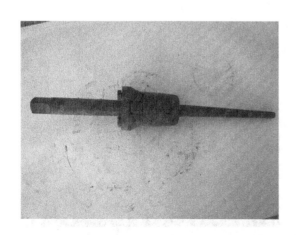

翻边胀管器

机械胀管器

液压胀管器

换热器液压胀管

管口焊接机

管口焊接

管箱

换热器穿管

列管换热器内芯

列管式固定管板换热器

螺旋板式换热器

卷制螺旋板

焊接螺旋板

板式换热器

板式换热器组装

U 形管换热器

U 形管换热器内芯

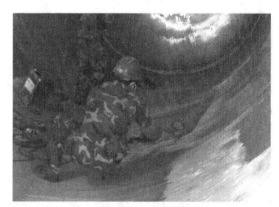

不锈钢内筒打磨抛光

包扎机包扎筒节

打磨焊缝

设备氨渗透试验

高压容器

直径5m，长32m的流化床反应器整装待发

第八章　设备质量检验及制造质量管理

设备制造的质量检验与管理为设备制造工作中的一个重要环节。本章简要介绍化工设备质量检验的概念、标准、内容与方法，材料的破坏性试验、设备压力试验和致密性试验，压力容器的质量管理、质保体系及安全监察等方面的知识。

教学要求

对化工设备质量检验与质量管理方面的知识有一个总体了解。

教学建议

配合课堂教学，组织到化工机械制造厂进行参观，以实现对质量检验的感性认识；同时建议，指导学生课外阅读压力容器制造质保手册的相关内容。

第一节　化工设备的质量检验

一、质量检验的基本要求

1. 质量检验的重要性

质量检验是确保化工设备制造质量的重要措施，它对指导制造工艺及设备生产中的安全运行起着十分重要的作用。每个制造厂都建立了从原材料到制造过程以及最终水压试验的一系列检验制度，并设有专门的检验机构和人员负责。质量检验的目的主要有以下几点。

（1）及时发现材料中或者焊接等工序中产生的缺陷，以便及时修补和报废，减少损失。

（2）为制定工艺过程提供依据和评定工艺过程的合理性。例如，采用新材料、新工艺时，产品施工前，需作工艺试验，对试件的质量进行鉴定，为产品施工工艺提供技术依据；对新产品的质量进行鉴定，以评定所选工艺是否恰当。

（3）作为评定产品质量优劣等级的依据。

2. 质量检验标准

在设备制造中，绝对的、无任何缺陷的要求是不可能实现的。比如，焊接过程，即便是严格按照焊接规范进行施焊，也难免会形成这样或那样的缺陷。另外，某些缺陷，在某种设计条件下是无害的，而在另一种设计条件下却是有害的。因而，从不同的角度出发，可以制定出不同的允许缺陷的标准。设计规范中，为了对允许缺陷有一个统一的规定，把所有焊接缺陷都看成是削弱容器强度的安全隐患，且不考虑具体的使用差别，而单从制造和规范化的情况出发，将焊接缺陷尽可能降低到一个满足安全要求的最低限度，这就是设备质量检验的质量控制标准。目前我国制定的压力容器法规、标准和技术条件较多，除国家质量技术监督局颁发的《压力容器安全监察规程》外，主要标准还有材料标准、产品制造检验标准，以及其他有关零部件标准等。

3．质量检验内容和方法

设备制造过程中的检验，包括原材料的检验、工序间的检验及压力试验。具体内容如下。

（1）原材料和设备零件尺寸和几何形状的检验。

（2）原材料和焊缝的化学成分分析、力学性能试验、金相组织检验，总称为破坏试验。

（3）原材料和焊缝内部缺陷的检验，其检验方法是无损检测。它包括射线检测、超声波检测、磁粉检测、渗透检测等。

（4）设备试压，包括水压试验、气压试验、气密试验等。

上述这些项目，对于某一设备而言，并不一定要求进行全部进行。对原材料一般要求有合格证书，因此它的检验除必要的抽查外，常根据后续工序的要求进行。设备制造中，焊缝检验是最重要的项目，而无损检测是检测焊缝中存在缺陷的主要手段，它甚至贯穿于整个设备的制造过程。

二、焊接接头的破坏性试验

1．化学成分分析

钢材化学成分分析是设备制造、维修和使用事故分析中常用的实验分析方法。化学成分的分析不仅常用于原材料的检验上，还应用于焊缝和工艺评定中。化学成分分析按照 GB 223—81《钢铁化学成分分析标准方法》进行。常规分析一般要求测定 C、Si、Mn、S、P 五大元素的成分比在相应的合格范围内。碳元素对碳素钢和普低钢的焊接质量影响很大，应严格控制。对于普低钢，按照碳当量计算结果进行评定，并要求 $C_e \leqslant 0.45\%$。对于奥氏体不锈钢，除常规元素外，还应对 Cr、Ni、Mo 等元素进行成分分析，为判定工艺条件提供依据。

2．力学性能试验

力学性能试验，也是设备制造中经常进行的检验项目，是对原材料、焊接接头所必须进行的一系列破坏试验方法。一般包括拉伸试验、冷弯试验和常温冲击韧性试验等。对于管子焊接接头则多以管子压扁试验代替弯曲试验。用作焊接接头力学性能试验的试样，要求与材料同牌号、同厚度、同焊接工艺（手工焊时应为同一焊工），产品进行热处理时，试板必须与产品一起进行热处理。对于容器的焊接试板一般要求在焊缝延长线上截取。

拉伸试验是用来检验原材料和焊缝金属的强度极限 σ_b、屈服极限 σ_s、延伸率 δ_s 是否符合规定要求的实验方法。拉伸试验通常按照 GB 228—87《金属拉伸试验方法》进行。强度应不低于相应条件下焊件母材强度的下限值。试样如图 8-1 所示。

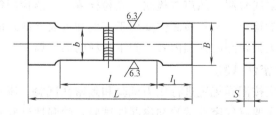

图 8-1　拉伸试验的试样

弯曲实验是将试样弯曲到一定角度后，观察其弯曲部位是否有裂纹产生，并以此判定其承受弯曲的能力是否符合规定的要求。试样一般在焊缝横向切取两个，分别作为面弯和背弯

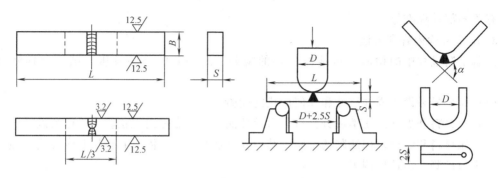

图 8-2　弯曲试样与试验示意

的试样。试验按照 GB 232—88《金属弯曲试验方法》进行。弯曲试样与试验见图 8-2。

常温冲击韧性试验是检验材料韧性和塑性变形能力的试验方法。试验方法按照 GB/T 229—94《金属夏比缺口冲击实验方法》进行。

压扁试验是对管子原材料和焊接接头力学性能的一种试验方法，主要用来检验塑性变形能力。管子压扁试验是按照 GB 246—82《金属管压扁试验法》进行。

3. 金相检验

金相检验是设备制造中焊接和热处理工艺评定以及设备事故分析所必需的检验程序。主要目的是检查钢材的金相组织及内部可能存在的显微缺陷。按照检查目的不同分为宏观检查和微观组织检查两种。

宏观检查即低倍组织检查，包括酸蚀和断口检查。宏观检查是将试样研磨至 $R_a 1.6\mu m$ 的断面，酸蚀处理后，用 5～10 倍放大镜检查断面的未焊透、未熔合、裂纹及组织偏析等焊接缺陷，并且测定其尺寸。断口的宏观检查，是评定冲击试样断口韧性的简易方法。试件断口全部呈暗灰色纤维状时，称为韧性端口；如果全部为闪烁的结晶状时，称为脆性断口。

纤维组织检查是用 50～150 倍金相显微镜观察其显微组织状态，并作出定性和定量分析等。

三、无损检测

前述的化学成分检验、力学性能试验以及金相组织检验都是对构件进行的破坏性试验，但在很多情况下是不允许在检验的过程中对构件造成任何的损坏。如对制作好的压力容器焊缝的检验，对在役压力容器壁厚以及焊缝的检验，都不允许进行破坏性试验，这就需要进行无损检测。

无损检测用于检查原材料及焊缝的表面和内部缺陷，是确保设备制造质量的重要环节之一和主要手段。它包括射线检测、超声波检测、磁粉检测、渗透检测等。射线检测和超声波检测主要用于内部缺陷的检查，磁粉检测主要用于表面和近表面缺陷的检查，渗透检测用于表面开口缺陷的检查。无损检测的详细内容参阅本教材的第三篇。

四、压力试验与致密性试验

设备制造完毕后，应按图样规定进行压力试验和致密性试验。压力试验包括液压试验和气压试验。致密性试验主要有气密性试验和渗漏性试验，渗漏性试验则根据试验所用的介质不同分为煤油渗漏试验和氨渗透性试验。

1. 液压试验

液压试验用来检查设备或构件的强度和密封性。液压试验常用液体是水，故通常称之为水压试验。

试验装置图如图 8-3 所示。试验时先将容器内灌满水，灌水时打开排气阀，待气排完后关闭。然后打开直通阀和开动试压泵，使容器内压力逐渐升高，达到规定压力后，停泵并关闭直通阀，保压检查，保压时间一般不低于 30min。试验完毕，打开排气阀，再打开排水阀将水放净。

试验的压力应符合设计图样的要求，试验压力按照表 8-1。

水压试验时应注意以下几点。

（1）水压试验有一定的危险性，试验时应注意安全。试验压力应缓慢上升，有些需要逐级升压，其过程按标准要求进行。达到规定压力后保压时间不低于 30min，然后将压力降至试验压力的 80%，保持足够长时间，并对所有焊缝和连接部位进行检查，以无渗漏和异常声音为合格。如有渗漏，修补后重新进行试验。

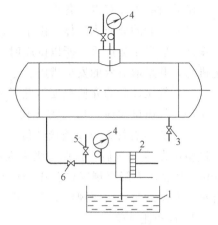

图 8-3 水压试验装置
1—水槽；2—施压泵；3—排水阀；4—压力表；
5—安全阀；6—直通阀；7—排气阀

表 8-1 液压试验压力

容器种类	试验压力	容器种类	试验压力
内压容器	$P_T = 1.25p \dfrac{[\sigma]}{[\sigma]^t}$	外压容器	$P_T = 1.25p$
		真空压力容器	$P_T = 1.25p$

注：p——设计压力，MPa；

P_T——试验压力，MPa；

$[\sigma]$——试验温度下材料许用应力，MPa；

$[\sigma]^t$——设计温度下材料许用应力，MPa。

（2）立式容器卧置水压试验时，试验压力应加上液柱静压。

（3）对于碳钢和一般低合金钢，试验液体的温度不应低于 5℃。对于新钢种，还应比材料脆性转变温度高 16℃。对于不锈钢容器，试验用水所含氯离子的浓度不超过 25mg/kg。

2. 气压试验

气压试验也是用来检查各连接部位和焊缝的密封性的。只有设计结构上或者使用方面的原因不能用液压试验时，才采用气压试验。例如，设计的构件或基础未考虑试压时水的质量；使用时不允许有残留水分，而其内部又不便于干燥的设备。

试验的压力应符合设计图样的规定，或按表 8-2 所规定的压力来控制。

表 8-2 气压试验压力

容器种类	试验压力	容器种类	试验压力
内压容器	$P_T = 1.15p \dfrac{[\sigma]}{[\sigma]^t}$	外压容器	$P_T = 1.15p$
		真空压力容器	$P_T = 1.15p$

注：p——设计压力，MPa；

P_T——试验压力，MPa；

$[\sigma]$——试验温度下材料许用应力，MPa；

$[\sigma]^t$——设计温度下材料许用应力，MPa。

试验时必须注意以下各点。

(1) 试验的介质为气体,由于气体的体积压缩比很大,气压试验的危险性很大,一旦发生爆炸,后果十分严重。所以试压时,必须经主管部门同意,并在安全部门的监督下,按规定进行,并采取有效的安全措施。

(2) 气压试验的介质温度不低于15℃。

(3) 气压试验时,压力需缓慢上升,至规定压力的10%。且不超过0.05MPa时保压5min,检查所有焊缝以及连接部位,有渗漏时按规定返修。合格后,继续缓慢升压,至规定试验压力的50%后,按照每级为规定试验压力的10%的级差,逐级升至试验压力,保压10min后将压力降至规定试验压力的87%,保持足够长时间,然后再进行检查,无渗漏为合格。有渗漏时,按照规定返修,重新试验至合格为止。

3. 致密性试验

(1) 气密性试验 气密性试验的主要目的是检查连接部位的密封性能和焊缝可能产生的渗漏。由于气体比液体检漏的灵敏度高,因而用于密封性要求高的容器。进行气密性试验的设备,在试验前应进行水压试验,合格后方可进行。试验压力通常为设计压力的1.05倍。试验时,压力应缓慢上升,达到规定压力后保压10min,再降至设计压力进行检查,以无渗漏为合格。

(2) 氨渗透试验 氨渗透试验属于气密性试验。常用于检查压力较低,但密封性要求高的场合,如煤气管道等。氨渗透试验是将含氨体积比1%的压缩空气通入容器内,在焊缝及连接部位贴上比焊缝宽20mm的试纸,达到试验压力后5min,试纸未出现黑色或者红色为合格。使用酚酞时,应注意将碱性溶液清除干净。

(3) 煤油试验 煤油试验是利用煤油良好的渗透性检查焊缝致密性的一种检测方法。检查时,将焊缝能够观察的一面清理干净,涂上白粉浆,晾干后,在焊缝的另一面涂上煤油,使表面得到足够的浸润,0.5h后检查,以没有油渍为合格。

第二节 化工设备制造质量管理

一、质量管理体系

1. 质量管理体系的作用

质量管理的概念是指"对确定和达到质量要求所必需的职能和活动的管理"。可以具体描述为:把专业技术、经营管理、数理统计和思想教育结合起来,建立起贯穿于产品质量形成全过程的质量体系,从而经济地生产用户满意的产品的全部活动。

它包括三方面的含义和内容:

(1) 它是企业全部经营管理工作中的一个重要组成部分和中心环节;

(2) 在对内部的质量管理、对外的质量保证工作中,确定产品、过程或服务的质量方针并组织实施;

(3) 质量管理包括质量控制活动和质量保证。

质量控制是指"为保持某一产品、过程或服务质量满足规定的质量要求所采取的作业技术和活动"。质量保证是指"为使人们确信某一产品、过程或服务质量能满足规定的质量要求所必需的有计划、有系统的全部活动"。

质量管理体系是通过一定制度、机构和方法把质量管理活动加以标准化、制度化、程序化。

质量管理体系在企业中占有至关重要的地位。为保证质量管理能顺利地、持久地进行下去，必须建立起一套完整的行政管理体系。质量管理体系是企业管理工作向深度和广度发展的必然趋势，是企业以保证和提高产品质量为目标，按照系统论、信息论、控制论的观点，把产品质量形成全过程中各环节的质量职能组织起来，形成一个有明确职责和权限、互相协调、互相促进的有机整体。

2. 质量管理体系的内容

质量管理体系的建立应适应本企业实际，做到切实可行，应能确保产品制造全过程处于严格有效的控制之中，能使产品的制造质量符合现行技术法规的全部要求，能确保企业质量方针和目标的实现。

其具体内容如下。

（1）根据质量循环全过程各个环节的质量职能，建立一套完整的质量管理组织机构。该组织机构应根据产品的特点和实际条件，把生产全过程和主要影响要素按其内在联系划分为若干个既相对独立、又相互联系的控制系统、控制环节和控制点。

（2）质量管理体系应建立对应于各级质量管理机构和责任人员的岗位责任制，以确定他们的工作程序、工作依据、工作标准和工作见证等工作程序。

（3）一套完整的法规体系。包括技术法规、质保手册、规章制度等。

（4）一套高效灵敏的质量信息反馈系统。

（5）规定质量管理体系的审核与诊断方法。

3. 压力容器质量管理体系的主要控制系统

由于压力容器是一种有爆炸危险和可靠性要求很高的产品，国家设有专门的锅炉压力容器安全监察机构对其进行安全监督与检查，要求对其产品提供可靠的质量保证。因而压力容器制造行业的质量管理工作笼统地称作质量保证工作。对其质量管理体系称作质保体系，压力容器质量保证体系由控制体系、组织体系和法规体系三部分组成。

（1）控制体系是反映控制的过程，以及如何进行控制的。包括原材料的控制（即"料"）、质量形成过程的控制（即"过程"）和仪器设备的控制（即"机"）。质量形成过程的控制中，分解为设计控制（前期）、制造工序控制（中期）和检验控制（后期）。并设置控制系统、控制环节、控制点甚至控制因素。

（2）组织体系是反映由谁来控制的，并通过组织机构和质保人员来达到控制系统的要求。包括法人代表、质保人员（质保体系总负责人、质保工程师、系统责任工程师、控制环节负责人、控制点负责人）和组织机构（质管办和职能部门）。该体系中应明确质保机构和质保人员的职、责、权，明确质保办与其他职能部门之间的关系，为满足控制体系的要求提供组织保证。

（3）法规体系是进行质量控制的依据，它规定了质保人员应该按什么进行质量控制，工作程序是什么，达到什么标准，工作见证有哪些等。

二、压力容器制造的安全监察

1. 安全监察机构

目前我国压力容器制造的检验和监督工作由国家质量技术监督局各级下属单位的相应职能部门担任（如技术监督局的锅炉压力容器检验所）。

2. 安全监察主要法规

　　我国目前用于锅炉压力容器安全监察的主要法规有：1982 年 2 月 6 日由国务院颁布的《锅炉压力容器安全监察暂行条例》、1993 年 12 月 6 日由中华人民共和国劳动部颁发的《超高压容器安全监察规程》、1999 年 11 月 30 日由国家技术监督总局颁发的《在用压力容器检验规程》、2000 年 5 月 27 日颁发的《特种设备质量监督与安全监察规定》及 2002 年 12 月 1 日颁发的《压力容器安全技术监察规程》、2003 年 5 月 1 日由国务院颁布的《特种设备安全监察条例》等。

复习思考题

8-1　为什么要进行设备检验？检验的标准和方法有哪些？

8-2　压力试验和致密性试验有何区别？试验注意事项有哪些？

8-3　什么是质量管理体系？质量管理的内容是什么？质保体系的控制系统有哪些？

8-4　了解压力容器制造的安全监察机构及其相关法规。

8-5　了解某压力容器制造企业的质量管理体系的运作情况。

第三篇
化工设备的无损检测

概　　述

无损检测是在不损伤被检材料、工件或设备的情况下，应用多种物理和化学方法来测定材料、工件或设备的物理性能、状态和内部结构等，判断其合格与否。无损检测技术已广泛应用于机械制造、石油化工、造船、汽车、航空航天和核能等工业，化工设备的无损检测主要用于探测材料或构件中是否有缺陷，并对缺陷的形状、大小、方位、取向、分布和内含物等情况进行判断。

无损检测技术在产品设计、制造加工、成品检验及在役检查各个阶段都能发挥作用。在设计研制阶段，可以通过无损检测来确定设计思想，建立技术条件、规范和验收标准等；在制造加工阶段，从原材料开始到每道加工工序，都可以实时控制质量，并将所得到的质量信息反馈到设计与工艺部门以便进一步改进产品的设计与制造工艺；在成品验收阶段，可以进行质量鉴定，对产品合格与否作出判断；在产品使用过程中，可以定期进行无损检测或在线监测，监视早期缺陷及其发展程度（如疲劳裂纹的萌生与发展），对装置或构件能否继续使用及其安全运行寿命进行评价，做到防患于未然，避免事故的发生。

无损检测技术的发展分为三个阶段，即 NDI（Non-destructive Inspection）、NDT（Non-destructive Testing）和 NDE（Non-destructive Evaluation），分别称为无损探伤、无损检测和无损评价，三个阶段的主要工作内容见下表：

项目	第一阶段	第二阶段	第三阶段
简称	NDI 阶段	NDT 阶段	NDE 阶段
中文名称	无损探伤	无损检测	无损评价
英文名称	Non-destructive Inspection	Non-destructive Testing	Non-destructive Evaluation
基本工作内容	主要用于产品的最终检验，在不破坏产品的前提下，发现零部件中的缺陷（含人眼观察、耳听诊断等），以满足工程设计中对零部件强度设计的需要	不但要进行最终产品的检验，还要测量过程工艺参数，特别是测量在加工过程中所需要的各种工艺参数。诸如温度、压力、密度、黏度、浓度、成分、液位、流量、压力水平、残余应力、组织结构、晶粒大小等	不但要进行最终产品的检验以及过程工艺参数的测量，而且当认为材料中不存在致命的裂纹或大的缺陷时，还要： (1) 从整体上评价材料中缺陷的分散程度 (2) 在 NDE 的信息与材料的结构性能（如强度、韧性）之间建立联系 (3) 对决定材料的性质、动态响应和服役性能指标的实测值（如断裂韧性、高温持久强度）等因素进行分析和评价

目前，无损检测技术已逐渐由 NDI 和 NDT 阶段向 NDE 阶段发展。随着计算机科学的发展，无损检测的可靠性和准确性越来越高，从而使其应用范围也越来越广泛。

无损检测根据原理不同有多种方法，最常用的有射线检测、超声波检测、磁粉检测、渗透检测四种，称之为常规无损检测方法。本篇主要介绍其原理、方法、操作及应用范围等。

第九章 射线检测

射线检测是利用射线可穿透物质、材料对射线吸收、衰减以及射线能使胶片感光的特性来发现材料内部缺陷的一种检测方法。射线检测对零件形状及表面粗糙度无严格要求，能直观显示缺陷影像，便于对缺陷进行定位、定量、定性，检验缺陷准确可靠，且射线底片可长期保存，便于分析事故原因，但射线检测设备复杂，成本高，射线对人体有害。射线检测几乎适用于所有材料。目前主要用于焊缝和铸件检测。

射线检测有 X 射线、γ 射线以及中子射线等检测方法。本章主要介绍射线检测的基本知识、原理及方法、检测工艺、底片质量的评定等内容。

教学要求

了解射线检测的基本知识、原理及方法、检测工艺、底片质量的评定。

教学建议

配合课堂教学安排到化工机械制造厂参观无损检测中心，了解射线检测的具体应用。

第一节 射线检测的物理基础

一、射线的种类及其产生

（一）射线的种类

射线就其本质而言是一种电磁波，与无线电波、红外线、可见光、紫外线具有相同的传播速度，只是频率和波长不同。一些速度高、能量大的粒子流也叫射线。射线由射线源向四周发射的过程称为辐射。那些能量很低、不足以引起物质发生电离的射线辐射为非电离辐射，如微波辐射、红外线辐射等；而能直接或间接引起物质发生电离的射线辐射为电离辐射，如阴极射线、α 射线、β 射线、X 射线、γ 射线、电子射线和中子射线等。射线检测主要采用 X 射线和 γ 射线。

（二）射线的产生

1. X 射线的产生

X 射线和可见光、无线电波的本质相同，仅波长不同。X 射线的波长一般为 $1019\sim0.006\text{Å}$（$1\text{Å}=1\times10^{-7}\text{mm}$）。X 射线由 X 射线管产生。真空中将阴极通电加热后放出电子，在阴极和阳极之间加上几十至几百千伏的电压（管电压），由阴极放出的电子在电压作用下加速飞行撞向阳极，其动能的大部分能量都转变成热能，只有极少部分（约 $1\%\sim3\%$）转变为 X 射线，透过 X 射线管的管壁向外辐射。

产生的 X 射线强度与阴极发射的电子（管电流）数量成正比，与作用在 X 射线管的管压（管电压）的平方成正比，且与阳极材料的原子序数成正比。管电流越大，阴极发射的电子数量就越大；管电压越高，电子撞击阳极的动能越大，所产生的 X 射线的穿透能力也越大；阳极材料的原子序数越大，电子撞击阳极的概率就越大。因此，要获得强度较高的 X 射线，不但要有适当的管电流和管电压，还要有高原子序数的阳极靶材料。常用的阳极靶材料为钨和钼等。

2. γ 射线的产生

γ 射线由放射性同位素的原子核衰变产生。原子核由高能级跃迁到低能级时辐射出的波长很短的电磁波叫做 γ 射线。γ 射线的波长为 $1.139 \sim 0.003$Å（1Å$= 1 \times 10^{-7}$mm）。放射性同位素的原子核在自发地放射出某种粒子（α、β 或 γ）后能量逐渐减弱的现象叫做衰变，这种衰变总是自发进行且不可控制。放射性同位素的原子数目因衰变而减少到原来的一半所需要的时间叫做半衰期。在无损检测中应用的放射性同位素，半衰期短则几十天，长则数年，半衰期过短就没有应用价值。因此，选取一种同位素作为 γ 检测射线源时，既要有满足要求的穿透力，又要有较长的半衰期。

目前应用最广泛的射线源是 ^{60}Co、^{192}Ir 和 ^{137}Cs。

3. 中子射线的产生

中子是由原子核反应产生。除普通氢核外（氢核只有一个质子）其他任何原子都含有中子，如果对原子核施加强大作用，使原子获得的能量超过中子的结合能，则会释放出中子。例如，用质子、α 粒子及 γ 射线轰击原子核就能获得中子。目前，常用的中子源有同位素中子源、加速器中子源和反应堆中子源。

4. 高能 X 射线的产生

普通 X 射线和 γ 射线能量较低，穿透能力差，因而检测能力受到限制，超过 100mm 厚的钢板不能用一般 X 射线检测，超过 300mm 厚的钢板很难用 γ 射线检测，采用高能 X 射线检测则可获得满意的结果。高能 X 射线是指其能量在 1MeV（兆电子伏特）以上的 X 射线，它是利用超高压、强磁场、微波等技术对电子进行加速，产生能量强大的电子束轰击阳极靶来获得高能量的 X 射线，故称为高能 X 射线。工业无损检测用于加速电子的加速器有电子感应加速器、电子直线加速器和电子回旋加速器。

二、射线的基本性质

X 射线和 γ 射线都是波长很短的电磁波，两者具有相似的性质。

(1) 不可见，直线传播。

(2) 能穿透可见光不能穿透的物质，如金属材料。

(3) 能起光化学作用，使照相胶片感光生成潜像，又能激发某些物质产生荧光作用。

(4) 能被传播物质吸收、衰减，物质的密度越大，射线的衰减越大。

(5) 能使气体电离。

(6) 不带电，不受电场和磁场的干扰。

(7) 与光波相同，具有反射、折射和干涉等光学性质。

(8) 能产生生物效应，伤害、杀死生物细胞。当人体受到过量的射线照射后会发生病变，但合理利用射线又可治疗某些疾病。

X 射线和 γ 射线的主要差别如下。

(1) 产生的机理不同。X 射线是用高速电子轰击金属靶产生的，没有电源就没有 X 射线产生，因而安全性好，易于防护；γ 射线是从不稳定的原子核中辐射出来的，不受电源影响而持续产生，因而安全性不如 X 射线，必须加强防护。

（2）X射线的强度可调节，而γ射线的强度随时间按指数规律衰变，不可随意调节。

高能X射线除具有一般X射线的性质外，还具有自身的特性，如穿透力强、射线焦点小、能量转换率高（40%～50%的能量转变成X射线）、散射线少、清晰度高、透照宽容度大（工件厚度相差一倍不用补偿也能在底片上反映出来），因此高能X射线成为射线检测的重要手段之一。

三、射线检测的基本原理和方法

（一）射线检测的基本原理

当射线穿透物体时，不同密度的物质（如缺陷部位和无缺陷部位）对射线的吸收能力不同，射线能量的衰减程度就不同。物质的密度越小，射线能量的衰减也越小，透过物质的射线能量就越大。通常，透过有缺陷部位的射线强度高于无缺陷部位的强度，因此，可通过检测透过被检物体后射线强度的差异来判断被检物中是否有缺陷存在。

（二）射线检测方法

目前，工业上主要有射线照相法、射线实时检测法和射线计算机断层扫描技术。

1. 射线照相法

射线照相法是比较成熟、目前应用最广的一种检测方法。将装有胶片的暗袋紧贴于工件背后，射线穿透工件，若工件中存在缺陷，则在缺陷部位射线穿透工件的实际厚度减少，使胶片接收透过的射线强度高于无缺陷部位，感光量大，如图9-1所示。胶片经暗室处理后，感光量大的地方较黑，感光量小的地方较淡，根据冲洗后X光感光胶片上影像的黑度，来分析判断被检物中缺陷存在与否以及缺陷的种类、数量和位置。

若工件中有两个大小相同的缺陷，但它们对射线源的距离远近不同，它们在底片中影像的黑度也会不同。此外，缺陷在射线方向上的长度越大，其黑度就越大，否则就小。因此像裂纹这样的缺陷，如果其方向与射线方向平行，则容易被发现，如果垂直则不易发现，甚至显示不出来。故检测人员应掌握各类缺陷产生的机理和特征，以便正确选择透照方式。

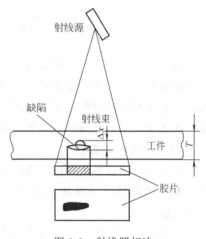

图9-1　射线照相法

2. 射线实时检测法

射线照相法的主要缺点是费用较高，效率偏低。射线实时检测法是工业射线检测很有发展前途的一种新技术，与传统的射线照相法相比具有实时、高效、不用射线胶片、可记录和劳动条件好等特点。目前射线实时检测法主要有荧光屏观察法和工业电视法两类。

射线荧光屏观察法是将透过被检测工件后的不同强度的射线，再投射到涂有荧光物质的荧光屏上，激发出不同强度的荧光而得到工件内部的影像。与照相法不同之处是缺陷的图像不是在底片上，而是在荧光屏上，因此，能对工件连续检查，并立即得出结果。该法成本低，效率高，可连续检测，主要适用于形状简单、要求不严格产品的检测。

工业电视法是荧光屏观察法的发展，通过图像增强器将荧光屏上图像的亮度提高数千倍，摄像后在电视屏上进行观察。

由于荧光屏观察法和工业电视法的成像显示在线性光栅电视监视器上，与射线照相底片上的图像有本质的不同，它往往呈颗粒状结构，有一种固有不清晰度，因而，检测灵敏度低，分辨率受到限制。

3. 射线计算机断层扫描技术

射线照相一般仅能提供定性信息，不能用于测定结构尺寸、缺陷方向和大小，而且，存在三维物体二维成像、容易产生前后缺陷的重叠等缺点。射线计算机断层扫描技术简称 CT（Computer Tomography）技术，它是将射线源和检测接受器固定在同一扫描机架上，同步地对被检物体的某一断面进行联动扫描，一次扫描结束后机器转动一个角度对同一断面进行下一次扫描，如此反复下去即可采集到同一断面的若干组数据，这些数字信息经计算机处理后，在计算机的统一管理及应用软件支持下，就可得到物体该断面的真实二维图像。所以，射线计算机断层扫描技术是一种由数据到图像的重建技术。如果要再现物体的形状及内部组织结构，就必须将物体所有断面的二维数据按照断面的空间顺序排列起来，组成图像的三维数据，从而完整、逼真地重建出物体甚至是任意角度的三维图像。

射线计算机断层扫描技术目前已在航空航天工业、核工业、钢铁工业、机械工业、电子工业中得到有效应用，其最主要的不足是设备复杂，投资巨大，不适合一般使用。

第二节　射线检测工艺

射线照相法是在一定的设备条件下，对被检物体进行透射，胶片曝光后进行暗室处理，并根据底片上的影像判断缺陷。由于二维投影像不能完全真实地反映工件内部的实际情况，因此，必须根据被检物的具体实际，选择最佳的几何因素、合适的胶片、象质计、射线强度、曝光条件等，从而提高检测的准确性。

一、射线检测设备

X 射线检测设备主要由 X 射线管、高压发生器、冷却部分和操作控制等部分组成，其中 X 射线管是检测设备的核心部件，X 射线管的性能直接影响到穿透能透力、照清晰度、使用寿命等。

X 射线管由阴极、阳极和真空玻璃泡组成，如图 9-2 所示。

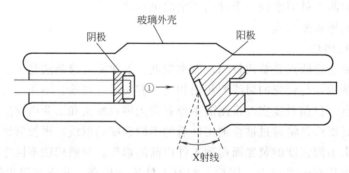

图 9-2　X 射线管结构示意

（一）阴极

X 射线管的阴极起发射和聚集电子的作用，由发射电子的钨丝（灯丝）和聚集电子的凹面阴极头组成。

阴极头的形状、大小、凹面直径、深度、灯丝直径及灯丝在阴极罩中的位置对 X 射线焦点的形状和大小有影响。阴极形状分线焦点和圆焦点两类，线焦点又有单线焦点和双线焦点两种。圆焦点阴极的灯丝绕成螺旋形，线焦点阴极的灯丝绕成长的螺旋管形，如图 9-3 所示。

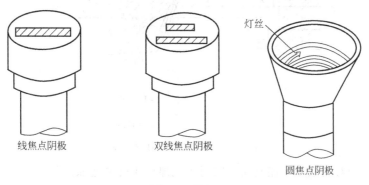

灯丝

线焦点阴极　　双线焦点阴极　　圆焦点阴极

图 9-3　阴极

（二）阳极

阳极是产生 X 射线的部分，X 射线管的阳极由阳极靶、阳极体和阳极罩三部分组成，如图 9-4 所示。

由于高速运动的电子撞击阳极靶时只有极少部分能量转变为 X 射线，绝大部分能量转变为热能使阳极温度升高，因此阳极的构造特别要考虑耐高温和散热问题。通常选用熔点高、原子序数大的钨作阳极靶，采用辐射散热、油（水）冷却和旋转阳极自然冷却的方式考虑散热。

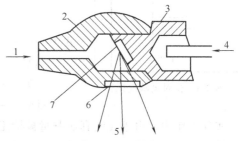

图 9-4　阳极

1—电子入射方向；2—阳极罩；3—阳极体；4—冷却油入口；5—X 射线；6—放射窗口；7—阳极靶

（三）焦点

X 射线管的焦点是 X 射线管重要的技术性能指标之一，其大小直接影响射线检测的灵敏度。X 射线管的焦点尺寸主要取决于阴极的形状。

阳极靶被电子束撞击的部分叫实际焦点。焦点大，易于制造，有利于散热。实际焦点在射线方向上的投影叫有效焦点。焦点小，透照灵敏度高，底片清晰度好。但焦点过小阳极靶容易过热烧坏，因此不宜采用大的管电流，这就会延长透照时间，所以，要求灵敏度高时可用小焦点，一般检测则用大焦点，大型 X 射线管可采用双线焦点。实际焦点和有效焦点如图 9-5 所示。

X 射线检测设备分移动式和便携式两大类，移动式设备体积和质量比较大，适用于车间、实验室等固定场所，便携式体积小、质量小，适用于流动性检验和生产现场大型设备的检测。

二、灵敏度与象质计

（一）灵敏度

X 射线检测的灵敏度是指显示缺陷的程度和能发现最小缺陷的能力，它是衡量检测质量的标志。射线检测的灵敏度通常分绝对灵敏度和相对灵敏度两种。

绝对灵敏度指在底片上能发现的沿射线透射方向上的最小缺陷尺寸。由于对不同厚度的工件所能发现缺陷的最小尺寸不同，较薄的工件容易发现细小缺陷，而较厚工件只能发现较

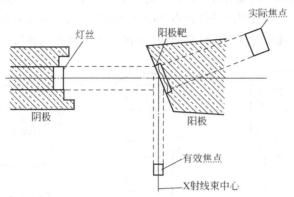

图 9-5　实际焦点和有效焦点

大缺陷，因此，绝对灵敏度不能真实反映对不同厚度工件的透照质量。

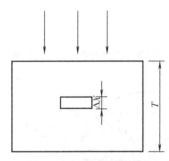

图 9-6　相对灵敏度计算

相对灵敏度指在底片上能发现的沿射线透射方向上的最小缺陷尺寸与被透照工件厚度之比，如图 9-6 所示。相对灵敏度又称百分比灵敏度，用 K 表示，即

$$K = \frac{\Delta X}{T} \times 100\% \qquad (9\text{-}1)$$

式中　K——相对灵敏度，%；

　　　ΔX——平行于射线透射方向上的最小缺陷尺寸，mm；

　　　T——工件厚度，mm。

目前，一般所说的射线检测灵敏度都是指相对灵敏度。

实际工作中，由于无法真实测量被检工件中的最小缺陷尺寸，一般采用带有人工缺陷的象质计（又称透度计）来衡量灵敏度高低。

（二）象质计

象质计是评价检测灵敏度的一种标准工具，目前国内外采用的象质计有槽型、孔型和线型三类，我国目前多采用线型象质计，其型号规格应符合 JB/T 7902—1999《线型象质计》的规定。线型象质计由 7 根直径不同的金属丝平行排列密封夹在透明塑料片之间，如图 9-7 所示。金属丝材料应与被检测工件材料相同，常用材料有碳素钢、不锈钢、钛合金、铜合金、铝合金等。

使用时，将象质计放在射线源一侧的工件表面，接近胶片两端部位。检测焊缝时，则放在被检焊缝区的一端（被检区长度的 1/4 部位），金属丝应横跨焊缝并与焊缝方向垂直，细丝置于外侧，如图 9-8 所示。

象质计与被检测部位同时曝光，在底片上观察到不同直径金属丝的影像，能识别出的金属丝越细，说明灵敏度越高。其相对灵敏度为

$$K = \frac{d}{T} \times 100\% \qquad (9\text{-}2)$$

式中　K——相对灵敏度，%；

　　　d——底片上能识别出最细金属丝直径，mm；

　　　T——被检工件的穿透厚度，mm。

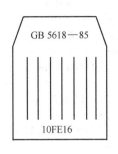

图 9-7　线型象质计

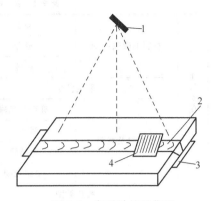

图 9-8　象质计放置位置
1—射线源；2—焊缝；3—胶片；4—象质计粗丝

底片上能显示的最细金属丝，表明工件或焊缝内远离胶片处与最细金属丝直径"相当"的缺陷能在底片上显示出来（显示的金属丝直径并不是缺陷的真实大小）；如果将象质计放在胶片一侧，底片上显示的最细金属丝直径并不能表明工件或焊缝内远离胶片处与最细金属丝直径"相当"的缺陷也能在底片上显示出来。因此，标准中规定的灵敏度必须是工件表面射线源一侧的灵敏度。

三、灵敏度的影响因素

射线检测的灵敏度受照相底片的对比度（反差）和清晰度两方面因素的综合影响，两方面因素的主要内涵见表 9-1。

下面具体分析几个主要影响因素。

1. 射线能量的影响

射线能量不同，其穿透能力不同，得到底片的对比度也不同。通常，射线波长越短，能量越大，其穿透能力越强，可以穿透衰减系数较大的材料。实际使用时首先要保证射线能量能穿透被检工件，但射线能量过大（称硬射线）会降低底片的对比度，因此，在曝光时间许可的条件下，应尽量采用低能量射线。不同厚度材料允许使用的最高 X 射线管电压如图 9-9 所示。

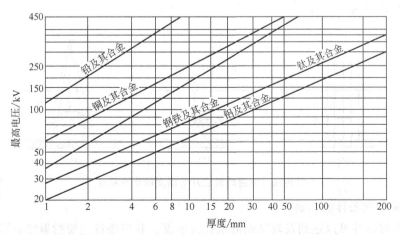

图 9-9　透照不同厚度材料时允许使用的最高 X 射线管电压

表 9-1 射线检测灵敏度的影响因素

对比度	主因对比度	材料的吸收差别	厚度	不清晰度	几何不清晰度	焦点尺寸
			成分			焦距大小
			密度			
		射线波长				工件与胶片间距离
		散射线及减弱	屏蔽与光阑			工件厚度变化率
			滤波片			
			铅增感			胶片与增感屏贴紧程度
			铅制光栅			
		胶片类型				工件与焦点移动与否
	胶片对比度	显影条件	显影液类别		固有不清晰度	胶片类型
			显影温度			增感屏类型
			显影时间			
			显影液活度			射线能量
			显影搅拌			
		底片黑度				显影条件
		增感方式及增感屏厚度				

2. 散射线的影响

射线穿透物质时，由于康普顿效应而发生散射，这种散射线的能量低于入射射线的能量，且方向杂乱，从而降低底片的反差和清晰度。散射线的影响可用图 9-10 说明。图 9-10 (a) 所示为一束平行射线穿过带有空洞的工件时，若不存在散射线，则底片上缺陷影像的轮廓是清晰的；图 9-10(b) 所示为如果存在散射线，杂乱的散射线会使缺陷影像边缘模糊不清，对比度下降。由于实际射线束呈扩散状，因而散射线对缺陷清晰度的影响就更大，如图 9-10(c) 所示。散射线的产生是射线与物质作用过程中的必然结果，要完全消除这种影响是不可能的，但透照过程中可采取适当的屏蔽方法限制受检部位的受照面积，以减小散射线的影响。通常，可在射线源处装设铅罩或遮挡板，或在工件上不需透照部位加遮挡板来屏蔽散射线，如图 9-11 所示。

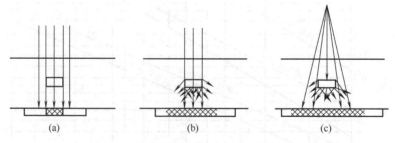

图 9-10 散射线对底片清晰度的影响示意

3. 射线源几何条件的影响

合适的几何条件可以达到发现缺陷的最佳灵敏度。几何条件主要指射线源有效焦点尺寸 d、焦点至胶片距离（即焦距 F）、缺陷至胶片距离 b 等参数，如图 9-12 所示。在具有一定尺寸的射线源照射下，射线透过有缺陷的工件时，会在底片影像边缘部分产生一定宽度的半

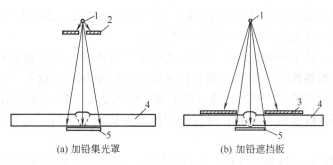

(a) 加铅集光罩   (b) 加铅遮挡板

图 9-11 屏蔽散射线示意

1—射线源；2—铅集光罩；3—铅遮挡板；4—工件；5—暗盒

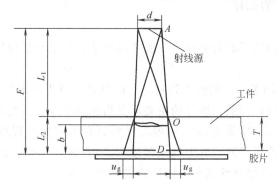

图 9-12 几何不清晰度的产生

影区，此半影区称为几何不清晰度 u_g。

根据相似关系有

$$\frac{u_g}{d} = \frac{OD}{OA} = \frac{b}{F-b}$$

当缺陷位于工件表面（缺陷离胶片距离最大），即 $b = L_2$（忽略片套厚度时则 $b = T$）时，几何不清晰度最大。

$$u_g = \frac{dT}{F-T} \tag{9-3}$$

式中 d——有效焦点尺寸，mm；

　　　T——被检工件在透照方向上的厚度（在此条件下，即为工件厚度），mm；

　　　F——焦点至胶片距离即焦距，$F = L_1 + L_2$，mm；

　　　L_1——射线源到工件上表面的距离，mm；

　　　L_2——胶片至工件上表面的距离（忽略暗盒厚度时即为工件厚度），mm。

由式（9-3）可知，几何不清晰度与有效焦点尺寸和工件厚度成正比，与射线源到工件上表面的距离成反比。因此在工件厚度一定的情况下，为了减小几何不清晰度应尽量选择焦点尺寸小的射线源，并适当增加射线源至工件上表面的距离。同时还要注意将胶片紧紧贴在被检工件上，以提高影像清晰度。另外由图 9-12 知，缺陷越靠近胶片，则所得影像的轮廓就越清晰。因此，标准中规定用以衡量透照灵敏度的象质计应放在靠近射线源一侧的焊缝表面上，以保证在整个透照厚度范围内都能达到象质计所显示的透照灵敏度。

4. 胶片与增感屏的影响

胶片上溴化银粒度不同，对感光度的影响也不同。粒度粗，感光速度快，但底片清晰度差；反之，粒度细，感光速度慢，但底片清晰度好。

射线照相时，透过工件到达胶片上的射线能量只有很少一部分被胶片吸收，使胶片感光，要想达到预定的感光效果则必须延长感光时间，即便如此，也不一定能达到预定的效果，为此，生产中常在胶片两侧贴加增感屏来加快感光速度，减少透照时间，提高效率和透照质量。不同增感屏增感效果不同，对胶片清晰度的影响也不同，具体影响另见增感屏的选择。

此外，工件的材料、缺陷的性质、形状及位置、胶片的暗室处理等对底片质量和检测灵敏度均有不同程度的影响。

四、胶片与增感屏的选择

(一) 胶片的选择

胶片是记录射线检测结果的必要材料，胶片的性能、质量和处理情况直接影响透照质量和透照结果的可靠性。

工业 X 射线胶片不同于一般的感光胶片，它由基片、感光乳剂层（感光药膜）、结合层（底膜）、保护层（保护膜）组成，胶片的主要质量指标是黑度、感光度和灰雾度。

曝光后的胶片经显影、定影等暗室处理后得到具有不同黑化程度（即黑度）影像的底片，在观片灯前观察，若照射到底片上的光强度为 L_0，透过底片后的光强度为 L（均不是射线强度），则 L_0/L 的常用对数定义为底片的黑度 D，即

$$D = \lg \frac{L_0}{L}$$

一般把在射线底片上产生一定黑度所需要的曝光量的倒数定义为感光度。胶片的感光度越高，底片的清晰度越低。

未经曝光的胶片显影后也会有一定黑度，此黑度称为灰雾度。灰雾度小于 0.2 时对底片影像的影响不大，灰雾度过大则会影响对比度和清晰度，降低灵敏度。

JB 4730 和 GB 3323 根据银盐颗粒度大小将工业 X 射线胶片分为三种，见表 9-2。通常，如需缩短曝光时间则选用号数大的胶片；如需提高射线透照的底片质量则选用号数小的胶片。

表 9-2　工业 X 射线透照胶片的类型

胶 片 型 号	速 度	反 差	粒 度
1	低	高	细
2	中	中	中
3	高	低	粗

(二) 增感屏的选择

增感屏有金属增感屏、荧光增感屏、金属荧光增感屏三种。

金属增感屏的增感作用主要是在射线作用下产生二次射线来增加曝光量，常用的金属增感屏由铅或铅锑合金制成的金属箔粘在纸基或胶片片基上制成。金属增感屏的增感作用较弱，但由于金属晶粒细小，同时还能吸收部分散射线，因此，可获得较高清晰度和灵敏度的照相底片。

荧光增感屏主要是靠荧光物质在射线照射下发出荧光来增加曝光量，常用的荧光物质是钨酸钙（$CaWO_4$）。荧光增感屏增感作用强，但由于荧光物质的颗粒较粗，因而使清晰度

降低。

金属荧光增感屏是荧光增感屏和金属增感屏的结合，具有增感作用强、灵敏度高的优点。

目前，生产中最常用的是金属增感屏，只有在不使用荧光增感屏时曝光时间要超过允许时间的情况下，才采用荧光增感屏。

五、不同焊缝的透照方式

进行射线检测时，为了准确反映工件接头内部缺陷的存在情况，应根据接头形式和工件几何形状合理选择透照方式。

（一）平板对接焊缝的透照

对平板对接焊缝以及圆筒形零件的纵向对接焊缝通常采用垂直透照的方法，如图 9-13 (a)、(b) 所示为不开坡口单面焊和双面焊的透照，图 9-13(c)、(d) 所示为单 U 形和双 U 形坡口焊缝的透照，如图 9-13(e)、(f) 所示为 V 形坡口和 X 形坡口对接焊缝的透照，为了检测坡口处的未熔合缺陷，可沿坡口方向透照。

（二）角接焊缝的透照

角接焊缝包括丁字角焊缝、十字角焊缝、搭接角焊缝和卷边角接焊缝，各种角焊缝的透照如图 9-14 所示。

（三）筒体（圆管）环焊缝的透照

筒体（圆管）环焊缝透照方法按射线源、工件和胶片之间的相互位置关系分外透法、内透法、双壁单影法和双壁双影法四种。

（1）环缝外透法　射线源在筒体外侧，胶片贴在筒体内侧，射线穿过单层壁厚对焊缝进行透照，如图 9-15(a) 所示。

（2）环缝内透法　射线源在筒体内，胶片贴在筒体外表面，射线穿过筒体单层壁厚对焊缝进行透照，如图 9-15(b) 所示。

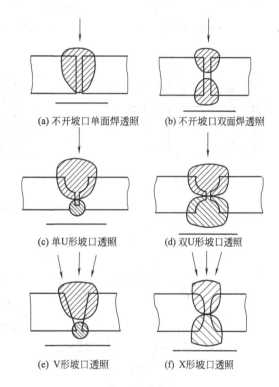

(a) 不开坡口单面焊透照　(b) 不开坡口双面焊透照

(c) 单U形坡口透照　(d) 双U形坡口透照

(e) V形坡口透照　(f) X形坡口透照

图 9-13　对接焊缝的透照

（3）双壁单影法　射线源在筒体外侧，胶片贴在射线源对面的筒体外侧，射线透过双层壁厚对靠近胶片侧的焊缝进行透照，如图 9-15(c) 所示。

（4）双壁双影法　射线源在筒体外侧，胶片贴在射线源对面的筒体外侧，射线透过双层壁厚对射线源侧和胶片侧的焊缝同时透照，在胶片上形成椭圆形影像，如图 9-15(d) 所示。透照时，为了避免上、下层焊缝影像重叠，射线束方向应有适当倾斜。由于射线源侧焊缝比胶片侧焊缝离胶片的距离相差一个直径，因此射线源侧焊缝的影像较胶片侧焊缝的影像模糊，清晰度、对比度差，故双壁双影法一般只适用于透照直径 $D \leqslant 89\text{mm}$ 的筒体（圆管）。

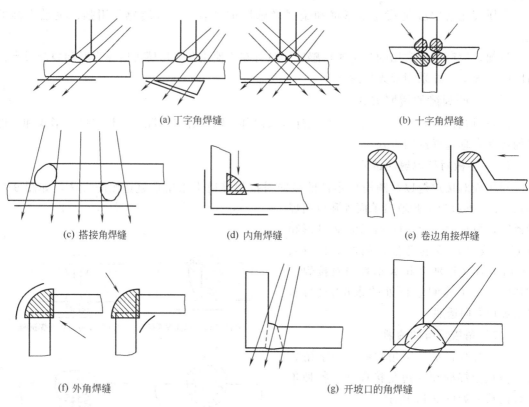

(a) 丁字角焊缝　　　　　　　　　　　(b) 十字角焊缝

(c) 搭接角焊缝　　　(d) 内角焊缝　　　(e) 卷边角接焊缝

(f) 外角焊缝　　　　　　　(g) 开坡口的角焊缝

图 9-14　角焊缝的透照

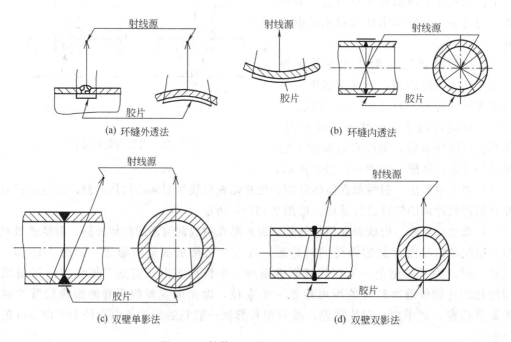

(a) 环缝外透法　　　　　　　　(b) 环缝内透法

(c) 双壁单影法　　　　　　　　(d) 双壁双影法

图 9-15　筒体（圆管）环焊缝的透照

第三节　射线检测质量评定

射线检测通过照相底片评定其质量，简称评片，由Ⅱ级或Ⅱ级以上检测人员在评片室内利用观片灯、黑度计等仪器和工具进行该项工作，根据底片上缺陷影像对缺陷定性与定量及评定焊缝缺陷等级。

一、常见缺陷及其影像特征

不同种类缺陷其组织、密度、形状等各不相同，在底片上反映出来的影像特征也不同，常见缺陷的影像特征及辨别见表9-3。

表9-3　常见缺陷的影像特征及辨别

缺陷种类	影 像 特 征 及 辨 别
裂纹	呈曲线或直线状黑色条纹，两端尖细且黑度渐小。当裂纹的深度方向(裂纹面)与射线投射方向一致或夹角较小时底片上影像较清晰
未熔合	呈不规则连续或断续条、块状黑色影像，影像模糊不清，当未熔合面与射线投射方向一致时黑度才较深
未焊透	呈平行于焊缝方向连续或间断黑色线条，黑度较大，影像清晰
夹渣	非金属夹渣呈不规则黑色点、块、条状分布，黑度较均匀，轮廓较清晰；金属夹渣——夹钨呈清晰的白色斑点
气孔	呈圆形或椭圆形黑点，中心黑度较大，边缘轮廓清晰，一般以单个、链状、网状密集出现

二、焊缝缺陷等级评定

国家标准中，根据缺陷的性质和数量将焊缝缺陷分为四个等级。

Ⅰ级焊缝内不允许裂纹、未熔合、未焊透和条状夹渣存在。

Ⅱ级焊缝内不允许裂纹、未熔合、未焊透存在。

Ⅲ级焊缝内不允许裂纹、未熔合以及双面焊或相当于双面焊的全焊透对接焊缝和加垫板单面焊中的未焊透存在。

焊缝缺陷超过Ⅲ级者为Ⅳ级。

(一)圆形缺陷的评定

通常将长宽比≤3的缺陷定义为圆形缺陷，用评定区进行评定，评定区应选择在缺陷最严重的部位，其区域大小根据工件厚度确定，见表9-4。

表9-4　圆形缺陷评定区　　　　　　　mm

母材厚度 T	≤25	>25～100	>100
评定区尺寸	10×10	10×20	10×30

评定区内圆形缺陷的大小不同时应按表9-5的规定将尺寸换算成缺陷点数。如果缺陷尺寸满足表9-6规定时则该缺陷不需换算成点数参加缺陷评定。评定时，根据评定区中每个缺陷的尺寸，按表9-5查出其相应的缺陷点数，并计算出评定区内缺陷点数总和，然后按表9-7确定缺陷的等级。

表 9-5　缺陷点数换算

缺陷长径/mm	≤1	>1～2	>2～3	>3～4	>4～6	>6～8	>8
点数	1	2	3	6	10	15	25

表 9-6　不计点数的缺陷尺寸　　　　　　　　　　　　　　　　mm

母材厚度 T	缺陷长径	母材厚度 T	缺陷长径
≤25	≤0.5	>50	≤1.4%T
>25～50	≤0.7		

表 9-7　圆形缺陷的分级

评定区 mm×mm		10×10			10×20	10×30
母材厚度 T/mm	≤10	>10～15	>15～25	>25～50	>50～100	>100
等级　Ⅰ	1	2	3	4	5	6
Ⅱ	3	6	9	12	15	18
Ⅲ	6	12	18	24	30	36
Ⅳ	缺陷点数大于Ⅲ或缺陷长径大于$\frac{1}{2}T$者					

注：表中数字为允许缺陷点数的上限，母材板厚不同时取薄板厚度值。

（二）条状夹渣的评定

通常将长宽比>3的夹渣定义为条状夹渣，条状夹渣的等级评定根据单个条状夹渣长度、条状夹渣总长及相邻两条状夹渣间距三个方面来进行综合评定，见表 9-8。

表 9-8　条状夹渣的分级　　　　　　　　　　　　　　　　　　mm

等级	单个条状夹渣长度	条状夹渣总长
Ⅱ	$\frac{1}{3}T$,最小可为 4,最大不超过 20	在任意直线上,相邻两夹渣间距不超过 $6L$ 的任何一组夹渣,其累计长度在 $12T$ 焊缝长度内不超过 T
Ⅲ	$\frac{2}{3}T$,最小可为 6,最大不超过 30	在任意直线上,相邻两夹渣间距不超过 $3L$ 的任何一组夹渣,其累计长度在 $6T$ 焊缝长度内不超过 T
Ⅳ	大于Ⅲ级者	

注：1. L—该组夹渣中最长者的长度；T—母材厚度。

2. 长宽比>3的长气孔的评级与条状夹渣相同。

3. 当被检焊缝长度不足 $12T$（Ⅱ级）或 $6T$（Ⅲ级）时，可按比例折算，当折算的条状夹渣总长度小于单个条状夹渣长度时，以单个条状夹渣长度为允许值。

4. 当两个或两个以上条状夹渣在一直线上且相邻间距小于或等于较小夹渣尺寸时，应作为单个连续夹渣处理，其间距也应计入夹渣长度，否则应分别评定。

5. 母材板厚不同时，取薄的厚度值。

如果底片上的夹渣是由几段相隔一定距离的条状夹渣组成，此时的等级评定应从单个夹渣长度、夹渣间距以及夹渣总长三方面进行评定。

先按单个条状夹渣，对每一条夹渣进行评定（一般只需评定其中最长者），然后从其相邻两夹渣间距来判别夹渣组成情况，最后评定夹渣总长。

（三）未焊透缺陷的评定

Ⅰ、Ⅱ级焊缝内不允许存在未焊透缺陷。

Ⅲ级焊缝内不允许存在双面焊和加垫板的单面焊中的未焊透。

不加垫板单面焊中的未焊透允许长度按表 9-8 条状夹渣长度的分级评定。

(四) 焊缝质量的综合评级

以上讨论内容只是针对底片上只有某一种缺陷时进行评级，事实上，焊缝中往往同时有几种缺陷存在，此时，应先分别按各种缺陷单独评级，然后进行综合评级。如有两种缺陷，可将其级别之和减 1 作为缺陷综合评级后的焊缝质量级别。如有三种缺陷，可将其级别之和减 2 作为缺陷综合评级后的焊缝质量等级。

当焊缝的质量级别不符合设计要求时，焊缝评为不合格。不合格焊缝必须进行返修。返修后，再进行检测，合格后该焊缝才算合格。

复习思考题

9-1 X 射线是如何产生的？X 射线与 γ 射线性质的异同点是什么？

9-2 射线照相法检测的基本原理是什么？

9-3 影响射线检测灵敏度的因素有哪些？

9-4 简述象质计和增感屏的作用。

9-5 射线照相主要参数是怎样选定的？

9-6 试叙述射线照相法检测的步骤。

9-7 射线照相检测如何进行缺陷等级评定？

9-8 试分析射线照相底片伪缺陷产生的原因。

9-9 试比较 X 射线与 γ 射线检测的优缺点。

9-10 列举自己实习车间设备或构件射线检测的实例。

9-11 查阅 GB/T 3323 和 JB 4730 标准的主要内容。

实景图

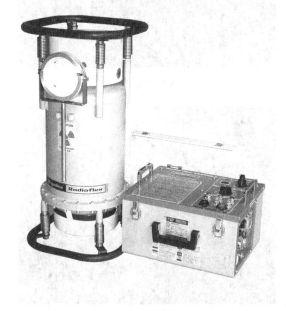

便携式射线机

高能 X 射线机

象质计

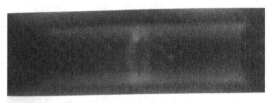

接管焊缝底片

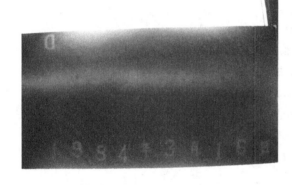

带有缺陷的焊缝底片

射线检测标志线 1

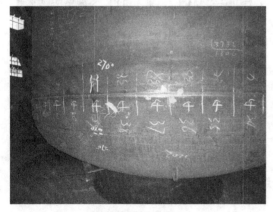

射线检测标志线 2

室外射线检测操作

第十章　超声波检测

超声波检测是利用超声波在物质中的传播、反射和衰减等物理特征来发现材料内部缺陷的一种检测方法。与射线检测相比，超声波检测具有灵敏度高、探测速度快、成本低、操作方便、检测厚度大、对人体和环境无害，特别对裂纹、未熔合等危险性缺陷检测灵敏高等优点。但也存在缺陷评定不直观、定性定量与操作者的水平和经验有关、存档困难等缺点。在检测中，常与射线检测配合使用，提高检测结果的可靠性。超声波检测主要用于对锻件、焊缝和型材的检测。

本章主要介绍超声波检测的基本知识、检测设备与试块、超声波检测方法及缺陷的判断等。

教学要求

① 了解超声波检测的基本知识、原理及方法、检测工艺、缺陷的评定；
② 对比了解与射线检测的优缺点及应用范围。

教学建议

① 配合课堂教学开设专业实验；
② 安排到化工机械制造厂参观无损检测中心，了解超声波检测的具体应用。

第一节　超声波检测的物理基础

一、超声波的产生及其特性

超声波是频率大于 20000Hz 的机械波。工业超声波检测常用的工作频率为 0.5～10MHz。

（一）超声波的产生与接收

超声波的产生方法有多种，目前主要采用压电法。

某些晶体在外力作用下能产生电荷的现象称为压电效应。具有压电效应的晶体称为压电晶体，如石英、硫酸锂、钛酸钡、锆钛酸铅等。沿一定方向切割压电晶体得到的压电晶片在高频交变电场作用下能产生机械变形（伸长或压缩）的现象称为逆压电效应。压电效应和逆压电效应实际上是电能与声能之间的相互转换。

在超声波检测中，发射超声波利用了材料的逆压电效应，压电晶片在外加高频交变电压的作用下其厚度方向上发生高频振动而产生超声波。接收超声波则利用了材料的压电效应，超声振动使压电晶片产生交变电压转变为电信号而实现超声波的接收。

（二）超声波的波型

高频机械振动在介质中的传播形成了超声波。根据介质质点的振动方向与波的传播方向之间的关系，超声波可分为不同类型的波。

（1）纵波　质点振动方向与波传播方向一致的波称为纵波（又称为压缩波、疏密波），用符号 L 表示。纵波可在固体、液体和气体介质中传播。

（2）横波　质点振动方向与波传播方向垂直的波称为横波（又称为剪切波、切变波），用符号 S 表示。由于传播横波的介质的质点需承受交变剪切力的作用，因此横波只能在固体中传播，不能在没有剪切弹性的液体和气体介质中传播。

（3）表面波　当超声波在固体介质中传播时，对于有限介质而言，有一种沿介质表面传播的波称为表面波（又称为瑞利波），用符号 R 表示。超声波在介质表面以表面波的形式传播时，介质表面的质点做椭圆运动，圆的长轴垂直于波的传播方向，短轴平行于波的传播方向，介质质点的椭圆振动可视为纵波与横波的合成。表面波同横波一样只能在固体介质中传播，不能在液体和气体介质中传播。

（4）板波　在板厚和波长相当的弹性薄板中传播的超声波称为板波，分为 SH 波和兰姆波两种。板波传播时薄板的两表面和板中间的质点都在振动，声场遍及整个板的厚度。薄板两表面质点的振动为纵波和横波的组合，质点振动的轨迹为一椭圆。

纵波主要用于钢板、锻件检测，横波用于焊缝、钢管检测，表面波和板波应用很少。

根据波阵面的形状，超声波可分为平面波、柱面波和球面波三类，根据声源振动持续时间长短，超声波还可分为连续波和脉冲波两类，目前超声波检测中广泛应用的是脉冲波。

（三）超声波的特性

超声波具有以下特性。

（1）良好的指向性　超声波具有良好的指向性，包括以下两个方面。

① 直线性　超声波的波长很短，因此它在弹性介质中能像光波一样沿直线传播，并符合几何光学规律，同时声速对于固定介质是常数。故检测时可根据超声波传播时间求得缺陷的距离。

② 束射性　声源发出的超声波能集中在一定区域（超声场）定向辐射。声源尺寸（压电晶片直径）越大，波长越短（或频率越高），声束指向性越好，超声波能量集中，检测灵敏度高，分辨力高，定位精确。

（2）能在弹性介质中传播，不能在真空中传播　检测中通常把空气介质作真空处理，即认为超声波不能通过空气进行传播。

（3）通过界面时会产生透射、反射、折射和波型转换　详见超声波在介质中的传播。

（4）具有可穿透物质的特性　超声波这一性质与射线相似，但与射线相比超声波的穿透能力更强，可穿透数米厚的金属材料。所以超声波检测的探测深度较大，是目前无损检测中穿透力最强的检测方法。

（5）对人体无伤害　超声波与射线不同，它对人体无任何伤害，因此得到广泛应用。

二、超声波在介质中的传播

（一）超声场及介质的基本物理量

超声波波及的空间称为超声场。

（1）声压　超声场内某点在某瞬时具有的压强与无超声波扰动时该点的静压强之差称为超声压，简称声压，用符号 P 表示。声压的瞬时值可正可负，声压的绝对值与声速和频率成正比。由于超声波的频率远远高于声波的频率，故超声波的声压也远远大于声波的声压。

（2）声强　单位时间内在垂直于声束传播方向的介质单位面积上通过的平均声能量称为

声强度，简称声强，用符号 I 表示。声强与声压振幅的平方成正比，与介质的声阻抗成反比。

（3）声速与波长　声波在介质中的传播速度为声速。超声波的声速取决于介质的特性，如密度、弹性模量等。在同一介质中，超声波的类型不同，其传播速度也不同，在固体介质中纵波声速约为横波声速的两倍。在同一介质中以相同频率传播的不同类型的超声波，声速不同，波长也不同（$\lambda = C/f$），由于纵波声速大于横波声速，所以纵波波长大于横波波长。

常见介质中的声速见表 10-1。

表 10-1　常见介质中的声速　　　　　　　　　　　　　　　　　　　　m/s

介　　质	纵波声速 C_L	横波声速 C_S	表面波声速 C_R
钢	5900	3230	3120
铝	6260	3080	2950
有机玻璃	2730	1460	1300
油	1400	—	—
水	1500	—	—
空气	340	—	—

（4）声阻抗　超声波在介质中传播时，任一点的声压与该点振动速度之比称为声阻抗，用符号 Z 表示。声阻抗在数值上等于介质密度与介质中声速的乘积。由于固体、液体和气体三者的声速和密度相差很大，因此它们的声阻抗也大不相同。在同一介质中，不同类型的波声阻抗也不同。

（二）超声波在界面的反射、折射和波型转换

超声波从一种介质入射到另一种介质时，在两种介质的分界面上一部分能量反射回原介质称为反射波，其余能量则透过界面继续传播称为透射波，超声波的反射和透射是超声波检测的必要条件。

反射波声压（声强）与入射波声压（声强）之比称为声压（声强）反射率。两种介质的声阻抗相差越大，反射率越大，例如，钢的声阻抗比气体的声阻抗大得多，所以在钢中传播的超声波遇到气孔、裂纹等缺陷时，缺陷表面的反射率近于 100%，因此这类缺陷易于检测。

透射波声压（声强）与入射波声压（声强）之比称为声压（声强）透射率。第二介质的声阻抗增大，透射率也大。超声波检测时为了消除探头和工件表面之间的空气层，便于超声波透入工件，提高透射率，常在探头和工件表面之间加机油、水玻璃、水等耦合剂。

超声波从一种介质垂直入射到第二种介质，则反射波垂直于界面向上反射，透射波沿原方向继续传播。

超声波从一种介质倾斜入射到第二种介质，反射波反射回第一种介质，其余能量透过界面传播时产生折射，称为折射波。超声波倾斜入射透过界面时除了产生反射、折射外，在固体介质中还会发生波型转换，即除了产生与入射波同类型的反射波和折射波外，还产生与入射波不同类型的反射波和折射波。例如，入射波为纵波，除产生反射纵波和折射纵波外，还产生反射横波和折射横波，如图 10-1 所示。

超声波在不同介质界面的反射、折射和波型转换均遵守几何光学的反射定律和折射定

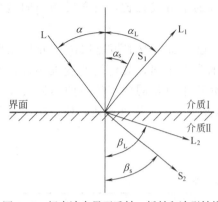

图 10-1　超声波在界面反射、折射和波型转换

L—入射纵波；L_1—反射纵波；L_2—折射纵波；

S_1—反射横波；S_2—折射横波

律，不同类型超声波入射角、反射角、折射角之间的关系为

$$\frac{\sin\alpha}{C_L}=\frac{\sin\alpha_L}{C_{L1}}=\frac{\sin\alpha_S}{C_{S1}}=\frac{\sin\beta_L}{C_{L2}}=\frac{\sin\beta_S}{C_{S2}} \quad (10\text{-}1)$$

式中　C_L，C_{L1}——介质Ⅰ的纵波声速，m/s；

$\quad\quad C_{S1}$——介质Ⅰ横波声速，m/s；

$\quad\quad C_{L2}$——介质Ⅱ的纵波声速，m/s；

$\quad\quad C_{S2}$——介质Ⅱ的横波声速，m/s；

$\quad\quad \alpha$——声波入射角，(°)；

$\quad\quad \alpha_L$——纵波反射角，(°)；

$\quad\quad \alpha_S$——横波反射角，(°)；

$\quad\quad \beta_L$——纵波折射角，(°)；

$\quad\quad \beta_S$——横波折射角，(°)。

　　超声波在介质中传播，当两种介质的界面尺寸很小时，声波能绕过其边缘继续前进，即产生波的绕射。由于绕射使反射波减少，对小缺陷容易漏检，因此为了提高检测灵敏度，需采用波长短的超声波，一般认为超声波检测能探测到的最小缺陷尺寸为 $\lambda/2$。显然，超声波的频率越高能探测到的缺陷越小。

（三）超声波的衰减

　　超声波在介质中传播时随传播距离的增加其能量逐渐减弱的现象称为衰减。超声波的衰减主要有以下三个原因。

　　1. 散射引起的衰减

　　声波在不均匀和各向异性的金属晶粒界面上产生杂乱无章的反射使主声束方向上的声能减少引起的衰减称为散射衰减。频率越高、晶粒尺寸越大，散射引起的衰减越厉害。

　　2. 吸收引起的衰减

　　超声波传播时，介质质点间产生相对运动，互相摩擦使部分声能转换为热能，导致主声束方向上的声能减少引起的衰减称为吸收衰减。一般金属材料对超声波的吸收较小，与散射衰减相比几乎可以忽略不计。同一频率的超声波，在气体中衰减最大，液体中次之，固体中最小，因此，超声波检测不能用气体作传声介质。

　　3. 声束扩散引起的衰减

　　超声波传播时随着传播距离的增大，声束截面增大使单位面积上声能逐渐减少称为扩散衰减。

第二节　超声波检测设备

　　超声波检测设备一般由超声波探伤仪、探头和试块组成。

一、超声波探伤仪

　　超声波探伤仪是检测的主体设备，主要功能是产生高频电振荡，并以此来激励探头发射超声波。同时，它又将探头送回的电信号予以放大、处理，并通过一定方式显示出来。

　　1. 超声波探伤仪的分类

　　按超声波的连续性可将探伤仪分为脉冲波、连续波和调频波三种。后两种探伤仪的检测

灵敏度低，缺陷测定有较大局限性，大多被脉冲波探伤仪所代替。

按缺陷显示方式，可将探伤仪分为 A 型显示、B 型显示、C 型显示和准三维显示等多种。A 型为脉冲显示型，B 型、C 型为平面显示型，在 B 型、C 型显示的基础上借助计算机处理技术可以获得具有立体效果的准三维显示的缺陷图像。

按超声波的通道数目可将探伤仪分为单通道和多通道探伤仪两种。前者仪器由一个或一对探头单独工作；后者仪器则是由多个或多对探头交替工作，而每一通道相当于一台单通道探伤仪，适应于自动化检测。

目前，检测中广泛使用的超声波探伤仪，如 CTS-22、CTS-26、JTS-1、CTS-3、CTS-7等均为 A 型显示脉冲反射式单通道超声波探伤仪。

2. A 型显示脉冲反射式单通道超声波探伤仪

A 型显示脉冲反射式单通道超声波探伤仪相当于一种专用示波器，尽管型号、性能有所不同，但其基本结构、工作原理基本相同。示波器的横坐标刻度表示超声波在工件内传播的时间，它与传播距离成正比。纵坐标刻度则表示缺陷反射波的幅度，它与缺陷的大小成正比。图 10-2 所示为 CTS-22 型超声波探伤仪面板示意。

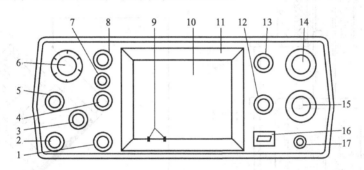

图 10-2 CTS-22 型超声波探伤仪面板示意

1—发射插座；2—接收插座；3—工作方式选择；4—发射强度；5—粗调衰减器；
6—细调衰减器；7—抑制；8—增益；9—定位游标；10—示波管；11—遮光罩；
12—聚焦；13—深度范围；14—深度细调；15—脉冲移位；16—电源电压指
示器；17—电源开关

3. 超声波探伤仪的主要性能

仪器的性能将直接影响检测结果的正确性。超声波探伤仪的主要性能必须符合 ZBY 230—84《A 型脉冲反射式超声探伤仪通用技术条件》、ZBJ 04-001—87《A 型脉冲反射式超声波探伤系统工作性能测试方法》的规定和 GB/T 11345—89《钢焊缝手工超声波探伤方法和检测结果的分级》等相关规定。

（1）水平线性 又称时基线性或扫描线性，是指扫描线上显示的反射波距离与反射体距离成正比的程度，它影响到缺陷定位的精度。GB/T 11345—89 规定水平线性误差 $\Delta L \leqslant 1\%$。

（2）垂直线性 又称放大线性，是指示波屏反射波高度与接收信号电压成正比关系的程度，它影响到缺陷定量的精度。GB/T 11345—89 规定垂直线性误差 $\Delta e \leqslant 5\%$。

设备水平线性和垂直线性，在首次使用及每隔 3 个月应检查一次。

（3）动态范围 是示波屏上回波高度从满幅（100%）降至消失时仪器衰减器的变化范围，其值越大可检出缺陷越小。ZBY 230—84 规定动态范围应 $\geqslant 26 dB$。

（4）衰减器精度　是衰减器 dB 刻度指示脉冲下降幅度的正确程度，以及组成衰减器各同量级间可换性能。ZBY 230—84 规定，衰减器总衰减量不得小于 60dB；在检测仪规定的工作频率范围内，衰减器每 12dB 的工作误差应在±1dB 以内。

二、探头

探头的核心部件是压电晶体，又称晶片。晶片的功能是把高频电脉冲转换为超声波，又可把超声波转换为高频电脉冲，实现电能和声能的相互转换，故探头又称换能器。发射和接收纵波的称为直探头，发射和接收横波的称为斜探头或横探头。

1. 探头的分类

由于工件形状和材质、检测的目的及检测条件等不同，需使用不同形式的探头。在超声波检测中常采用以下几种探头。

（1）直探头　声束垂直于被探工件表面入射的探头称为直探头，可发射和接收纵波，典型结构如图 10-3 所示。

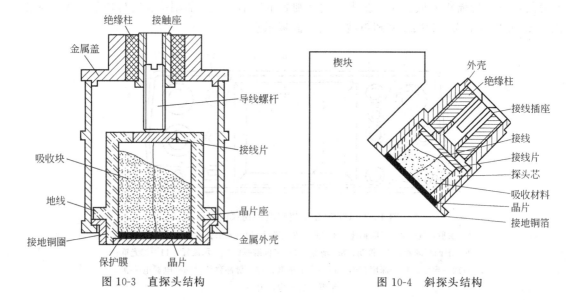

图 10-3　直探头结构　　　　　　　　　图 10-4　斜探头结构

（2）斜探头　斜探头实际上是由直探头与有机玻璃透声斜楔块组成，斜楔块与工件组成固定倾角的不同介质界面，使压电晶片发射的纵波通过波型转换以单一折射横波的形式在工件中传播。其典型结构如图 10-4 所示。通常横波斜探头以超声波在钢中的折射角标称：（β＝）40°、45°、50°、60°、70°。或以折射角的正切值标称：K（$=\tan\beta$）1.0、K1.5、K2.0、K2.5、K3.0。

（3）双晶探头　双晶探头又称分割式 TP 探头，内含两个压电晶片，分别为发射、接收超声波，中间用隔声层隔开。主要用于薄板及近表面缺陷的检测和测厚。

2. 探头主要性能

探头性能的好坏，直接影响着检测结果的可靠性和准确性。因此，探头性能的有关指标均需按 ZBY 231—84《超声探伤用探头性能测试方法》测试，以保证产品质量。探头的主要性能参数如下：

（1）超声频率　超声频率指单位时间内超声波的振动次数。频率越高，波长越短，越能发现小的缺陷，故要提高检测灵敏度应采用较高频率，对检测晶粒粗大的材料应采用较低频率。

（2）检测灵敏度及灵敏度余量 探头与超声波探伤仪配合，在最大深度上发现最小缺陷的能力称检测灵敏度。灵敏度余量是指在规定条件下的标准缺陷检测灵敏度与仪器最大检测灵敏度的差值（以 dB 数表示）。以 $\phi3mm\times40mm$ 的横通孔为标准缺陷，GB/T 11345—89 规定系统的有效灵敏度必须大于评定灵敏度10dB以上。

（3）分辨力 分辨力指对两个相邻而不连续缺陷的分辨能力。有纵向分辨力和横向分辨力两种。纵向分辨力指对超声波传播方向上（不同埋藏深度）两个相邻缺陷的分辨能力。横向分辨力指对相同埋藏深度的两个相邻缺陷的分辨能力。一般，频率越高，分辨能力越高。

（4）盲区 在规定的检测灵敏度下，从检测面到能够测出缺陷的最小距离称为盲区。它是探头和仪器的重要组合性能之一，反映了系统对近距离缺陷的检测能力，它是由于始脉冲具有一定宽度和放大器的阻塞现象造成的。

三、试块

试块是为测试和校验探伤仪和探头性能、确定和校验探伤灵敏度、确定缺陷位置、评价缺陷大小等专门设计制作的具有简单形状人工反射体的试件，它是超声波检测系统的重要组成部分。根据使用目的和要求的不同，通常将试块分为标准试块和对比试块两大类。

标准试块是由法定机构对材质、形状、尺寸、性能等作出规定和检定的试块，用于对超声波检测装置或系统的性能测试及灵敏度调整。

对比试块又称参考试块，它是由各专业部门按某些具体检测对象规定的试块，主要用于调整探测范围、确定检测灵敏度和评价缺陷大小，是对工件进行评级判废的依据。

试块有国际组织推荐的，有国家或部颁标准规定的，也有行业和厂家自行规定的，这里介绍几种常用试块。

（1）CSK-ⅠA试块，为焊缝检测用标准试块，如图 10-5 所示。利用厚度尺寸 25mm 可

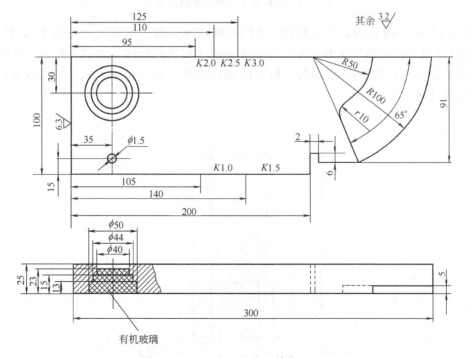

图 10-5 CSK-ⅠA试块（单位：mm）

校验探伤仪的水平线性、垂直线性和动态范围；利用 R100mm 圆弧面测定斜探头入射点和前沿长度；利用 R100mm 和 R50mm 阶梯圆弧面可同时获得两次反射波来调整横波扫描速度（时间扫描线比例）；利用 ϕ50mm 和 ϕ1.5mm 横孔测定斜探头折射角 β（或 K）值；利用 ϕ50mm 圆柱面至两侧面的距离 5mm 和 10mm 估测直探头盲区大小；利用尺寸 85mm、91mm、100mm 测定直探头的纵向分辨力。

（2）CSK-ⅢA 试块，为对接焊缝检测用标准试块，如图 10-6 所示。该试块可用于绘制斜探头距离——波幅曲线、调整探测范围和扫描速度、调节和校验检测灵敏度、测定斜探头折射角 β（或 K）值等。

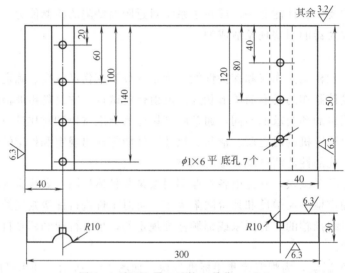

图 10-6　CSK-ⅢA 试块（单位：mm）

（3）CSⅠ和 CSⅡ试块，为纵波直探头用标准试块，其形状和尺寸见图 10-7 和表 10-2。该试块可用于测试探伤仪的水平线性、垂直线性和动态范围，测试直探头与探伤仪的组合性能，绘制直探头距离-波幅曲线和面积-波幅曲线，调节检测灵敏度，确定缺陷的平底孔当量尺寸等。

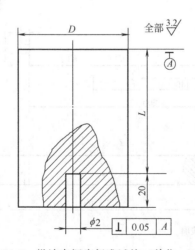

图 10-7　纵波直探头标准试块（单位：mm）

表 10-2　纵波直探头用标准试块尺寸　　　　　　　　　　　　mm

L	56	100	150	200
D	50	60	80	80

第三节　超声波检测工艺

超声波检测按工作原理可分为脉冲反射法、穿透法和共振法；按缺陷显示方式可分为A、B、C 及 3D 显示法；按声耦合方式可分为直接接触法和液浸法。

一、超声波检测方法及原理

1. 脉冲反射法

脉冲反射法是目前应用最广的一种超声波探伤方法。探伤时采用一个探头发射和接收超声波，根据反射波的情况判断缺陷。

（1）垂直探伤　采用直探头纵波探伤。通常又分为一次反射法和多次反射法。

一次反射法如图 10-8 所示。当试件完好无缺陷时，超声波顺利到达底面并被底面反射由探头接收，示波屏上只有发射脉冲 T 和底面回波 B 两个信号，如图 10-8(a) 所示；若试件中有缺陷，超声波既被底面反射又被缺陷反射由探头接收，示波屏上在底面回波前出现缺陷回波 F，如图 10-8(b) 所示；如果试件中缺陷面积大于超声波束截面，则声波全部被缺陷反射由探头接收，示波屏上只显示发射脉冲 T 和缺陷回波 F，而底面回波消失，如图 10-8(c) 所示。一次反射法主要用于厚度较大的工件。

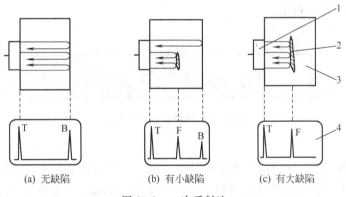

(a) 无缺陷　　　　　　(b) 有小缺陷　　　　　　(c) 有大缺陷

图 10-8　一次反射法
1—探头；2—缺陷；3—工件；4—示波屏

多次反射法如图 10-9 所示，它是以多次底面回波为依据进行探伤。在试件完好无缺陷时，超声波在探测面与底面之间来回多次反射，示波屏上出现多次底面回波 B_1、B_2、B_3…，回波高度呈指数曲线递减，如图 10-9(a) 所示；如果试件内存在缺陷，则在各次底面回波前出现缺陷波，如图 10-9(b) 所示；如果试件中缺陷面积较大，声波只在探测面和缺陷之间往复反射，因此示波屏上只显示发射脉冲 T 和多次缺陷回波 F_1、F_2、F_3…，而底面回波消失，如图 10-9(c) 所示。多次反射法主要用于厚度不大、形状简单、探测面与底面平行的工件。

（2）斜角探伤　利用探头的波型转换获得横波进行探伤，用以检查直探头无法探测的与

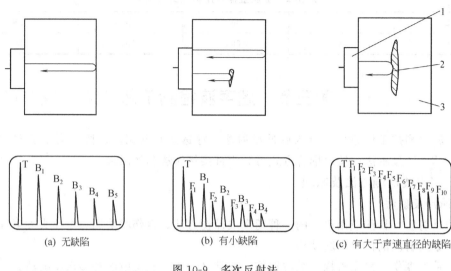

图 10-9 多次反射法

1—探头；2—缺陷；3—工件

探测面成一定角度倾斜的缺陷及近表面缺陷。横波在工件中传播时由上下表面反复反射，如果工件中没有缺陷则如此反复下去直至声能全部衰减殆尽，如图 10-10 所示。横波探伤没有底面回波，当声波遇到缺陷时被缺陷反射，示波屏上出现缺陷回波 F，如图 10-11(a) 所示；若声波射到边角则被边角反射，示波屏上出现边角反射波 B，如图 10-11(b) 所示；若探头远离边角，工件中又无缺陷，则示波屏上只有发射脉冲 T，而无缺陷回波、底面回波及其他反射波，如图 10-11(c) 所示。

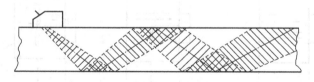

图 10-10 横波在工件中传播

2. 穿透法

穿透法采用两个探头分别置于被探测工件两面，一个发射超声波，一个接收超声波，根据超声波穿透工件后能量衰减情况判断工件内部缺陷，如图 10-12 所示。试件完好无缺陷，超声波穿透试件均匀衰减被探头接收，示波屏上显示发射脉冲 T 和底面回波 B 两个信号，发射脉冲和底面回波之间的距离表示工件的厚度，如图 10-12(a) 所示；当试件内部有缺陷时，部分声能被缺陷反射（阻挡）使探头接收能量降低，示波屏上底面回波幅度减小，如图 10-12(b) 所示；若缺陷面积大于超声波束则超声波全部被缺陷遮挡，探头接收不到超声波，示波屏上只显示发射脉冲 T 而无底面回波信号，如图 10-12(c) 所示。穿透法探伤不存在盲区，且不受工件厚薄的限制，适宜探测衰减系数大的材料、厚度较小的工件。

3. 共振法

超声波传播过程中，当试件厚度为超声波半波长的整数倍时，由于入射波和反射波的相位相同，因而叠加产生共振。仪器显示出共振频率，利用相邻的两个共振频率之差计算出试件厚度。共振法主要用于试件测厚。

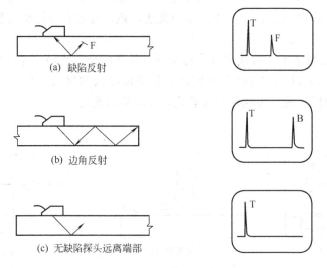

(a) 缺陷反射

(b) 边角反射

(c) 无缺陷探头远离端部

图 10-11　横波探伤

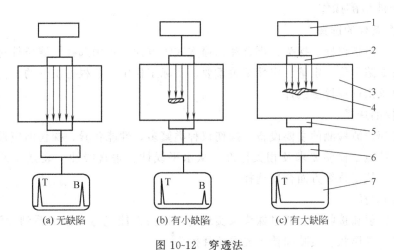

(a) 无缺陷　　　　　　(b) 有小缺陷　　　　　　(c) 有大缺陷

图 10-12　穿透法

1—脉冲波高频发生器；2—发射探头；3—被探工件；

4—缺陷；5—接收探头；6—放大器；7—示波屏

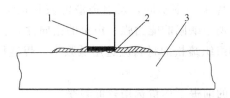

图 10-13　直接接触法

1—探头；2—耦合剂；3—工件

4．直接接触法和液浸法

直接接触法是在探头与工件表面之间填充一层很薄的耦合剂，以消除空气层，便于超声波导入工件，如图 10-13 所示。生产中大多用此法，该法要求表面粗糙度低，以减小探头滑动阻力和晶片磨损。

液浸法探头与工件表面不直接接触，探头与工件之间全部或局部充满液体，声波经过液体耦合层后再入射到工件中。有全部液浸法、局部液浸法和喷流式局部液浸法之分，如图 10-14 所示。采用液浸法便于实现检测自动化，提高检测速度。

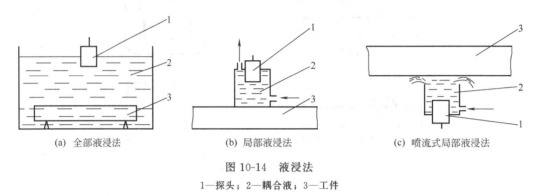

(a) 全部液浸法　　　　　　　(b) 局部液浸法　　　　　　　(c) 喷流式局部液浸法

图 10-14　液浸法

1—探头；2—耦合液；3—工件

二、超声波检测操作

(一) 探测条件的选择

探测条件一般指仪器、探头、耦合和扫描方式等方面，正确选择探测条件对有效发现缺陷、准确进行缺陷定位、定量、定性至关重要。实际工作中一般根据工件的结构形状、加工工艺和技术要求来选择探测条件。

1．探伤仪的选择

探伤仪是超声波检测的主要设备，探伤仪种类繁多，性能各异，探伤前应根据场地、工件大小、结构特点、检验要求及相关标准，从水平线性、垂直线性、衰减、灵敏度、分辨力、盲区大小、抗干扰等方面合理选择。

2．探头的选择

超声波的发射和接收都是通过探头来实现的，探头性能优劣直接关系到检测的准确性，探伤前应根据工件形状、衰减和技术要求选择探头。

（1）探头形式的选择　一般根据工件的形状和可能出现缺陷的部位、方向等条件来选择探头的形式，使声束轴线尽量与缺陷垂直。通常锻件、钢板的探测用直探头，焊缝探测用斜探头，近表面缺陷探测用双晶探头，大厚度工件或粗晶材料用大直径探头，晶粒细小、较薄工件或表面曲率较大的工件检测宜用小直径探头。

（2）探头频率的选择　探头频率不同，发射声波的波长也不同，发现缺陷的能力也各异。频率高，分辨力高、发现小缺陷的能力强、声束的指向性好、有利于准确定位，但频率高，衰减大，对粗大晶粒和组织疏松的材料应选用低频率。焊缝检测一般选用 2～5MHz 频率，推荐采用 2～2.5MHz。

通常在保证探伤灵敏度的前提下尽量选用较低频率。

（3）斜探头 K 值的选择　由 $K=\tan\beta$ 可知，K 值大，折射角大，一次波的声程大，因此，对厚度小的工件应选较大的 K 值，避免近场区探伤。厚度大的工件应选较小的 K 值，避免因声程过大引起衰减增大。推荐应用的斜探头 K 值见表10-3。

表 10-3　推荐应用的斜探头 K 值

工件厚 T/mm	K 值	工件厚 T/mm	K 值
8～25	3.0～2.0(70°～60°)	>46～120	2.0～1.0(60°～45°)
>25～46	2.5～1.5(68°～56°)	>120～300	2.0～1.0(60°～45°)

3. 耦合剂的选择

耦合剂应有较高声阻抗，对人体无害、对工件无腐蚀、易于清洗等。可用的耦合剂有机油、变压器油、甘油、浆糊、水及水玻璃等，生产中多采用机油、浆糊和甘油。

4. 探测面的选择

当超声波声束方向垂直于缺陷面时能获得最大的反射，所以探测面应根据工件的加工工艺、形状、可能产生缺陷部位及缺陷的延伸方向来选择。例如，锻件中缺陷方向一般与锻压方向垂直，用直探头探测应在锻压面上探测而不应在其他面探测，如图10-15（a）所示，应在 A、B 面探测而非 C、D 面。对形状复杂的工件应注意其侧面反射的影响，防止误判，如图10-15（b）所示，W 为侧面轮廓反射波，容易误判为缺陷反射波，故应按图10-15（c）位置探测。

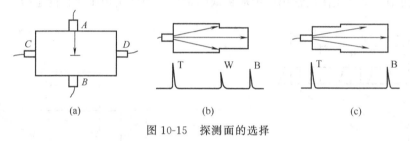

图 10-15　探测面的选择

（二）探伤仪的调节

探伤时，为了能在确定的探测范围内发现规定大小的缺陷，并进行准确定位和定量，探测前必须调节好仪器的扫描速度和灵敏度。

1. 扫描速度的调节

扫描速度的调节是根据探测范围利用两个不同声程的反射体或同一反射体的一、二次反射波，将其分别调至示波屏上相对应的位置。

（1）纵波扫描速度的调节　为便于观察底面回波高度变化，保证定位准确，示波屏上至少应能观察到2～3次回波，可任选一个两面平行的试块调整。例如，需探测厚度50mm的工件，可用CSK-ⅠA试块的厚度尺寸25mm按1∶1调节，利用"水平"和"微调"旋钮反复调节，使试块板底面反射的各次反射波恰好位于25，50，75，100四个位置，即完成扫描速度的调节。

（2）横波扫描速度的调节　横波扫描速度的调节分声程调节法、水平距离调节法和深度调节法。

① 声程调节法。该法是将示波屏上水平刻度调整成与声程距离成对应比例关系，可用半圆试块和CSK-ⅠA试块进行调节。图10-16所示为用CSK-ⅠA试块进行调节。将斜探头对准 R50mm和 R100mm两个圆弧面，使两圆弧面的反射波同时出现在示波屏上，调整"水平"、"微调"旋钮，使之位于对应成比例的刻度位置即可。探伤时可根据示波屏上缺陷回波

的刻度位置读出或计算出缺陷到探头入射点的声程距离。

② 水平距离调节法。该法是将示波屏上水平刻度调整成与缺陷至入射点的水平距离相对应。常用半圆试块、CSK-ⅠA 试块的圆弧面和 CSK-ⅢA 试块上的横通孔作反射体来调整。图 10-17 所示为用 CSK-ⅢA 试块进行调节。将探头在试块上来回移动，以任意两个不同深度的孔作反射体探测其最大反射波，实际量出两个孔的水平距离，调节"水平"、"微调"旋钮使反射波分别位于对应成比例的位置即可。探伤时可根据示波屏上缺陷回波的刻度位置读出或计算出缺陷到探头入射点的水平距离。

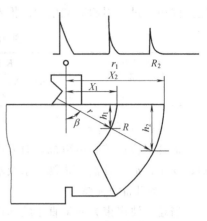

图 10-16 声程调节法

③ 深度调节法。该法是将示波屏上水平刻度调整成与缺陷的深度相对应。通常也用 CSK-ⅠA 试块和 CSK-ⅢA 试块上横通孔作反射体来调整。如图 10-18 所示，将不同深度横通孔的反射波调整在示波屏上相对应位置，探伤时根据示波屏上缺陷回波位置可读出或计算出缺陷的深度。

实际探伤中，水平距离法常用于中薄板缺陷定位，深度法用于厚板的定位。

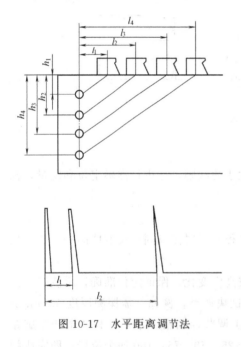

图 10-17 水平距离调节法

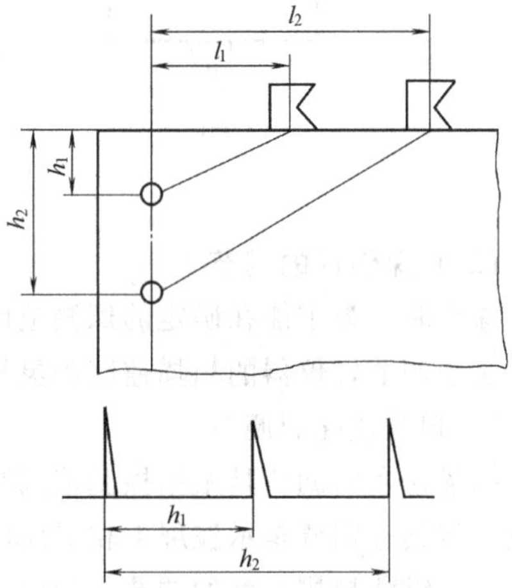

图 10-18 深度调节法

2. 灵敏度调节

超声波检测的灵敏度指在确定的探测范围内的最大声程处发现规定大小缺陷的能力，能发现的缺陷越小，灵敏度越高。但灵敏度过高会把各种干扰信号（杂波）也显示出来而增加判断缺陷的难度，故探伤前必须确定合适的灵敏度。灵敏度与仪器性能、探头质量、超声波频率、工件材质、形状及表面质量等因素有关。灵敏度一般根据有关标准或技术要求确定，通过调节仪器上的"增益"和"衰减器"旋钮来实现。通常，以带有人工缺陷的标准试块调节灵敏度。

直探头纵波探伤可用 CS-1、CS-2 带有人工平底孔缺陷的圆柱试块调节灵敏度。例如探测厚度为 200mm 的工件，规定的灵敏度为 $200/\phi 2$，表示要能发现 200mm 处 $\phi 2$mm 当量直径的缺陷。调节时选用材质、声程与工件相同的 $\phi 2$mm 平底孔的圆柱试块，用探头探测该平底孔，将示波屏上该孔的最大反射波调到满幅度的 80％即可，实际探伤时若缺陷反射波低于 80％，则缺陷小于 $\phi 2$mm 当量直径，缺陷波高于 80％，则大于 $\phi 2$mm 当量直径，需经计算确定其大小（具体计算方法见有关书籍）。实际探伤时为防止漏检缺陷，可适当提高探伤灵敏度，即在调好灵敏度后，将衰减器读数降低一定数值进行探伤。斜探头横波探伤可用 CSK-ⅡA、CSK-ⅢA 带横通孔的试块调节灵敏度，具体方法可参考有关书籍和标准。

（三）探头扫查方式

（1）锯齿形扫查 这是斜探头最常用的一种移动方式，探头以锯齿形轨迹作往复移动扫查，每次移动的距离不超过探头晶片直径，如图 10-19(a) 所示。

（2）横方形、纵方形扫查 横方形扫查探头多次平行于工件（焊缝）纵向移动；纵方形扫查多次垂直于工件（焊缝）纵向移动，如图 10-19(b)、(c) 所示。

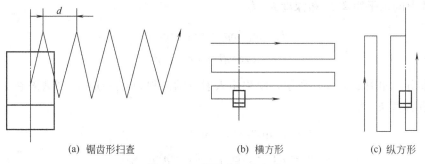

(a) 锯齿形扫查　　　　　　(b) 横方形　　　　　　(c) 纵方形

图 10-19　斜探头扫查方式

（3）基本扫查 为确定缺陷的位置、方向、形状等情况或确定信号的真伪，可采用五种探头基本扫查方式扫查，如图 10-20 所示。其中，转角扫查是探头作定点转动，用于确定缺陷方向并可区分点、条状缺陷，同时，转角扫查的动态波形特征有助于对裂纹的判断；环绕扫查以缺陷为中心，探头作环绕运动变换位置，主要估判缺陷形状，尤其是对点状缺陷的判断；左右、前后扫查的特点是探头平行或垂直于焊缝移动扫查，用于估判缺陷形状、缺陷指示长度和缺陷高度。斜平行扫查的特点是探头与焊缝方向成 10°～20°进行扫查，有助于发现焊缝及热影响区的横向裂纹和与焊缝方向成倾斜角度的缺陷。

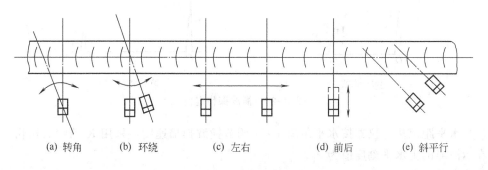

(a) 转角　　　　(b) 环绕　　　　(c) 左右　　　　(d) 前后　　　　(e) 斜平行

图 10-20　基本扫查方式

第四节　超声波检测缺陷的判断

一、缺陷位置的测定

缺陷位置的测定是根据缺陷反射波在时间扫描线上的位置来确定缺陷在工件中的位置,简称定位。缺陷定位的目的是为了根据缺陷所处位置,分析缺陷性质、判断缺陷危害程度及清除缺陷。

1. 纵波探伤定位

若仪器按 $1:n$ 调节纵波扫描速度,探伤时,缺陷回波在示波屏的上水平刻度值为 τ_f,则缺陷至探测面的距离为 $x_f = n\tau_f$。

2. 横波探伤定位

由于横波扫描速度可按声程、水平距离和深度来调节,因此缺陷定位方法也不一样。

(1) 声程法　仪器按声程 $1:n$ 调节横波扫描速度,探伤时,缺陷回波在示波屏的上水平刻度值为 τ_f,用一次波探伤,如图 10-21(a) 所示,缺陷至入射点的声程为 $x_f = n\tau_f$,则缺陷在工件中的水平距离 l_f 和深度 h_f 为

$$\left.\begin{array}{l} l_f = x_f \sin\beta = n\tau_f \sin\beta \\ h_f = x_f \cos\beta = n\tau_f \cos\beta \end{array}\right\} \tag{10-2}$$

用二次波探伤,如图 2-21(b) 所示,缺陷至入射点的声程为 $x_f = n\tau_f$,则缺陷在工件中的水平距离 l_f 和深度 h_f 为

$$\left.\begin{array}{l} l_f = x_f \sin\beta = n\tau_f \sin\beta \\ h_f = 2T - x_f \cos\beta = 2T - n\tau_f \cos\beta \end{array}\right\} \tag{10-3}$$

式中　T——工件厚度;

β——横波折射角。

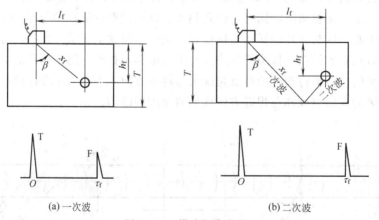

(a) 一次波　　　　　　　　　　(b) 二次波

图 10-21　横波探伤定位

(2) 水平距离法　仪器按水平距离 $1:n$ 调节横波扫描速度,采用 K 值探头探伤,缺陷回波在示波屏的上水平刻度值为 τ_f。

用一次波探伤,缺陷至入射点的水平距离 l_f 和深度 h_f 为

$$l_{\mathrm{f}}=n\tau_{\mathrm{f}}$$
$$h_{\mathrm{f}}=\frac{l_{\mathrm{f}}}{K}=\frac{n\tau_{\mathrm{f}}}{K} \tag{10-4}$$

用二次波探伤，缺陷至入射点的水平距离 l_{f} 和深度 h_{f} 为

$$l_{\mathrm{f}}=n\tau_{\mathrm{f}}$$
$$h_{\mathrm{f}}=2T-\frac{l_{\mathrm{f}}}{K}=2T-\frac{n\tau_{\mathrm{f}}}{K} \tag{10-5}$$

（3）深度法　仪器按深度 $1:n$ 调节横波扫描速度，采用 K 值探头探伤，缺陷回波在示波屏的上水平刻度值为 τ_{f}。

用一次波检测时，缺陷至入射点的水平距离 l_{f} 和深度 h_{f} 为

$$l_{\mathrm{f}}=Kn\tau_{\mathrm{f}}$$
$$h_{\mathrm{f}}=n\tau_{\mathrm{f}} \tag{10-6}$$

用二次波检测时，缺陷至入射点的水平距离 l_{f} 和深度 h_{f} 为

$$l_{\mathrm{f}}=Kn\tau_{\mathrm{f}}$$
$$h_{\mathrm{f}}=2T-n\tau_{\mathrm{f}} \tag{10-7}$$

焊缝检测中推荐：厚板（$\delta\geqslant32\mathrm{mm}$）采用深度法，中薄板（$\delta\leqslant24\mathrm{mm}$）采用水平距离法。

二、缺陷大小的测定

在超声检测中，缺陷大小的测定简称缺陷定量，包括确定工件中缺陷的大小和数量。缺陷大小指缺陷的面积和长度。常用的定量方法有两种：探头移动法（又称测长法）和当量法。

1. 探头移动法

对于尺寸或面积大于声束直径或断面的缺陷，一般用探头移动法来测定其指示长度或范围。

GB/T 11345—89 规定，缺陷指示长度 ΔL 的测定推荐采用以下两种方法。

（1）半波高度法（6dB 法）　当缺陷反射波只有一个高点时，先找到最高缺陷反射波作基准（图中位置 3），然后沿缺陷方向左右移动探头，当缺陷反射波高度降低一半时（图中位置 1、2），探头中心线之间的距离就是缺陷的指示长度，如图 10-22 所示。

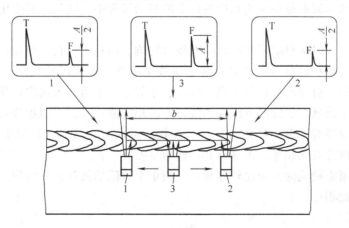

图 10-22　半波高度法

（2）端点半波高度法（端点 6dB 法）　在测长扫查过程中，如果缺陷反射波峰值起伏变化，有多个高点，则找出缺陷两端最高缺陷反射波作基准，继续左右移动探头，当缺陷反射波高度降低一半时，探头中心线之间的距离就是缺陷的指示长度。

2. 当量法

当缺陷尺寸小于声束截面时，一般采用当量法来确定缺陷的大小。常用方法有试块比较法、计算法和当量曲线法。

试块比较法是将缺陷回波与试块上人工缺陷回波进行比较来确定缺陷的当量大小。该法要求试块的材质、表面粗糙度、形状及探测条件等与实际探伤时一致。

计算法是利用各种规则反射体的理论回波声压公式进行计算来确定缺陷的当量大小。

当量曲线法是根据声程距离、缺陷大小与波幅高低之间的关系计算或由试块实测数据预先绘制得到一组曲线，实际操作时将缺陷回波与曲线进行比较来确定缺陷的当量大小。

三、缺陷性质的估判

缺陷性质不同，其危害程度也不同。缺陷性质的判断简称定性。缺陷定性十分复杂，较难掌握，常常根据缺陷波的大小、位置及探头运动时波幅的变化特点，结合加工工艺、缺陷特征、易产生部位等进行综合判断。定性准确与否很大程度上取决于检验人员的实际经验和操作技能。

（一）根据加工工艺分析缺陷性质

缺陷的形成与加工工艺密切相关。例如，焊接容易产生气孔、夹渣、裂纹、未熔合和未焊透等缺陷；铸造容易产生气孔、缩孔、疏松和裂纹；锻造容易产生夹层、折叠、白点和裂纹。探伤前了解工件的材料、结构特点和加工工艺有利于正确判断缺陷性质。

（二）根据缺陷的大小、形状和位置分析缺陷性质

点状缺陷一般为气孔、小夹渣；线性或条状缺陷一般为裂纹、未焊透；平面缺陷一般为裂纹、夹层、折叠；密集缺陷一般为白点、密集气孔；形状不规则缺陷一般为缩孔、疏松和夹渣。

缩孔、疏松、气泡、砂眼等多在铸件的浇冒口处；未焊透多在焊缝中部或根部；未熔合在母材与焊缝交界处；裂纹多在应力较大部位；气孔、夹渣可存在于焊缝各个部位。

（三）根据缺陷波的波形分析缺陷性质

缺陷波形分为静态波形和动态波形两大类。静态波形是指探头不动时缺陷波的高度、形状和密集程度。动态波形是指探头在探测面上的移动过程中，缺陷波的变化情况。

1. 静态波形

缺陷内含物的声阻抗对缺陷回波高度有较大影响。白点、气孔、裂纹、未焊透等内含气体的缺陷，声阻抗很小，反射回波高；非金属或金属夹渣等声阻抗较大，反射回波低。另外，不同类型缺陷反射波的形状也不同。气孔、未焊透、未熔合等缺陷，界面反射率高，波形陡直尖锐、根部清晰；裂纹波形陡直尖锐，有波形交错；夹渣、疏松等缺陷表面粗糙，界面反射率低，同时还有部分声能透入夹渣、疏松，形成多次反射，其波形宽度大，并带锯齿，高低不同的波峰彼此相连、不易分开，清晰度差。

单个缺陷与密集缺陷的区分比较容易。一般单个缺陷的回波独立出现，而密集缺陷则是杂乱出现，且彼此相连。

2. 动态波形

超声波入射到不同性质的缺陷，移动探头时其动态波形各不相同。对白点、气孔等单个缺陷，探头平行移动或转动时缺陷波迅速消失，很敏感，而探头绕缺陷转动时，缺陷波变化不大；对裂纹，探头平行移动时缺陷波波形会发生一定变化，探头移动到一定程度缺陷波才逐渐减幅直至消失，而转动探头时缺陷波会迅速降低甚至消失，很敏感；对形状不规则的疏松、夹渣等探头平行移动和转动时缺陷波变化都较迟缓。为了便于分析缺陷的性质，常以探头移动距离为横坐标，波高为纵坐标绘出动态波形图。常见不同性质缺陷的动态波形如图10-23所示。

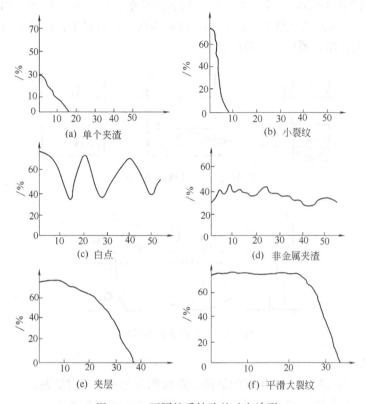

图 10-23　不同性质缺陷的动态波形

（四）根据底面回波分析缺陷的性质

受工件内部缺陷的影响，超声波到达底面的声能变化，底波高度亦发生变化，因此在某些情况下可以利用底波情况来分析估计缺陷的性质。

当缺陷波很强，底波降低甚至消失时，可认为是大面积缺陷，如夹层、裂纹等；当缺陷波与底波共存时，可认为是点状缺陷（如气孔、夹渣）或面积较小的其他缺陷；当缺陷波为彼此相连、高低不同的缺陷波，底波明显下降时，可认为是密集缺陷，如疏松、密集气孔和夹渣等；当缺陷波和底波都很低，或者两者都消失时，可认为是大而倾斜的缺陷；若出现"林状回波"，可认为是内部组织粗大。

四、影响探伤波形的因素

超声波探伤主要根据波形判断缺陷，了解有关波形的影响因素，有助于正确判断缺陷。

1. 耦合剂的影响

耦合剂的声阻抗和耦合层厚度对声波的导入有很大影响。耦合剂厚度为 1/2 波长的整数倍时穿透能量最大，为 1/4 波长的奇数倍时穿透能量最小。

2．工件的影响

（1）表面粗糙度的影响　工件表面粗糙度小，探头与工件接触良好，有利于超声波传入工件，缺陷反射波高。一般要求表面粗糙度 Ra 达 $3.2\mu m$。

（2）工件材质的影响　材料晶粒粗大、结晶不均匀，声能衰减大、反射波低。当探测频率或灵敏度较高时，还会产生晶粒反射波，使衰减严重，甚至无缺陷波和底波而影响缺陷判断。

（3）工件形状的影响　工件的探测面、侧面及底面形状不同，对反射波波形有影响。图10-24 所示为工件侧面的影响，超声波经侧面的多次反射产生非缺陷回波（迟到波）而影响缺陷判断。图 10-25 所示为工件底面的影响，底面为凹面，有聚集作用使底面反射增强，底面为凸面具有发散作用，使底面反射降低。

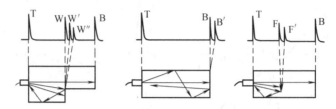

图 10-24　工件侧面的影响

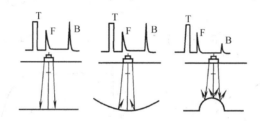

图 10-25　工件底面的影响

3．缺陷的影响

（1）缺陷位置的影响　大小相同的缺陷，距探测面越近，反射波越高。

（2）缺陷大小的影响　距离相同的缺陷，面积越大，反射波越高。

（3）缺陷性质的影响　缺陷的声阻抗与工件的声阻抗相差越大，缺陷反射波越高。

（4）缺陷表面粗糙度的影响　缺陷表面越粗糙，对声能的散射衰减越大，反射波越低。

（5）缺陷方向的影响　缺陷面垂直于声束方向时反射波高，与声束方向平行时反射波低。

（6）缺陷形状的影响　缺陷较小时，圆柱状缺陷反射波最高，圆板状次之，球状最低；当缺陷较大时，圆板状缺陷反射波最高，圆柱状次之，球状最小。

（7）缺陷波指向性的影响　缺陷波的指向性与探头的指向性相似，缺陷直径与波长的比值越大，指向性越好。缺陷直径大于波长（2～3）倍时，缺陷波有好的指向性，缺陷回波较高；反之则指向性差，反射波低。

此外，仪器和探头性能等对探伤波形均有影响。

复习思考题

10-1　什么是纵波？什么是横波？固体和液体中各能传播什么波形？

10-2　什么是超声场？

10-3　超声波在介质中传播产生衰减的原因是什么？

10-4　什么是压电效应？什么是逆压电效应？超声波的发射和接收各利用哪种效应？

10-5　探头和试块分哪几种？各有何用途？

10-6　超声波检测方法有哪几种？

10-7　简述脉冲反射法和穿透法探伤原理。

10-8　斜探头选择折射角（或 K 值）的依据是什么？

10-9　如何调节扫描速度？

10-10　如何进行缺陷定位？

10-11　如何进行缺陷定量？

10-12　如何进行缺陷定性？

10-13　影响超声波探伤波形的因素有哪些？

10-14　超声波检测的操作步骤有哪些？

实景图

脉冲式超声波探伤仪

数字式超声波探伤仪

超声波直探头 1

超声波直探头 2

超声波斜探头

双晶片探头

标准试块

超声波检测焊接试板

超声波检测钢板焊缝 1

超声波检测钢板焊缝 2

超声波检测筒体纵焊缝 1

超声波检测筒体纵焊缝 2

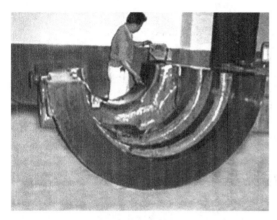

超声波检测轴瓦

超声波检测耐磨合金层

超声波检测钢管

超声波检测螺旋桨焊缝

第十一章 磁粉检测

磁粉检测是利用缺陷处漏磁场与磁粉相互作用而产生磁痕的原理，检测铁磁性材料表面及近表面缺陷的一种无损检测方法。本章主要介绍磁粉检测的基本知识、原理及方法、设备及检测工艺等。

教学要求

① 了解磁粉检测的基本知识、原理及方法、设备及检测工艺；
② 了解磁粉检测的应用范围。

教学建议

① 配合课堂教学开设专业实验；
② 安排到化工机械制造厂参观无损检测中心，了解磁粉检测的具体应用。

第一节　磁粉检测基本原理

一、电磁场与漏磁场

磁体吸引铁质材料的能力称为磁性。磁体都会有两个磁性表现最强的区域即磁极，有北极（N极）和南极（S极）之分。磁极相互接近时，产生排斥或吸引的作用力称为磁力。磁力（磁性）作用的空间称为磁场，它是一种特殊的物质，存在于磁体周围，也存在于通电导体周围，一般常用磁力线来形象地表示。

能被磁体强烈吸引的物质称为铁磁性物质，如铁、钴、镍及它们的许多合金都属这一类。铜、水、氯化钠等能轻微地被磁体所排斥的物质称为抗磁性物质，大部分无机物和几乎所有有机物都属此类。另外，铝、钠等能轻微地被磁体所吸引的物质称为顺磁性物质。

材料在外磁场的作用下而显现出磁性的现象，称为磁化。由于各种材料被磁化的难易程度不同，可用磁导率 μ 来表示，反映了铁磁性物质导磁能力的大小。铁磁性物质的导磁能力是磁粉检测的基础。

磁粉检测所需的外磁场通常是由导电导线或线圈而产生的电磁场。

铁磁材料被磁化后，如果材质均匀无缺陷，则磁力线在材料内部均匀有序排列通过。若材料内部含有缺陷或表面有开口缺陷，因缺陷的磁导率往往小于铁磁材料本身，使得磁力线受阻后绕过缺陷，因而磁力线被压缩。由于工件上这部分可容纳的磁力线数目有限，同性磁力线又相斥，因而部分磁力线被迫挤到材料表面以外，越过缺陷后，又返回材料内，从而在材料表面呈现出 N 极和 S 极，即形成了漏磁场，如图 11-1 所示。

磁粉检测灵敏度的高低取决于缺陷漏磁场强度的大小。漏磁场强度的主要影响因素

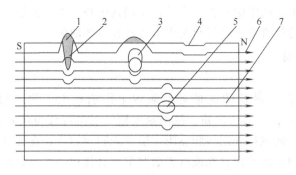

图 11-1　漏磁场的产生

1—漏磁场；2—裂纹；3—近表面气孔；4—划伤；

5—内部气孔；6—磁力线；7—工件

如下。

1. 外加磁场强度

缺陷漏磁场强度的大小与工件被磁化的程度有关。一般说来，如果外加磁场使被检材料的磁感应强度达到其饱和值的 80％ 以上，缺陷漏磁场的强度就会显著增加。

2. 缺陷的位置与形状

就同一缺陷而言，随着缺陷埋藏深度的增加，其漏磁场强度将迅速衰减至近似于零。对表面有开口缺陷，缺陷越深（指缺陷自身高度尺寸），缺陷开口宽度越大，漏磁场强度越大。另一方面，缺陷切割磁力线的角度越接近正交（90°），其漏磁场强度也越大，反之则越小。事实上，磁粉检测很难发现与被检表面所夹角度小于 20°的夹层。

二、磁粉检测原理

1. 磁粉检测的基本原理

铁磁材料的工件被磁化后，其表面和近表面的缺陷处磁力线发生变形，逸出工件表面形成漏磁场。在工件表面洒上磁粉，通过漏磁场吸引磁粉堆积形成的磁痕来评价缺陷的大小、形状和位置。

2. 磁粉检测设备

磁粉检测设备由磁化装置（或称磁化设备、磁化部件）、夹持装置、磁粉喷撒装置和退磁装置等部分组成。磁化装置是其主体部分，其余为附属装置。

磁粉检测设备的主体部分可按下述方式分类。

（1）按携带方式分类：手提式、移动式和固定式。

（2）按磁化电流分类：直流电式、交流电式、半波整流电式、全波整流电式、穿棒通电式、感应电流式、交叉充电式及充电充磁综合式等。

（3）按充电方向或充磁方向及结构特点分类：纵向充电式（周向磁化法）、纵向磁化式（磁轭法）、摆动磁场式和旋转磁场式等。

3. 磁粉检测的适应性与局限性

磁粉检测既可用于板材、型材、管材及锻造毛坯等原料及半成品表面和近表面缺陷的检验，也可用于压力容器及石油化工设备焊缝的检验。

磁粉检测的主要优点是：可以直观地显示出缺陷的形状、位置与大小，并能大致确定缺陷的性质；检测灵敏度高，可检出宽度仅为 0.1μm 的表面裂纹；应用范围广，几乎不受被检测工件大小及几何形状的限制；工艺简单，检测速度快，费用低廉。

它的局限性是不能检查非磁性材料及内部埋藏较深的缺陷。

三、磁粉及磁悬液

1. 磁粉

磁粉用于显示缺陷，磁粉的质量对检测效果影响极大。常用的磁粉有四氧化三铁（Fe_3O_4）黑磁粉或氧化铁红褐色铁粉。按磁痕观察，磁粉可分为荧光磁粉和非荧光磁粉两大类。荧光磁粉是在普通磁粉外用树脂黏附一层荧光物质制成，在紫外线光下可激发出黄绿色荧光。非荧光磁粉即普通的在日光或灯光照明下可直接观察磁痕显示的磁粉。按施加方式磁粉又有干法和湿法两种。干法用粉是在空气中直接施加到工件表面，湿法用粉是将磁粉与油或水混合形成磁悬液施加到工件表面。

磁导率是磁粉的主要性能指标之一。磁粉应具有高磁导率，容易被缺陷所产生的漏磁场磁化和吸附。磁粉还应具有低矫顽力和低剩磁，以利于在配制剩磁液时易于分散及反复使用。

粒度也是磁粉的主要性能指标。磁粉的粒度是指它的颗粒大小。颗粒大小对磁粉的悬浮性以及漏磁场对磁粉的吸附能力均有影响。用干粉法时磁粉颗粒度范围应为 $10\sim60\mu m$，用湿粉法磁粉粒度范围则要求稍细，$1\sim10\mu m$ 为好。荧光磁粉由于外面有包覆层，其粒度约为 $5\sim25\mu m$ 之间。

实际检测时，要求磁粉粒度不小于 200 目即可。粒度 200 目的磁粉，单个微粒直径约为 $7\mu m$ 左右。

除了上述指标外，磁粉还有颜色、形状、密度及流动性等要求。

2. 磁悬液

磁粉与油或水按一定比例混合而成的悬浮液体称为磁悬液。用油配制磁悬液时，特别是配制荧光磁粉的磁悬液时，应优先选用轻质、低黏度、闪点在 $60°$ 以上的无味煤油。变压器油或变压器油与煤油的混合液也可作为悬浮磁粉的载液。磁粉在变压器油中的悬浮性好，但其运动黏度较大，故用变压器油作载液的灵敏度不如用煤油的高。自来水也可以用来配制磁悬液，但要在水中加入润湿剂、防锈剂和消泡剂，以保证磁悬液有良好的使用性能。

每升磁悬液中所含磁粉的质量（g/L）或每 100mL 磁悬液沉淀出磁粉的体积（mL/100mL）称磁悬液的浓度。磁悬液的浓度对检测的灵敏度有很大的影响。一般要求磁悬液的浓度为：非荧光磁粉 $10\sim20$g/L 或 $1.0\sim2.5$mL/100mL；荧光磁粉 $1.0\sim3.0$g/L 或 $0.1\sim0.5$mL/100mL。

第二节　磁粉检测工艺

一、工件磁化方法

磁粉检测能力既取决于施加磁场的大小和缺陷的延伸方向，还与缺陷的大小、形状和位置等因素有关。为了便于发现不同方向的缺陷，应该使用不同的磁化方法，使工件内的磁力线能与缺陷面基本垂直，获得尽可能强的漏磁场，从而提高检测灵敏度。常用磁化方法分为如下几类。

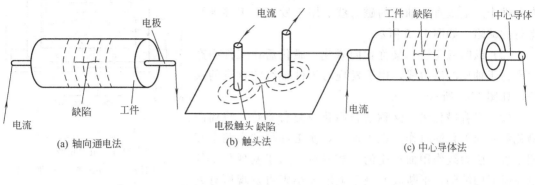

(a) 轴向通电法　　(b) 触头法　　(c) 中心导体法

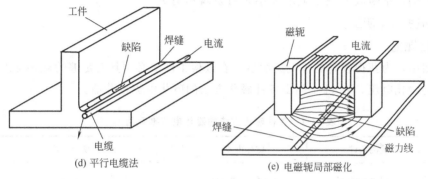

(d) 平行电缆法　　(e) 电磁轭局部磁化

图 11-2　周向磁化法

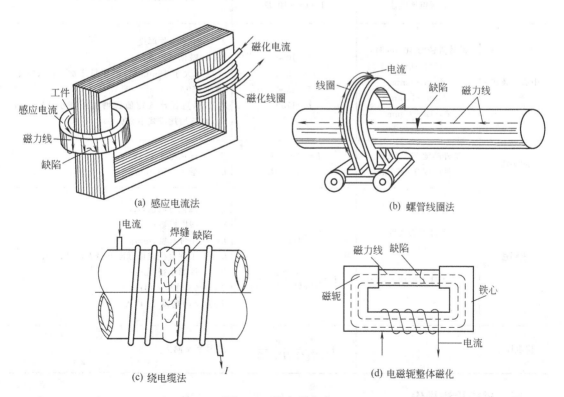

(a) 感应电流法　　(b) 螺管线圈法

(c) 绕电缆法　　(d) 电磁轭整体磁化

图 11-3　纵向磁化法

（1）周向磁化法　又称环向磁化或横向磁化。磁化后在工件中产生垂直于轴线的磁力线，用于发现与工件轴线平行的缺陷，如图 11-2 所示。

（2）纵向磁化法　又称轴向磁化。磁化后在工件中产生平行于轴线的磁力线，用于发现与工件轴线相垂直的缺陷，如图 11-3 所示。

（3）组合磁化法　又称联合磁化或复合磁化。将周向磁化和纵向磁化同时作用在工件上，使工件得到由两个互相垂直的磁力线作用而产生的合成磁场，用于发现与工件轴线倾斜的缺陷，不断改变磁场强度大小则可发现所有方向的缺陷，如图 11-4 所示。

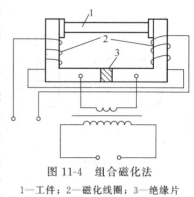

图 11-4　组合磁化法
1—工件；2—磁化线圈；3—绝缘片

二、磁化规范

磁粉检测中，为获得较高的检测灵敏度，在被检工件上必须具有足够的磁场强度，因此要选择合适的磁化电流。表 11-1 列出各种磁化方法的磁化电流推荐值。

表 11-1　各种磁化方法的磁化电流推荐值

检测方法	检测条件	磁化电流	备　　注
轴向通电法	直流电连续法 直流电剩磁法 交流电连续法	$I=(12\sim20)D$ $I=(25\sim45)D$ $I=(6\sim10)D$	I——磁化电流值，A D——工件横截面上最大尺寸，mm
中心导体法	芯棒直径为 50mm 时： $\delta\geqslant3\sim6mm$ $\delta>6\sim9mm$ $\delta>9\sim12mm$ $\delta>12\sim15mm$	$I=1000$ $I=1250$ $I=1500$ $I=1750$	δ——空心工件厚度 I——磁化电流值，A 　壁厚大于 15mm 时，厚度每增加 3mm，电流增加 250A 　芯棒直径比规定值每增加或减小 12.5mm 时，电流增加或减小 250A
触头法	工件厚度 $T<20mm$ 工件厚度 $T\geqslant20mm$	$I=(3\sim4)L$ $I=(4\sim5)L$	I——磁化电流值，A L——触头间距，mm
线圈法	工件偏心放置 工件正中放置	$I=\dfrac{45000}{N(L/D)}$ $I=\dfrac{1720R}{N[6(L/D)-5]}$	I——磁化电流值，A； N——线圈匝数； L——工件长度，mm； D——工件直径或横截面上最大尺寸，mm； R——线圈半径，mm； $L/D<3$ 时不适用； $L/D\geqslant10$ 时取 10 代入
绕电缆法		$I=\dfrac{35000}{N[(L/D)+2]}$	符号意义同上

三、磁粉检测操作

磁粉检测工艺是指工件的预处理、磁化、施加磁粉、磁痕观察分析、退磁和后处理的全过程。

1. 工件的预处理

磁粉检测前首先要清除工件表面的油污、锈蚀、毛刺、氧化皮、涂层等，常用打磨或喷砂处理的方法，对有特殊要求的工件可用机加工的方式处理；采用干粉法检测时，对检测表面要进行干燥处理；对盲孔和内腔还要进行封堵处理。

2. 磁化

根据选定的磁化规范进行磁化，分连续法和剩磁法两种。

连续法指在外加磁场磁化的同时，将磁粉或磁悬液施加到工件表面进行检测的方法。剩磁法指停止磁化后，将磁粉或磁悬液施加到工件表面进行检测的方法。

连续法检测灵敏度高，但效率较低，可用于干法和湿法检测；剩磁法检测灵敏度略低，但效率较高，只适用于对剩磁大的工件进行湿法检测。

3. 施加磁粉

采用干法检测需将磁粉均匀撒在工件表面，用微弱气流或轻轻抖动工件，除去多余的磁粉。用湿法检测应将磁悬液充分搅拌，使磁粉悬浮，浇洒磁悬液时流速不能过快和直接冲刷，以免磁痕被冲掉。

4. 磁痕观察分析

磁化终止后，用肉眼观察或借助放大镜观察，对磁痕进行分析，判断是缺陷磁痕还是伪缺陷磁痕。

5. 退磁及后处理

工件经磁粉检测后会产生剩磁，剩磁的存在会影响仪表的精度；运转零件的剩磁会吸附铁屑和磁粉，加快磨损；管路的剩磁会吸附铁屑和磁粉，影响管路畅通。这些情况下就要消除工件的剩磁，使工件的剩磁回零的过程叫退磁。

交流退磁法是将需退磁的工件从通电的磁化线圈中缓慢移出，直至工件离开线圈 1m 以上时切断电流。或将工件放入通电的磁化线圈内，将电流逐渐减小到零。

直流退磁法是将需退磁的工件放入直流电场中，不断改变电流方向，并逐渐减小电流至零。

工件退磁后应测量剩磁，可采用剩磁测量仪测量，实际工作中常用一小段未磁化的钢丝或铁丝（如大头针）去靠近零件的端部，若零件有剩磁，钢丝或铁丝将被吸附，以此来检查退磁效果。

工件的后处理是指某些表面要求较高的工件检测完毕，应清除残留在被探表面的磁悬液。对采用油基磁悬液检测时，检测后应用汽油或其他溶剂进行清洗，水基磁悬液则用水清洗。清洗干燥后，如有必要可涂上防锈剂。

6. 标记

对确认为缺陷的部位，要用油漆或色笔等做标记，并做好记录。

7. 记录与报告

检测工作完毕，检验人员应对检验条件及检验结果作出详细记录并发放检验报告。

四、缺陷磁痕的评定方法

JB 4730—94《压力容器无损检测》标准规定：把长度与宽度之比＞3的缺陷磁痕按线性缺陷处理，长度与宽度之比≤3的缺陷磁痕按圆形缺陷处理；缺陷磁痕长轴方向与工件轴线或母线的夹角≥30°时，作为横向缺陷处理，其他按纵向缺陷处理；两条或两条以上缺陷磁痕在同一直线上且间距≤2mm时按一条缺陷处理，其长度为两条缺陷之和加间距；长度＜0.5mm的缺陷磁痕不计。

不允许存在的缺陷有：任何裂纹和白点、任何横向缺陷显示、焊缝及紧固件上任何长度大于1.5mm的线性缺陷显示、锻件上任何长度大于2mm的线性缺陷显示、单个尺寸大于或等于4mm的圆形缺陷显示。

缺陷显示累积长度的等级评定按表11-2进行。

表 11-2 缺陷显示累积长度的等级评定　　　　　　　　　　　　　　　　　　mm

评定区尺寸		35×100 焊缝及高压紧固件	100×100 用于各类锻件
等级	Ⅰ	＜0.5	＜0.5
	Ⅱ	≤2	≤3
	Ⅲ	≤4	≤9
	Ⅳ	≤8	≤18
	Ⅴ	大于Ⅳ级者	

复习思考题

11-1　磁粉检测的优点及局限性有哪些？

11-2　磁粉检测的基本原理是什么？

11-3　工件磁化方法分几类？各用于探测何种缺陷？

11-4　磁化电流怎样确定？

11-5　磁粉检测的操作步骤是什么？

11-6　工件磁化后为什么要退磁？如何退磁？

实景图

手持式磁粉探伤机

固定式磁粉探伤机 1

固定式磁粉探伤机 2

磁粉检测焊接试板 1

磁粉检测焊接试板 2

磁粉检测球罐焊缝

磁粉检测钢结构焊缝 1

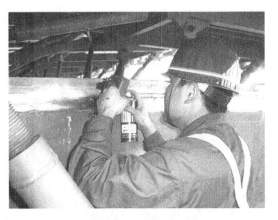

磁粉检测钢结构焊缝 2

磁粉检测曲轴

磁粉检测轴颈

第十二章　渗透检测

渗透检测是一种以毛细管作用原理为基础的检查表面开口缺陷的无损检测方法，主要用于金属材料和致密非金属材料的检测，是常规无损检测方法之一。

本章主要介绍渗透检测的基础知识、检测原理、方法及工艺步骤等。

教学要求

① 了解渗透检测的基本知识、原理及方法、检测工艺；
② 了解渗透检测与磁粉检测的优缺点比较及应用范围。

教学建议

① 配合课堂教学开设专业实验；
② 安排到化工机械制造厂参观无损检测中心，了解渗透检测的具体应用。

第一节　渗透检测基本原理

一、渗透检测基本原理

（一）渗透检测的分类

渗透检测的方法很多，可按渗透剂和显像剂种类不同进行分类，见表 12-1 和表 12-2。

表 12-1　按渗透剂种类分类

方法名称	渗透剂种类	方法代号
荧光渗透检测	水洗型荧光渗透剂	FA
	后乳化型荧光渗透剂	FB
	溶剂去除型荧光渗透剂	FC
着色渗透检测	水洗型着色渗透剂	VA
	后乳化型着色渗透剂	VB
	溶剂去除型着色渗透剂	VC

表 12-2　按显像剂种类分类

方法名称	显像剂种类	方法代号
干式显像法	干式显像剂	D
湿式显像法	湿式显像剂	W
	快干式显像剂	S
无显像剂显像法	不用显像剂	N

（二）渗透检测的原理

渗透检测是以液体对固体的润湿作用和毛细现象为基础，在被检工件表面涂覆某些渗透力较强的渗透液，使其渗透到工件表面开口的缺陷中，然后去除工件表面上多余的渗透液，再在工件表面上涂上一层吸附力很强的显像剂，残留在缺陷中的渗透液又在毛细作用下反过来被吸到工件的表面，从而形成缺陷的痕迹。

（三）渗透检测的适应范围及优缺点

渗透检测适应于材料或工件表面开口型缺陷的检测，不适应于多孔型材料的表面检测。渗透检测与磁粉检测统称为表面检测。

渗透检测的优点是：不受被检物的形状、大小、组织结构、化学成分和缺陷方向的限制，一次检测可以检测出被检测物表面各方向的开口缺陷；操作简单，检测人员经短期培训即可独立工作；基本不需要特殊的复杂设备；缺陷显示直观，检测灵敏度高，可检测出工件表面微米级开口尺寸的缺陷。

渗透检测的局限性：渗透检测只能检测出工作表面开口型缺陷，对表面过于粗糙或多孔型材料无法检测；不能判断缺陷的深度和缺陷在工件内部的走向；操作方法虽简单，但难以定量控制，操作者的熟练程度对检测结果影响很大。

二、渗透检测剂

渗透检测剂包括渗透剂、清洗剂和显像剂。

1. 渗透剂

渗透剂一般由染料、溶剂、乳化剂及多种改善液体性能的附加成分组成。渗透剂习惯上分为三类：水洗型、后乳化型和溶剂去除型。着色渗透剂的染料常采用苏丹红，荧光渗透剂的荧光物质有煤油、塑料增白剂 PEB、邻苯二甲酸二丁酯、煤油 85％＋航空汽油 15％等。渗透剂要求渗透能力强、色泽醒目、易清洗、无腐蚀作用、稳定性好、毒性小等。

2. 清洗剂

水洗型渗透剂直接用水清洗，后乳化型渗透剂是在乳化后再用水清洗，其清洗剂是乳化剂和水，溶剂去除型渗透剂用有机溶剂清洗，常用煤油、乙醇、丙酮、三氯乙烯等。

3. 显像剂

干式显像剂为白色无机粉末，如氧化镁、碳酸镁、氧化锌、氧化钛粉末等，干式显像剂一般与荧光渗透剂配合使用。湿式显像剂由吸附粉末（氧化镁、氧化锌、二氧化钛等）与水或丙酮、苯、二甲苯等有机溶剂混合而成，分为水悬浮湿显像剂、水溶性湿显像剂和溶剂悬浮湿显像剂三类。显像剂要求吸湿能力强、速度快、显像清晰、易清洗、无腐蚀作用、对人体无害等。

第二节 渗透检测方法

一、渗透检测操作步骤

不同的渗透剂和显像方法适合于不同的检测对象和条件。渗透检测方法不同，工艺过程也不同，但其主要操作步骤基本相同。渗透检测的基本步骤为：预处理、渗透和乳化、清洗、干燥、显像、观察与后处理。

1. 预处理

预处理包括表面清理和预清洗，表面清理的目的是彻底清除妨碍渗透剂渗入缺陷的铁锈、氧化皮、飞溅物、焊渣及涂料等表面附着物；预清洗是为了去除残存在缺陷内的油污和水分。

表面附着物的清理可采用钢丝刷、振动、抛光、超声波清洗等，不允许采用喷砂、喷丸等可能堵塞缺陷开口的方法。油污可用酸洗、碱洗和有机溶剂清洗。预清洗后，应注意让残留的溶剂、清洗剂和水分充分干燥。

2. 渗透和乳化

渗透是指在规定的时间内，用喷涂、刷涂、浇涂、浸涂等方法将渗透剂覆盖在被检工件表面上，并保持润湿状态。从施加渗透剂到开始乳化或清洗操作之间的时间称为渗透时间。渗透时间取决于渗透剂的种类、被检测物形态、预测的缺陷种类与大小、被检测物和渗透剂的温度。在 15～50℃ 的温度条件下，一般不少于 10min。实际应用时也可参考渗透剂生产厂家推荐的渗透时间。

当使用后乳化型渗透剂时，应在渗透后、清洗前用浸渍、浇注、喷洒等方法将乳化剂施加于工件表面，不允许采用刷涂法。乳化时间取决于乳化剂和渗透剂的性能及被检测工件表面粗糙度。通常，油基乳化剂的乳化时间在 2min 内，水基乳化剂的乳化时间在 5min 内。

3. 清洗

清洗是从被检工件表面上去除多余的渗透剂，但又要防止将已渗入缺陷的渗透剂清洗掉。水洗型和后乳化型渗透剂可用水清洗，清洗时，水射束与被检测面的夹角以 30° 为宜，如无特殊规定，喷嘴处水压不应超过 0.34MPa。溶剂去除型渗透剂应先用干净不脱毛的布擦除大部分多余的渗透剂，再用蘸有清洗剂的干净不脱毛的布或纸擦拭干净，不得用清洗剂直接冲洗。

4. 干燥

施加快干式显像剂之前或施加湿式显像剂之后，检测面须经干燥处理，可用热风干燥或自然干燥，干燥时被检工件表面温度不得大于 50℃。

采用清洗剂清洗时，应自然干燥，不得加热干燥。

5. 显像

显像是从缺陷中吸出渗透剂的过程。采用干式显像剂和快干式显像剂显像时，须经干燥处理后再将显像剂喷洒或刷涂在被检工件表面。采用湿式显像剂时，被检验表面清洗后可直接将显像剂喷洒或刷涂在被检工件表面，然后再进行自然干燥。显像剂使用前应充分搅拌、晃动均匀，显像剂喷涂要薄而均匀。显像时间取决于显像剂种类、缺陷大小及被检工件温度，一般不少于 7min。

6. 观察与后处理

施加显像剂后一般在 7～30min 内观察显示痕迹。着色渗透检测直接观察缺陷显示痕迹，荧光渗透检测在紫外线灯下观察缺陷显示痕迹，作出对缺陷的评定。

检测结束应清除工件表面的显像剂，防止腐蚀表面，影响使用。

二、其他渗透检测方法

1. 静电喷涂法

检查大型部件时，有时采用静电喷涂法。其原理是在喷涂渗透剂及显像剂的喷嘴上接 80～100 kV 电源的负极，零件接地作为正极，渗透剂和显像剂通过喷嘴时带负电，在静电作用下渗透剂和显像剂就吸附在零件上。

静电喷涂时，渗透剂和显像剂能快速而均匀的覆盖受检零件，涂层均匀，灵敏度高。

2. 加载法

虽然渗透检测具有很高的灵敏度，但检查某些疲劳裂纹时仍然很困难。这些裂纹很紧密，或者其中充满着杂物，使渗透液难于渗入，此时如果加上弯曲载荷或扭转载荷，渗透液就比较容易渗入受检零件。

加载法的效果很好，但效率低。

此外，随着科技的进步，渗透检测新技术得到了很快发展，相继出现具有各种特点的新型渗透检测剂，如高灵敏度渗透检测剂、反应型渗透检测剂、高温型渗透检测剂、不燃型渗透检测剂等，并出现了各种自动化渗透检测装置，大大提高了渗透检测灵敏度及检测效率。

复习思考题

12-1　渗透检测有哪些优、缺点？

12-2　渗透检测适用范围有哪些？

12-3　什么是毛细管现象？

12-4　渗透检测的原理是什么？

12-5　渗透剂、清洗剂和显像剂各有何作用？

12-6　渗透检测的操作步骤是什么？应注意什么事项？

实景图

渗透检测剂

焊接试板着色渗透检测 1

焊接试板着色渗透检测 2

三通管渗透检测

螺旋桨焊缝着色渗透检测

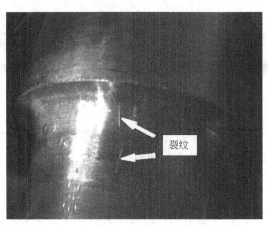

荧光渗透检测 1

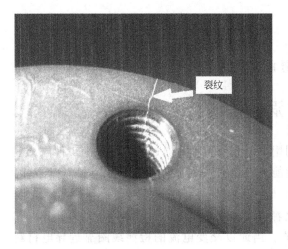

荧光渗透检测 2

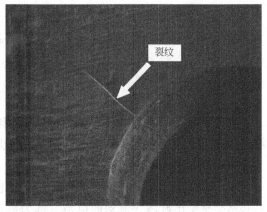

荧光渗透检测 3

第十三章　无损检测新技术

随着科学技术的发展，无损检测的新技术和新方法不断出现，本章简要介绍几种无损检测新技术的基本原理和主要应用范围。

教学要求

① 了解无损检测新技术的种类、基本原理及应用范围；
② 了解无损检测新技术与常规无损检测的联系与区别。

教学建议

① 采用课件配合课堂教学；
② 安排到相关企业参观无损检测新技术的具体应用。

第一节　涡流检测

涡流检测属于电磁检测方法之一，它是利用电磁感应原理，通过测定被检测工件内感生涡流的变化来评定导电材料及其工件的某些性能或发现缺陷的无损检测方法。

一、涡流检测原理及特点

由电磁感应定律可知，当导电体靠近变化着的磁场或导体作切割磁力线运动时，导电体内必然会感生出旋涡状流动的电流，称为涡流。当通以交变电流的检测线圈靠近导电材料时，由于电磁场的作用，在材料中就会产生涡流，涡流的大小、相位及流动形式受导电材料导电性能及其制造工艺性能的影响，而涡流产生的感应磁场又反作用于原磁场，使得检测线圈的阻抗发生改变。因此，通过监测检测线圈阻抗的变化即可评价被检测材料或工件的表面状况，发现某些工艺性缺陷。

涡流检测适用于各种金属和非金属导电材料。由于涡流是电磁感应产生的，所以检测时检测线圈不必与被检测材料或工件紧密接触，也不必在线圈和工件之间填充任何耦合剂，检测过程也不影响被检测材料或工件的使用性能。工业生产中，涡流检测主要用于管、棒和线材等型材的检测，与其他无损检测方法比较，对表面和近表面缺陷的检测灵敏度较高，且更容易实现检测的自动化。

二、涡流检测方法分类

涡流检测的主要工具是检测线圈。根据工件与线圈的相互位置关系分穿过式、内插式和探头式三类，如图 13-1 所示。

(1) 穿过式　被检工件穿过线圈在工件中产生涡流进行检测。主要用于检测管材、棒材、线材等可以从线圈内部通过的导电工件或材料，容易实现高速、大批量自动化检测。由于线圈产生的磁场首先作用于工件外壁，故穿过式易于检出外表面缺陷。

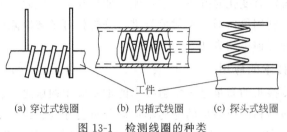

(a) 穿过式线圈　　(b) 内插式线圈　　(c) 探头式线圈

图 13-1　检测线圈的种类

（2）内插式　将通电线圈插入圆筒、圆管内进行检测。可用于检测安装好的管件、小直径的深钻孔、螺纹孔或厚壁管内表面缺陷。

（3）探头式　将通电线圈端部靠近工件进行检测。探头式线圈内部一般带有磁芯。探头式线圈检测灵敏度高，适用于各种板材、带材、大直径管材、棒材的表面检测。

根据比较方式的不同分绝对式、标准式和自比较式三类，如图 13-2 所示。

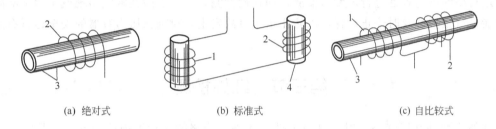

(a) 绝对式　　　　　　(b) 标准式　　　　　　(c) 自比较式

图 13-2　检测线圈的比较方式

1—参考线圈；2—检测线圈；3—管材；4—棒材

（1）绝对式　只用一个检测线圈进行涡流检测的方式称为绝对式。用这种方式进行检测时，工件的材质、形状、尺寸等对线圈都有影响。

（2）标准式　两个参数完全相同，反向连接的线圈分别放置在标准试样和被检测工件或材料上，根据两个检测线圈输出信号有无差异来判断被检工件或材料的性能。

（3）自比较式　两个参数完全相同，反向连接的线圈放置在同一被检测工件的不同部位，根据两个检测线圈输出信号有无差异来判断被检测工件或材料的性能。

第二节　声发射检测

声发射技术是 20 世纪 60 年代发展起来的一种利用声波对材料和构件进行评价的新方法，已成为一种重要的检测手段。

一、声发射检测原理及特点

材料或结构件在外力或内力作用产生变形或断裂时释放出声波的现象称为声发射。声发射是一种物理现象，大多数金属材料塑性变形和断裂时都有声发射产生，但其信号的强度很弱，需要采用特殊的具有高灵敏度的仪器才能检测到。不同材料的声发射频率范围也不同，有次声频、声频和超声频。利用仪器检测、分析声发射信号并利用声发射信息推断声发射源的技术称为声发射技术。与超声波检测不同的是，它不是主动地发射声波，而是被动地接受声波，是利用材料变形或断裂时释放出声波，来判断材料内部状态。例如工件内部存在一缺陷，缺陷处于静止状态没有变化时并不发射声波，如果在力、电磁、温度等因素的作用下缺陷扩展则会发射声波，利用仪器对声发射信号进行分析就可了解缺陷的当前状态，因此，声发射检测是一种动态的无损检测方法。

二、声发射检测技术的应用

用声发射监测焊接接头的质量是声发射技术的重要应用领域之一。焊缝冷却过程中，焊缝及其热影响区的收缩与相变所造成的应力不均匀分布会导致裂纹产生，利用声发射检测则可监视焊接接头质量，实时评价接头的完整性并确定缺陷的位置。声发射检测可用于电弧焊、电阻焊、电子束焊等。

声发射技术也是金属压力容器检测和安全评定的重要无损检测方法之一。压力容器在制造过程中很容易进行无损检测，而在使用过程中缺陷的发生和发展却无法用常规无损检测方法进行检测，因此，压力容器的破坏事故时有发生。目前国内外都在大力开展声发射技术研究，除了在压力容器出厂水压试验、定期检修水压试验及爆破试验时进行声发射监测外，还可对运行中的压力容器进行声发射监测，即在役检测，当有危险性缺陷出现或未超标缺陷扩展时能进行预报并及时停止运行，以防止重大事故发生，对确保压力容器的安全运行有重要的意义。

第三节　红外检测

红外检测是利用红外辐射原理对工件表面进行检测的一种无损检测方法，其实质是扫描记录或观察被检工件表面上由于缺陷与材料的热性能不同而引起的温度差异来判断缺陷。

一、红外检测原理及特点

如果工件内部存在缺陷，当工件受热时热流会被缺陷阻挡（热阻），经过时间延迟，在缺陷部位就会发生热量堆积，而在工件表面产生过热点，表现出温度异常。用红外仪器扫描工件表面，根据温度的分布情况即可判断缺陷所在位置。

红外检测按其检测方式分主动式和被动式两类。主动式检测是通过人工加热工件后扫描工件表面的温度分布，被动式检测是利用工件自身的热量扫描工件表面的温度分布，该法常用于对运行中的设备进行检测。

红外检测仪器主要有红外测温仪、红外热像仪和红外热电视几种，红外测温仪用于测量设备、结构、工件等表面某一区域的平均温度，红外热像仪用于实时显示物体红外辐射能量密度的二维分布图，红外热电视利用电子束扫描方式显示二维红外成像。

红外检测技术的主要特点是操作安全、灵敏度高、检测效率高、能显示缺陷的大小、形状和深度等，但红外检测仪是高技术产品，更新换代迅速，生产批量不大，因此与其他检测仪器或常规检测设备相比，其价格很昂贵。

二、红外检测技术的应用

红外检测技术在石油、化工、电力、航空等领域有着广泛的应用。红外检测可在热加工中进行监测，如用红外热像仪检测点焊焊点的质量，用红外测温仪实时检测焊缝或热影响区的温度；用红外热像仪检测电气设备的热状态，如发电机、变压器、开关、接头、压接管等发热情况；用红外测温仪实时检测换热器的运行情况，及时发现泄漏部位；用红外热像仪监测高温、高压、高速运转以及人无法进入的运行中的石油化工设备，如石油裂解炉耐火材料的烧蚀磨损情况，设备和管道的沉积、堵塞情况；用红外热像仪检测喷气发动机涡轮叶片的质量等。

第四节　激光全息检测

激光全息检测是在全息照相技术的基础上发展起来的一种检测技术，近年来随着激光技术的发展，全息照相在无损检测领域中的应用范围迅速扩大，解决了许多过去用其他方法难以解决的无损检测问题。

一、激光全息检测原理及特点

任何物体在外力作用下都会发生变形，物体内有无缺陷，其表面的变形程度是不同的，通过观察物体表面的异常来判断其内部缺陷的存在。激光全息检测是以激光全息照相为基础，分别摄取不受力状态和受力状态的全息图，将其一同在激光照射下建像产生较粗大的干涉条纹，条纹间距表示物体受力变形时表面位移的大小。当物体内部无缺陷时，这种条纹的形状和间距是连续的，并与物体外形轮廓的变化同步调。当被检物体内部存在缺陷时，由于受力的作用，缺陷对应的表面则发生异常，条纹与无缺陷部位不同，根据条纹情况即可分析判断物体内部是否含有缺陷，以及缺陷的大小和位置。激光全息检测实际上就是将不同受载情况下的物体表面状态用激光全息照相方法记录下来从而评价被检物体的质量。

激光全息检测对被检对象没有特殊要求，可以对任何材料粗糙的表面进行检测。可以检验大尺寸物体，可借助干涉条纹的数量和分布状态来确定缺陷的大小、部位和深度，其检测的灵敏度高，还具有非接触检测、直观、检测结果便于保存等特点。

二、激光全息检测技术的应用

激光全息检测技术在许多领域得到广泛应用。

以硼或碳高强度纤维本身粘接以及粘接到其他金属基片上的复合材料是宇航工业中很有应用前途的一种结构材料。这种材料在制造和使用过程中会出现纤维之间、纤维层之间以及纤维层与基片之间脱粘或开裂，使得材料的刚度下降，全息照相则可以检测出材料的这种缺陷。

在固体火箭发动机的外壳、绝热层、包覆层及推进剂药柱各界面之间要求无脱粘缺陷。采用 X 射线和超声波检测都受到一定限制，采用全息照相检测则能有效地检测这类缺陷。

激光全息检测还可用于印制电路板焊点质量的检验、压力容器疲劳裂纹的检测等。

第五节　微波检测

近年来，随着新型材料的不断出现，常规无损检测方法已越来越不能满足要求，因而新的无损检测方法得到广泛的应用，微波检测技术是其中一种。

一、微波检测原理及特点

微波可以透过介质并且受介电常数、损耗正切角和材料形状、尺寸的影响，在材料不连续处会引起局部反射、透射、散射、腔体微扰等物理特性的改变。微波检测就是通过研究这些改变，以及微波作用于被检测材料时的电磁特性——介电常数和损耗正切角的相对变化，通过测量微波信号基本参数（如微波幅度、频率、相位）的变化，来判断被检材料或物体内部是否存在缺陷以及测定其他物理参数，以此分析评价工件质量和结构的完整性。

当波长远小于工件尺寸时，微波的特点与几何光学相似；当波长和工件尺寸有相同的数量级时，微波又有与声学相近的特性。微波具有比无线电波的波长短、频带宽、方向性好和贯穿介电材料能力强等特点，能够贯穿介电材料，能够穿透声衰减很大的非金属材料，如复合材料、陶瓷等。

二、微波检测技术的应用

微波检测不能穿透金属或导电性能好的复合材料，作为常规无损检测方法的补充，主要用于检测增强塑料、陶瓷、树脂、玻璃、橡胶、木材以及各种复合材料等，也适于检测各种胶接结构和蜂窝结构件中的分层、脱粘、金属加工工件表面粗糙度、裂纹等。应用较多并且比较成功的例子有：用微波扫频反射计检测胶接结构件火箭用烧蚀喷管；检测玻璃纤维增强塑料与橡胶包覆层之间的缺陷；检测雷达天线罩、火箭发动机壳体等工件的内在质量，特别适用于航空航天工业用的复合材料工件。

复习思考题

13-1　简述涡流检测的基本原理及应用特点。

13-2　涡流检测与磁粉检测相比有何异同点？

13-3　简述声发射检测的基本原理及应用特点。

13-4　声发射检测与超声波检测有何异同点？

13-5　简述红外检测的基本原理及应用特点。

13-6　简述激光全息检测的基本原理及应用特点。

13-7　简述微波检测的基本原理及应用特点。

第十四章　无损检测实验

掌握超声波、磁粉、渗透检测仪器的正确使用和具体操作方法。

① 根据实验仪器台套数情况，各实验可分组同时进行，确保每个学生有足够的时间掌握所有实验；

② 条件允许时可集中安排专业技能训练周按无损检测初级人员的技能要求进行培训。

第一节　超声波检测实验

一、实验目的

了解常用超声波检测仪的性能、调试和操作，掌握试块的使用方法，水平线性、垂直线性的调整，斜探头入射点、折射角的测定，盲区、分辨力的测试，巩固超声波检测的基本知识。

二、实验内容

（1）熟悉超声波检测仪器的操作，了解各种探头、试块的使用。

（2）水平线性、垂直线性的调整。

（3）斜探头入射点、折射角的测定。

（4）利用试块进行缺陷定位实验。

三、实验仪器设备

（1）仪器：CTS-22、CTS-8A 检测仪。

（2）探头：2.5P20Z 或 2.5P14Z 直探头及 2.5P12×12K2 或 2.5P14K2 斜探头。

（3）试块：CSK-ⅠA、CSK-ⅢA、CSⅠ、CSⅡ试块。

（4）耦合剂：机油。

（5）其他：钢丝刷，带缺陷的对接焊焊接试件。

四、实验操作步骤（以 CTS-22 型为例）

（1）扫描基线的显示与调节。

接通 220V 电源，打开开关，面板电源指示灯亮，约 1min 后荧光屏上出现扫描基线。

辉度旋钮用于调节扫描基线的明亮程度，聚焦旋钮用于调节扫描基线的清晰程度，垂直旋钮用于调节扫描基线在垂直方向的位置，水平旋钮用于调节扫描基线在水平方向的位置。CTS-22 型的辉度、聚焦、垂直、水平均为内调旋钮，出厂时已调好，使用时一般不用调。

（2）工作方式选择。

工作方式开关可选单工作状态（单探头发射和接收）或双工作状态（一发一收）。

（3）探测范围调节。

探测范围调节包括粗调（或深度）和微调，根据工件厚度选择粗调不同挡级，再将微调与水平配合使用调节扫描基线于合适位置。

（4）工作频率选择。

调节超声波探伤仪频率与探头频率一致。

（5）重复频率调节。

重复频率是仪器每秒产生同步脉冲的次数。重复频率高，扫描次数多，图像亮度高，便于观察，但灵敏度有所下降。

（6）灵敏度调节。

通过增益、衰减器、抑制、发射强度旋钮调节。增益大，灵敏度高；衰减量大，灵敏度低；抑制增加，灵敏度降低；发射强度强，灵敏度高，但分辨力低。

（7）水平线性、垂直线性的调整。

（8）斜探头入射点、折射角测定。

斜探头置于 CSK-ⅠA 试块上探测 $R100mm$ 曲面反射（注意探头声束必须与试块两侧相平行），移动探头使 $R100mm$ 曲面反射波最高，此时与 $R100mm$ 曲面圆心对应的斜探头上的点即为入射点。将斜探头置于 CSK-ⅠA 试块上，探测 $\phi50mm$ 或 $\phi1.5mm$ 圆孔，测得其反射波最高，斜探头入射点与试件上刻度对应的 K 值即为斜探头的 K 值（折射角的正切）。

（9）盲区、分辨力测试。

直探头置于 CSK-ⅠA 试块的两垂直端面探测 $\phi50$ 圆孔估计盲区大小，对准深度 6mm 的槽部位探测 100mm、91mm 和 85mm 三个面估计纵向分辨力。

（10）缺陷定位。

探测 CSK-ⅠA、CSK-ⅢA 试块的横孔及 CSⅠ、CSⅡ试块的平底孔确定其位置。

第二节　磁粉与渗透检测实验

一、实验目的
掌握磁粉与渗透检测的基本原理、方法及操作工艺。

二、实验内容
（1）带缺陷的螺栓或轴类零件周向磁化。

（2）带缺陷的焊接试板或焊接件铁轭局部磁化。

（3）磁化电流确定。

（4）零件退磁。

（5）带缺陷的零件渗透检测。

三、实验仪器设备
（1）交流磁粉探伤机、磁轭探伤仪。

（2）黑磁粉，磁悬液等。

（3）清洁工具，渗透剂，清洗剂，显像剂，紫外线灯，暗室（荧光检测用）。

（4）被检工件。

四、实验操作步骤

（一）磁粉检测

（1）对受检表面及附近 30mm 范围内进行干燥和清洁处理，不得有污垢、锈蚀、松动的氧化皮等。当受检表面妨碍显示时，应打磨或喷砂处理。

（2）磁化。根据工件尺寸确定磁化电流。放好工件，接通电源采用连续法磁化，每次 1~3s，反复数次。干粉检测，在磁化的同时用喷粉器快速、均匀地施加干粉，不可过量。湿粉检测时，慢慢浇洒磁悬液，应不断搅拌，保持磁粉浓度均匀，浇洒冲击力不能太大，停止浇液后应给予 1~2 次磁化，让流动的磁粉仍有机会被缺陷磁场吸附。

（3）观察。根据被测工件上磁粉的聚集情况，判断是否有缺陷，对其进行评定质量并做出记录。

（4）退磁。观察结束后，进行退磁处理，并检查退磁效果。

（二）渗透检测

（1）清理被探工件，去除油污、氧化皮、锈蚀和油漆、焊药和飞溅物等表面脏物（打磨、酸洗、碱性或溶剂）。

（2）烘干清理后的工件，尤其工件缺陷内部的烘干更为重要，但应严格控制温度。

（3）在被检测工件表面施加渗透液，为使液体充满缺陷，必须保证有足够的渗透时间。

（4）去除多余渗透液，对于自乳化型渗透液，可用布擦后再用清洗液清洗，对后乳化型渗透液应在乳化工序后水洗干净，这一过程越快越好，一般不能超过 5min，以防干燥和清洗过度。

（5）施加显像剂，要求薄而均匀的涂层。

（6）显像结束观察检查痕迹形状、大小、颜色深浅，判断缺陷。荧光检测则在紫外灯照射下观察。

附录　化工机械制造常用技术标准目录

GB 700—88　《碳素结构钢》

GB 710—91　《优质碳素结构钢热轧薄钢板和钢带》

GB 711—88　《优质碳素结构钢热轧厚钢板和宽钢带》

GB 713—86　《锅炉用碳素钢和低合金钢钢板》

GB/T 983—1995　《不锈钢焊条》

GB 984—85　《堆焊焊条》

GB 985—88　《气焊、手工电弧焊及气体保护焊焊缝坡口的基本形式与尺寸》

GB 986—88　《埋弧焊焊缝坡口的基本形式与尺寸》

GB/T 1591—94　《低合金高强度结构钢》

GB 3280—92　《不锈钢冷轧钢板》

GB 3522—83　《优质碳素结构钢冷轧钢带》

GB/T 3524—92　《碳素结构钢和低合金结构钢热轧钢带》

GB 3531—1996　《低温压力容器用低合金钢钢板》

GB 4237—92　《不锈钢热轧钢板》

GB 6654—1996　《压力容器用钢板》

YB/T 5139—93　《压力容器用热轧钢带》

YB（T）40—87　《压力容器用碳素钢和低合金钢厚钢板》

GB 150—1998　《钢制压力容器》

GB 151—1998　《钢制管壳式换热器》

GB 12337—1998　《钢制球形储罐》

《压力容器安全技术监察规程》　国家技术监督总局

HG 20581—1998　《钢制化工容器材料选用规定》

HG 20584—1998　《钢制化工容器制造技术条件》

HG 20585—1998　《钢制低温压力容器技术规格》

JB 4708—99　《钢制压力容器焊接工艺评定》

JB 4709—99　《钢制压力容器焊接工艺规程》

JB/T 4735—1997　《钢制焊接常压容器》

JB 4730—94　《压力容器无损检测》

JB 770—85　《一般用固定的往复活塞式空气压缩机技术条件》

JB/T QZ370—84　《一般用固定的往复活塞式空气压缩机制造与装配技术要求》

ZBJ 77002—88　《离心机、分离机械锻件常规无损探伤技术规程》

参 考 文 献

[1] 王先逵. 机械制造工艺学. 北京：清华大学出版社，1989.
[2] 李云. 机械制造工艺学. 北京：机械工业出版社，1995.
[3] 朱焕池. 机械制造工艺学. 北京：机械工业出版社，1999.
[4] 郑修本. 机械制造工艺学. 第2版. 北京：机械工业出版社，1999.
[5] 冯之敬. 机械制造工程原理. 北京：清华大学出版社，1999.
[6] 袁绩乾，李文贵. 机械制造技术基础. 北京：机械工业出版社，2001.
[7] 郭溪茗，宁晓波. 机械加工技术. 北京：高等教育出版社，2002.
[8] 魏康民. 机械制造技术. 北京：机械工业出版社，2002.
[9] 楼宇新. 化工机械制造工艺与安装修理. 北京：化学工业出版社，1981.
[10] 郑品森. 化工机械制造工艺. 北京：化学工业出版社，1981.
[11] 姚慧珠，郑海泉. 化工机械制造. 北京：化学工业出版社，1990.
[12] 萧前. 化工机械制造工艺学. 北京：中国石化出版社，1990.
[13] 王信义等. 压力容器制造安全技术及质量管理. 北京：中国劳动出版社，1993.
[14] 徐明文. 化工机械制造. 北京：化学工业出版社，1995.
[15] 张麦秋. 化工机械制造安装修理. 北京：化学工业出版社，2001.
[16] 邹广华，刘强. 过程装备制造与检测. 北京：化学工业出版社，2003.
[17] 张麦秋. 焊接检验. 北京：化学工业出版社，2002.
[18] JB 4730—94《压力容器无损检测》.
[19] GB 150—1998《钢制压力容器》.
[20] 李喜孟. 无损检测. 北京：机械工业出版社，2001.
[21] 全国锅炉压力容器无损检测人员资格鉴定考核委员会. 超声波探伤. 北京：中国劳动出版社，1989.
[22] 中国机械工程学会无损检测分会. 射线检测. 第3版. 北京：机械工业出版社，2004.
[23] 全国锅炉压力容器无损检测人员资格鉴定考核委员会. 磁粉探伤. 北京：中国劳动出版社，1989.
[24] 中国机械工程学会无损检测分会. 磁粉检测. 第2版. 北京：机械工业出版社，2004.
[25] 全国锅炉压力容器无损检测人员资格鉴定考核委员会. 渗透探伤. 北京：中国劳动出版社，1989.
[26] 中国标准出版社，全国无损检测标准化技术委员会. 中国机械工业标准汇编. 金属无损检测与检测卷（上）. 北京：中国标准出版社，1999.
[27] 中国标准出版社，全国无损检测标准化技术委员会. 中国机械工业标准汇编. 金属无损检测与检测卷（下）. 北京：中国标准出版社，1999.
[28] 潘传九. 化工机械检测实验. 北京：化学工业出版社，1996.
[29] 王春林. 化工设备制造技术. 北京：化学工业出版社，2009.
[30] 倪森寿. 机械制造工艺与装备. 第2版. 北京：化学工业出版社，2009.